《走向新校园》图书编委会　编著

U0359328

走向新校园

福田新校园行动计划8+1建筑候展联展综述

同济大学出版社·上海

总策划：
周红玫

策展委员：
顾大庆
黄居正
孟岩
朱荣远
王维仁
朱竞翔
曾群

主办：
深圳市规划和自然资源局福田管理局

协办：
福田区发展和改革局
福田区教育局
福田区建筑工务署
福田区住房和建设局
深圳市少年宫
中建科技集团有限公司

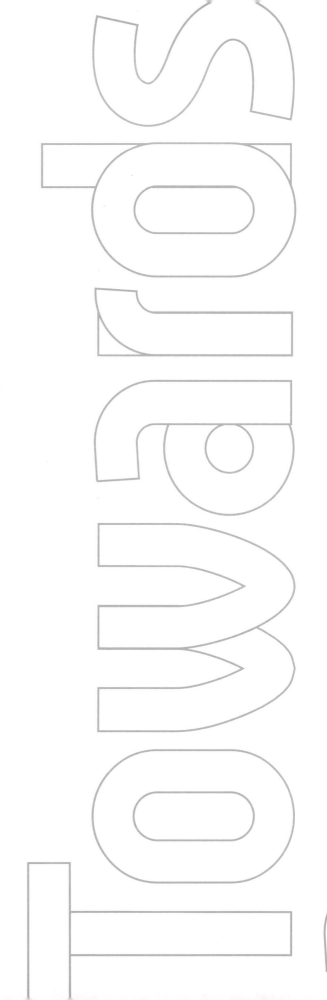

# 目录

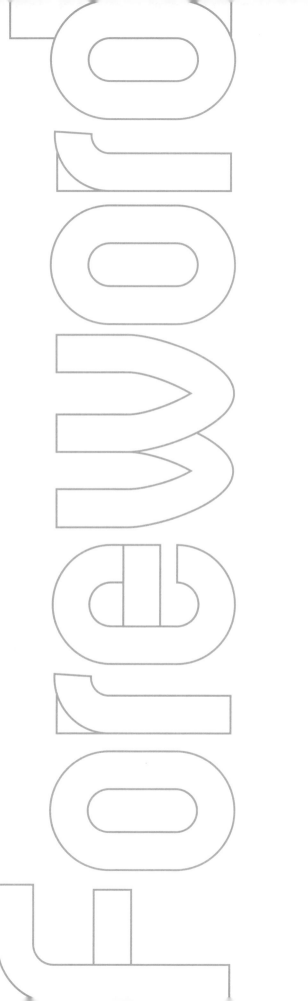

序

# "福田经验"及其反思——参与"8+1福田新校园行动计划"的个人体会

顾大庆

　　时间的发条拨回到 2018 年 1 月初的一天，当时任职深圳市规划和自然资源局福田管理局副局长的周红玫打电话给我，向我热情推介她正在发起的、以"联合展览"的方式来组织的"8+1 福田新校园行动计划"，并且邀请我加入策展学术委员会。据她的描述，我得到的初步印象是：福田区的中小学教育学位严重短缺，城市用地有限，新的校园建筑必将向高空发展，高容积率前所未有，这将挑战现有的城市规划条例，产生新的校园建筑类型。她所说的"联展"在建筑界内并非一个陌生的概念，在建筑史上大家耳熟能详的有 1927 年在德国斯图加特由密斯・凡・德・罗（Ludwig Mies van der Rohe）担任策展人的魏森霍夫（Weissenhof）住宅展览会，一批当时的先锋建筑师参与了住宅区的建筑设计，使之成为现代主义建筑的展示窗口。此一方式被后人不断运用，当今尤甚。但是，要我在和周红玫电话交谈的那一刻立即就将福田区中小学校园设计的高容积率挑战和联合展览这两件事情建立合理的联系，还是有点困难。深圳有成熟的工程招标平台来做这种事情，有必要换一种方式吗？这就是我当时的疑问。为什么后来我答应参加了呢？主要还是被周红玫对事业的满腔热情感染。虽然我最后还是参与了这个活动，而且和《建筑学报》的执行主编黄居正一起担任了联席主席，但是最初的疑问却一直伴随着我经历了设计竞标、设计发展以及工程陆续完成的整个过程，直至 2020 年 10 月深圳市少年宫举办了"福田新校园行动计划——8+1 建筑联展"，这个疑问才算有了一个比较肯定的答案：如果当初没有采取这样一个所谓的"联展"的方式，一定不会有今天如此令人振奋的结果。我觉得"联展"的本质在于，它是一个能够绕开现有招投标制度的藩篱，积极应对现行设计规范约束的非常机智的策略，使得在常规环境下不可能完成的建设项目得以实现。那么，什么是"8+1 福田新校园行动计划"所代表的"福田经验"？它对今天深圳的城市建设有什么意义？

　　"福田新校园行动计划"是一个牵涉很多"持份者"（stakeholder）的城市公共事件，从市政府、规划局和教育局等行政管理部门，到建筑师、学校和代建等各级单位。策展学术委员会在其中所扮演的角色既深度参与了全过程，提供建筑设计和城市规划方面的专业意见，又相对超脱各方具体的利益之上，因此对于整个事件的认识相对全面，以我个人的经验，作以下五点小结。

### 1．策展学术委员会的学术性、公开性及权威性

　　深圳有成熟的工程招投标机制来处理建筑工程的招投标事宜，能够组织设计竞赛和招投标的机构有多家，其运作方式都基于"工程性""保密性"以及"评定分离"这几个原则。首先，对于城市管理部门来说，所涉及的建设项目都是"工程项目"，与工程项目相关的、录入专家库的专家原则上都可以参与评审，因此就出现过非建筑设计专业的专家参与评审重要公共建设项目的情况；其次，为了杜绝招投标环节的违规行为，在"保密性"上也有不少措施，如在专家库中随机抽取专家，专家不提前获知设计项目的方案情况，更有在评审时专家要上交手机，过程中不能交谈，只是面对屏幕看图打分的极端做法；最后，评审只是评出前三名，最后项目的中标者则是由主管部门或其他相关者来定夺，这就是"评定分离"。在这样的一个机制下，参与评审的专家在事先对项目情况一无所知，对所在城市地块的情况没有实地考察，要在几个小时的时间内，仅基于听取投标设计单位的介绍及审阅呈交的图纸资料，甚至只是基于图纸资料就要做出优劣的判断，且评审完成后这件事情与自己就不再有任何关系，对于项目最终花落谁家也没有决定权。所以，专家在这个招投标的环节中只是负有极其有限的责任。恰恰相反，"新校园行动计划"的策展学术委员会的定位是基于"学术性""公开性"和"评定合一"的原则。学术委员会的成员均在建筑设计和城市规划领域内具有一定学术声望，联展计划和学术委员会的成员组成通过媒体广为宣传，学术委员会成员可以邀请和推荐建筑师参与项目的竞赛，评审活动更像是学术研讨会，每个项目都组织现场踏勘，评委和参与竞赛的建筑师、校方代表，以及评委之间充分交换意见，通过争论取得共识，学术委员会决定最终的项目建筑师，并在设计的发展过程中还要持续给予建筑师各种支持。总之，策展学术委员会的学术性、公开性及权威性定位其本质就是一种责任，即这个委员会要对最后在展览中呈现的参赛作品以及建成的校园负有"学术"上的责任。

### 2. 有效地扩展了遴选建筑师的范围，提升了遴选的质量

　　无论是现有的工程招投标机制，还是"联展"的策展学术委员会的设定，其核心任务无非就是为每个项目选拔最好的方案以及最合适的建筑师。具体来说，我们从三方面来落实，即从数量上保证遴选的基数，确保参与建筑师的高水准以及建立一个恰当的评选机制。设计竞赛分报名和资格预审以及设计竞选两个阶段进行。我们采取了策展委员会提名、项目代建单位提名和自行报名三种报名方式。凡是境内外具有设计经验的独立注册的设计单位均可报名参加，且在资格预审阶段不设相关业绩限制。由于学术委员会的号召力，通过政府招标平

台发布、媒体宣传以及专家推荐，有 89 家境内外设计单位参与了 4 个小学、4 个中学和 1 个幼儿园（8+1）共 9 个项目的竞标。翻看最初的报名名单，其中有不少经常参与深圳当地设计竞标的"熟面孔"，尤其是深圳本地的各类建筑设计单位，也有很多外地的，甚至是境外的很少参与深圳项目的"新面孔"。预审委员会由策展委员会担任，使用单位、代建单位和组委会出席，最后遴选出 30 个设计单位参与第二阶段的简案设计竞选，其中每个项目有 3 个入围设计单位参加，福田中学则有 6 个入围设计单位参加。入选的建筑师具有广泛的代表性，既有张永和这样的国际大咖，也有龚维敏、汤桦和维思平等已经功成名就的建筑师和事务所，还有刘珩、董功、刘宇扬和何健翔等非常成熟的建筑师，更有众建筑、一十一建筑和直造建筑事务所等正崭露头角的年轻事务所。不同特色的优秀建筑师的参与使得策展委员会具有更多的选择。

### 3. 项目建筑师的高水平发挥

参选建筑师面对的是一道在高密度城市环境下设计一个高容积率校园的难题，即在用地面积不变的条件下大幅提升校舍的使用面积以达到提供更多学位的目标。简单地讲就是要向高空争面积，不但教室要垂直叠加，运动场也要搬到屋顶上，这就要打破现行设计规范的诸多限制。而"联展"的组织者要求建筑师的并不是一个技术性的强排方案，而是要"积极回应个性化、多样化的教育改革需求，力求将人本教育、开放教育、小班教学、终身学习、开放校园、绿色学校等精神贯彻到新校园设计中"。为了凸显策展委员会对设计的学术性的强调，具体的设计方案的竞选采取"简案"的方式，比如图纸要求限于 10 页 A3 的简册，在《入选手册》中还特别注明"杜绝商业模型和商业效果图，如有违反，视为无效"。这大概是此类设计竞标中绝无仅有的。强手过招，为难的是策展委员会如何从中选出最后的项目建筑师。我们的评价标准主要是看哪个方案最适合特定的地块及周边关系，最能体现以环境激发学习和交流的理念，最能促进与社区的互动和共享，以及最能塑造可持续发展的绿色生境。其实，愈是有难度的体块和容积率挑战，就愈能够激发建筑师的创意，也就愈能够产生好的设计。正是建筑师的高水平发挥，愿意为提升设计品质作出额外付出，不计成本完善设计，才保证了这次"联展"设计整体水平。

### 4. 教育家与建筑师的互动擦出火花

通常在这类工程招标评审中，评审专家和甲方业主的角色设定似乎就是相互提防的对立面：业主方担心评审专家选出自己不中意的设计方案，评审专家担心业主方不尊重专家的评审决定。"评定分离"的实质就是你评你的，我定我的。评审专家与甲方业主的关系并非只有这一种选择，联展学术委员会积极探索一种基于互信的新型关系。首先，学术委员会在评审前访问了所有参展学校，了解学校的实际情况，听取校方的具体诉求。其次，在评审时虽然学校方并不参与投票，但是专家委员与列席的校方代表一直都进行有效沟通，介绍不同方案的特点，最后的评审决定充分考虑到校方的意见。相比之下，目前深圳很多的学校建设项目都是"交钥匙"工程，即政府部门和代建单位负责学校的设计和建设，建成后一次性将校舍移交给学校使用。能够让校方参与到设计过程中来不仅仅是一个相互尊重的问题，在红岭实验小学的项目中我们看到教育家与建筑师的良性互动升华到另一个新的层次。随着教育的目标从传统的应试教育转向素质教育，教育的场所从传统的基于大纲的教室授课延伸到整个校园作为第二课堂，校园设计就成为了教育的一个重要环节。红岭中学教育集团党委书记张健在展览开幕式的发言中指出："课程是育人的核心和载体，什么样的课程就会培养什么样的人，课程就是一个学校的灵魂。只有把'空间'融入'课程'，让空间与课程浑然一体，才能真正发挥育人的综合效应，校长要在学校建设前期就深度介入。"红岭实验小学充分利用长体验校园空间，还将此专门作为科研项目立项。事实证明，教育家和建筑师的深度合作能够产生更具特色的校园设计。

### 5. 一个难得的联展总策划以及高效率的管理团队

参与了联展的整个过程，说实话，太多没有想象到的磨难。为什么呢？因为这样具有挑战性的设计任务，这样的设计组织方式，在很多方面都挑战了当下的行业惯常做法，推动各个层级、各个相关部门不得不走出"舒适圈"。其中包括管理团队协调各方关系的难度，还包括设计规范的突破，等等。这当然是一个大家都很"痛苦"的过程。但是细想一下，这种敢于挑战、敢于创新的精神不就是深圳精神的一个重要方面吗？在此我特别要提及在这一切的背后主持大局的联展总策划人周红玫的独特贡献，她不仅仅是一位具有理想主义色彩、具有奉献精神、对深圳的城市建设具有巨大热情的行政官员，还具有超常的披荆斩棘、化解难题、协调各方力量的实干能力，在她领导下管理团队非常高效地将三年前的理想落实为实实在在的一个个新校园。


## 由"福田经验"引发的思考


2020年10月在深圳举办的中国建筑学会深圳年会分论坛"破题与承题：高密度城市条件下的深圳新校园行动计划"，以及在深圳市少年宫举办的"福田新校园行动计划——8+1建筑联展"给了这个活动一个圆满结束，其所引发的热烈反响是社会各界对我们的一个肯定。总而言之，我想这个联展的成功取决于策展委员会的学术性定位，选出了一批优秀的建筑师，他们付出了超常规的努力，在这个过程中教育家和建筑师真诚合作擦出火花，以及一位难得的联展总策划及高效率的管理团队。这大概就是所谓的"福田经验"的基本内涵。作为一个与建筑设计实践和城市建设有一定距离的学者，我很有幸能够参与这项"8+1福田新校园行动计划"。就我个人的收获而言，这给了我一个观察深圳城市建设的独特视角。过去虽然经常参加深圳的设计评标活动，但都止于蜻蜓点水，唯有这次属于深度参与，因而也引发一些思考，归纳起来有三点。


### 1．关于招投标制度和设计规范制定方面的反思

"8+1福田新校园行动计划"在两个方面与现行的制度进行了碰撞，其中最主要的一个就是"评定分离"的工程招投标制度。如前所说，策展学术委员会的设计初衷就是为了

"破"当前工程招投标制度"评定分离"的"局"。事实证明，一个开放的、学术性的、自主的评审机制可以做到当前工程招投标制度所不能做到的事。回溯深圳工程招投标制度发展的历史，其实有相当一段时间采用的是"评定合一"，然后才变为现行的"评定分离"。必定有各种各样的原因导致评审机制的转变，但是后者暴露的问题也是显而易见的。借"联展"这个契机，现在应该认真进行检讨和改变，使得招投标制度更有利于优秀设计的产生。另一个制度相关问题是城市规划和设计规范。高密度城市条件下的高容积率的学校设计对深圳来说是一个全新的建筑类型，一方面必然在很多方面与现行学校设计规范相冲突，另一方面现在的中小学校舍在使用功能上有不少新的要求，相关部门应该借助这次的设计经验进行专题研究，使得学校设计规范能够跟上城市建设发展的现实。

### 2．关于观念方面的思考

过去参加过不少深圳的大型建设项目的设计竞标活动，无一不强调要将该项目打造成为城市的"重要地标"。这次的"联展"所针对的设计对象是量大面广的一般性中小学校舍，分布在城市的普通街区之中，造价不高，我们也从无意图去打造什么"地标"。但是，好的设计自然会吸引社会的关注。比如作为8+1新校园设计先导的红岭实验小学，以及作为腾挪校舍样板的梅丽小学临时校舍自建成投入使用后，参观访问的人络绎不绝，俨然已经是地标建筑和网红建筑，说明社会上对好的设计是认可的和有共识的，无需自我标榜。这个现象给我们的启示是：无论是城市建设管理者，还是城市建筑设计者，甚至普通老百姓都需要转换观念，不仅仅要打造城市中少数的地标性建筑，更要提升城市中一般性建筑的设计品质，带动城市空间整体品质的提高。我觉得"联展"在这个方面起到了一个很好的示范作用。

### 3．关于设计人才培养方面的思考

最后是关于人才方面的。这次8+1共9个项目，其中有4个项目给了非知名的年轻建筑师及设计单位。策展委员会对于提携年轻人是有共识的，也不遗余力地贯彻执行。海选阶段竭力鼓励国内优秀年轻建筑师报名，降低报名的业绩要求（其中不少从没有设计相关类型及规模建筑的业绩！），设计竞标阶段的评审也是基于方案本身的品质，而不是建筑师的名气。在一般的情况下，这些建筑师是很难进入这些设计竞标的，不是说他们的能力不够，而是缺少机会，没有机会参与竞标就不可能积累经验，就没有相应的业绩，就更没有机会，这是一个恶性循环。这就使我想到另一个问题，就是城市的管理者，是不是应该在主动培养年轻一代的建筑设计人才方面做些事呢？比如在竞标制度上给予尚无业绩的优秀年轻建筑师更多实践的机会？诚然，深圳的大型设计项目总是可以吸引到一众国际大牌建筑师参与，似乎并没有设计人才短缺的危机，但这只是一种虚幻的表象，一个以"设计之都"为目标的城市必须要有一大批本土的设计人才作为支撑，为今天的年轻建筑师提供机会就是为未来进行投资。相较于北京、上海和杭州，深圳已经很明显落后了。

　　我在展览开幕式的致辞最后提出了一个问题，估计这也是很多人的疑问："福田的经验能够复制吗？应该复制什么呢？"当然，大家希望得到的答案是可以复制，有必要复制，而且应该复制。我觉得若具备某些条件，福田经验当然是可以复制的，这并不是问题的要害。正如我在文章的开头所说，"联展"的本质在于它是绕开现有招投标制度的藩篱，积极应对现行设计规范约束的一个非常机智的策略，因而我们就不应该"滥用"它去解决我们在城市建设中面对的各种棘手问题。相反地，由于"联展"将城市建设中的一些固有问题暴露了出来，我们更应该将其作为一面镜子来检讨和解决深圳当前城市建设中体制、观念和人才培养等方面存在的问题，若这些问题都能得到很好的解决，那么"联展"这种非常规之举似乎就变得没有必要了。

# 深圳学位
# 之痛

自 2012 年起,深圳每年的新生儿数量连续突破 20 万,这个数字意味着每两年,深圳都会新增一个县城的人口,每三到四年,深圳都会新增一个中等城市的人口。这是深圳魅力的体现,它强大的人口吸引能力使越来越多年轻人到深圳安家落户,并且结婚生子,最"年轻"的城市,深圳实至名归。

然而,深圳也有自己的痛点,它所面临的最大问题就是土地空间不足,拥有 1300 多万人口的深圳,陆地面积却远远小于其他一线城市。这使得深圳人口密度高达 6522 人 / 平方千米,是上海的 2 倍、广州的 3 倍、北京的 5 倍。

人口持续增长与土地供应稀缺直接导致了深圳基础教育学位供给的巨大缺口。

深圳小学生数量在 2018 年突破了百万,平均每年增速达到 7%。与此同时,其他一线城市的小学生数量分别是:广州 105.89 万人、深圳 102.8 万人、北京 91.3 万人、上海 80.02 万人。深圳的这一数据仅次于广州。

深圳小学生每年增长约 6 万人,但每年公办小学数量却仅仅增加 2~5 所(数据来自深圳 2016—2018 年统计公报),如此迫切的入学需求,紧俏的学位肯定是不够用的。

2019 年,深圳市各区公布了各片区公办学校学位缺口,龙岗区小一学位总缺口 3.7 万个,初一学位总缺口 1.6 万个;福田区小一学位总缺口 5500 个,初一学位总缺口 1000 个;龙华区小一学位缺口高达 10 286 个,初一学位缺口 2012 个……

2020 年,深圳市多个片区公办学校公布了学位预警,福田区小一学位缺口为 7000 个,初一学位缺口为 2500 个;龙华区小一学位总缺口近 8000 个,初一学位总缺口近 3000 个;坪山区小一学位需求较 2019 年增长约 14.6%,初一学位需求较 2019 年将增长约 28.1%……

依据政府编制的《深圳市中小学学位建设实施方案(2018—2022 年)》,到 2022 年将新增公办中小学学位 30.46 万个。但是从目前的学位紧张形势来看,这一规划还是远远无法满足需求。

独特的问题可以激发
优秀的设计者具备宏
界。将以个案带来…
力，甚至提供新的范…

而采用…模展形式，以
竞赛，摆脱传统评审批…
的制作，既为福田各…
学和1所幼儿园项目…

又促建建立各校园共…
的设计者与有远见的…
为  奖时铸锹，将能…
组织到管理的一系列…

## 巩固…

## 工作坊

# 供地优先产…

# 40年60倍人口增长

方案工作坊…

| 策划工作坊 | 方案设计 | … |
| 材料定样 | … |
| … | 交付驾…|

奥妙的经济设计驱动着…

各种专业工作坊在项目的前中期举办，以帮助项目…
规划，明新理念点，也帮助设计…术教育。

## 建…

| 传统模式 | | … |
| 代建模式 | | 代建管理公司 |
| EPC | | 工程建设总承… |
| | | 规划设计机构 |

建筑师从早…
设公司聘任。
确立建筑师…

## 公共设施市多区少

与深圳市各区相比，福田区公共服务设施用地比例居于首位，占13.1%；
从各类设施的占比情况来看，行政管理设施、文体设施用地比例在全区相
对靠前，行政中心、文化中心地位凸显。由于较多用地贡献予市级中心，
福田区教育设施用地相对靠后。

# 教育的本质

学校开始于一棵树下
一个不自觉为老师的…
与一些不自觉为学生…
讨论着他们对事物的…
于是，空间被建造起…
第一所学校因此产生…
最好让心灵回到初始…
因为，任何成型组织…
在开始的时候，
它总是最美好的。

——路易斯·康

## 建成区相对已满

福田人口密度、建成度也居全市之首，在人口不断增加和建设用地空…
限的情况下，现状人均设施用地仅为4.89平方米/人，低于《国标》…

针对近年来"评定分离"现
象，策展委员会一开始就
明提出"评审第一名将获
得本项目的方案设计任务"，
这弘扬建筑学专业公信力
和公共价值观，联展因此
成为优秀建筑阶段性的署
点和护持。尽管后期因此
出现诸多纷争，但多数主创
建筑师的设计权未再被撼动。

个别项目经历多阶段评审。
布入选方案建筑师进行方
案深化设计，需要结合策
展委及会的意见，并广泛
听取利益相关方建议，以过
程中策展委会会联席会有关
部门及使用方再评议，这避
免了常规评标"一评了之"、
"实施大打折扣"的现象，也保障高品质设计落地。

# 福田土地困境

福田区城市建设用地面积约为56平方公里，非建设用地约为22.6平方公里，其中：交通占比30%，居住占比约26%，绿地广场占比14%，公共管理与服务占比13%。以深圳市建设用地供给方式为依据，供应方式以存量为主，且逐年增加。

## 人口规模

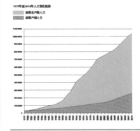

非户籍人口大约是户籍的3倍。

## 场所的意义

教育孩子应是一种身教。学习环境就是老师及同伴之外的"第三位教师"。好的空间会成为场所，会激发学生的互动与沟通。它应该在一天的学习过程中变换，允许不同的学习活动出现，并且是可以让每个人留下印记的。

## 年龄结构

设计出现了一系列新的趋为一种复合型的学习空间园灰空间赋能于学习，适应和进化，并与周围求真求美的方式重组，

学位之缺

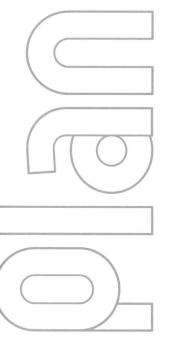
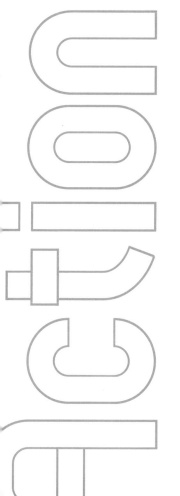

"福田新校园
行动计划"全
纪录

# 红岭实验小学的实践

激增的教育需求 + 稀缺的土地资源，导致福田校园指标急剧增长；但是一味追求
指标和密度，会否影响校园空间品质和教学质量？如何实事求是，细心为各校园界
定出合适指标，达到土地利用效率与空间 - 教学品质的平衡？

## "福田新校园行动计划"的提出背景

学校开始于一棵树下，
一个不自觉为老师的人
与一些不自觉为学生的人
讨论着他们对事物的领悟……
于是，空间被建造起来，
第一所学校因此产生……
最好让心灵回到初始的起点去思考，
因为，任何成型组织的活动，
在开始的时候，
它总是最美好的。
——路易斯·康

为应对今天校园建设所面临的诸多挑战，我们有必要回望教育的起点，积极探讨校
园空间设计和现代教育理念、地方生态环境、城市文化传统，以及社区健康发展之
……

**74万**

2020 年 10 月 10 日，
深圳市委书记王伟中在
央视的《对话》节目访
谈中谈到，"未来的五年，
深圳会新建、新提供 74 万个位，要投入
**4000亿 - 5000**亿，把新来的或者是
在深圳出生的孩子的教育问题做好"。

的覆盖率
……设的建筑覆盖率通常
40% 之间，如在深圳
度不断上升，极不利
闷营造及南方气候的
目标使校园的覆盖率达到
密度校园提供了一个
样板。

**55**所

根据教育局和福田管理局 2017 年提供的数据：
当年计划拟申报改扩建学校 **28** 所，其中已获批建设用地规划许可
证的有 **7** 所；当年计划拟申报新建学校 **10** 所，其中获批建设用地
规划许可证 **2** 所；除此之外，还规划了 **17** 所城市更新统筹新建
学校。

# 高密度学校
# 引发的新问题
# ＋
# 传统 1.0 时代
# 遗留的老问题
# ＝
# 当下校园建设
# 困境重重

策展委员会委员：
国际视野
独立性
联展的制度化

**A** 策展委
集成只
的商业

**B** 策展委
需求、评

**C** 多方参
组织向市
向参与，力
确定入选

**D** 全国联展
联展公告
达到"评审
商务游说

**E** "第一名
在评审系
当"评审方
价标准和

**F** 多方合作
入选方案
行方案深
常规评审

1 **城市用**
土地素
与自然

2 **教育发**
固化的都

3 **校园定位的偏差**
将学校视为单一的功能场所，不重视校
园、社区、城市关联

4 **设计的程式化**
便捷管理，忽视使用者需求，传统呆
童的天性和审美培育

5 **管理机制的制约**
方案遴选标准的僵化难以实现方案的实
导致优选方案的设计理想最终无法实现

6 **公众参与的缺乏**
真正的使用者没有参与到设计中来

7 **设计规范的滞后**
城市化的初级阶段，低密度时代全国
大都市中心城区实现

## 四方合力推行

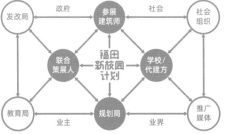

福田规划局：项目发起和管理
福田规划局在每年度分不同阶段，
针对区内报建学校项目，与区建工
局、教育局、学校业主和代建方等
部门协商，逐批制定"福田新校园"
项目名单，将之纳入专项管理。

学校方：推行教育 - 空间双创新
学校方联手代建方，与各方密切配
合，将先进教学和空间理念融入新
校园中，既为自己建设一所精品学
校，又为打造"福田新校园"整体
品牌做出重大贡献。

建筑联展的全社会参与
"联展"不仅聚焦于推出一批各具特色的新校园，更希望通过"联合策展人"机
制有意识鼓励使用者、社区人士乃至全社会有识之士积极参与讨论，共同探索融
合现代教育理念的新型校园空间。"联展"还力图通过大众媒体和其他传媒手段，
发展成一次有力推动整体社会深化教育空间改革、促进社区建设、推广环境意识
的新文化运动，为城市建设走出一条制度创新之路。

创新，
建筑类
求将人
到新校

不利学生
心健康；
很难保证

后装修问

年，让学

建筑产品系统
教授等的创新型
的设计理念与成
016 年夏天德道与
筑双年展中国馆设
展获各种大奖，包
（技术探索奖）、
奖（最高奖）\建
公平奖，环保建筑
日报》中文版中国

机构报名       机构入围

过如下三个途径参与本次建筑联展：
报名    b.由项目代建单位推荐    c.公开报名

，有助于挖掘建筑界的。因价值观接近，类型适合，最好的
报名而参加。所以怎样的策展委员会也决定了怎样品质的参赛建筑师，
本品质和调性。

名报名途径，广开报名途径，可获得较大参与基数。
资格预审和提案比选后选取参展建筑师。

与设计和执行并重      4.期望能够在高密度环境中创造新类型的人文环境
建设计与建造方案有突出业绩     5.有能力在高速变化的城市实践环境中有所建树
在城市文脉续续与创新       6.新老并重，为新生代建筑师提供更多机会。

# 74 万与
# 55 所

作为全国最大的移民城市，2020 年，深圳的基础教育问题受到了前所未有的关注：10 月 10 日，深圳市委书记王伟中在央视的《对话》节目访谈中说："未来的五年，深圳会新建、新提供 74 万个学位，要投入 4000 亿 ~5000 亿（元），把新来的或者是在深圳出生的孩子的教育问题做好。"王伟中在访谈中还表示，"深圳学位供给压力较大，最近 3 年已投入 2200 多亿元规划建设从幼儿园到初中的学校"，"目前已解决了孩子的入学问题，将进一步研究如何提供更优质的教育"。

作为深圳中心区的福田区，随着人口的增长，学位需求亦呈爆发式增长，为缓解学位紧缺困境，众多学校不得不在原本有限的校园用地内通过加密、拆建进行大幅升级改造。根据深圳市福田区教育局和深圳市规划和自然资源局福田管理局所提供的 2017 年数据，当年计划拟申报改扩建学校 28 所，其中已获批建设用地规划许可证的有 7 所；当年计划拟申报新建学校 10 所，其中获批建设用地规划许可证 2 所；除此之外，还规划了 17 所城市更新统筹新建学校。总计 55 所学校的建设任务！

然而福田区的这一波校园建设大潮受到城市用地紧张、设计规范和管理机制较为滞后，以及公众参与缺失等多方面制约。不仅仅是福田区，深圳大量接踵而至的改扩建项目及未来校园的设计都将面临相同的挑战。

如何在"74 万个新学位"和现行规范的双重压力之下，创造一批高品质校园；如何以校园环境为媒介，实现教育现代化从量到质的转变；如何通过更新观念、创新校园空间来满足教育改革需求；如何在美好的校园环境中塑造学生的未来价值观——这成为放在城市管理部门、规划审批部门、建筑师面前的一系列难题。

# 从策动到行动——
# "福田新校园行动计划"
# 机制创新的回溯与反思

周红玫

本文原载于《建筑学报》2021 年第 3 期,本书收录时略有修改。

事件回顾

　　"福田新校园行动计划"是发轫于 2017 年 7 月、集中发生在 2018 年春天的一系列空间设计和管理的精准创新实验。

　　2020 年 10 月 30 日—11 月 29 日,"走向新校园:福田新校园行动计划——8+1 建筑联展"在深圳市少年宫举办,向业界和公众呈现出一幅"新校园行动计划"的全景图(图1~ 图 5)。展览以三大核心创新事件——红岭实验小学实践、"8+1"建筑联展和校舍腾挪为焦点,展示了一批建筑师为深圳福田区 18 所校园所做的 39 个方案。这些作品显示出建筑师和城市管理者们如何以专业热情、智慧和坚守,为以往效率至上而缺失童趣的校园空间范式注入全新的活力和想象,也为深圳这一高密度城市扰人的"学位之痛"奉献出前沿思考和探索成果[1]。

## 1."8+1"联展前奏

　　深圳经过 40 年的迅猛发展,已经成为一个高密度超大城市。这不断挑战着城市规划的时效性和政府的公共服务能力。近年来,学位需求与土地稀缺的矛盾日益激化,位于深圳城市中心福田区的大批学校不得不在原址急速扩建数倍规模,以解决学校超负荷招生办学的困境。加之学校设计规范滞后、建设机制刻板以及公众参与缺失等多方面因素,催生出一批平庸低质的校园。在集约土地条件下建设高密度、高质量校园的策略探索迫在眉睫。

　　红岭实验小学个案是这一剧变过程的重要节点。2017 年 7 月,红岭实验小学为应对 3.0 容积率的"强排方案"空间品质严重失控,时任深圳市规划和自然资源局福田管理局(以下简称福田规自局)副局长的笔者意识到:该学校绝非孤例,将有大批类似的拆建加密的学校项目接踵而至,整个深圳的校园设计都将很快面临这样前所未有的挑战。在现实需求的强力

图 1~图 5　2020 年 10 月 30 日在深圳市少年宫举办的"8+1"建筑联展现场。摄影：梁荣摄影工作室

推动下，"高密度校园"这一类型已经涌现。如何应对这一巨大挑战？

　　传统的校园设计和建造管理系统——如深圳大学龚维敏教授所说——很多是"反设计的"[2]。而我们针对高密度校园的设计理论、实践和管理经验都极其匮乏。庞大的建设量、疯狂的建设速度、难以逾越的设计规范、高密度引发的新问题以及教育发展的新需求——如何以这些挑战为契机，探索新型校园策略？如何在正统的校园生产系统之外，以新的机制、标准和制度，以专业管理智慧激发设计创造力，开辟出一块新校园的"试验田"？

　　笔者带领福田规自局团队迅速启动了红岭实验小学的创新设计工作坊。为了不打乱代

建方的项目计划，我们仅能抢回 10 天时间，参与比选的三方建筑师提出对学校重新定位与设计的"简案"。在海峡两岸及香港、澳门建筑家、教育家和政府各职能部门的共同参与下[3]，源计划建筑事务所设计的"多层高密度复合型都市校园"被选为实施方案，成为新校园计划的急先锋。该设计于 2019 年秋季建成投入使用后，参观者络绎不绝，被广泛认可为高密度、高品质的南方校园创新样板[4]。

随着其后梅丽小学（WAU 建筑事务所）和石厦小学（王维仁建筑设计研究室）两个高密度校园案例相继加入，我们应对高密度校园的管理经验更加丰富。同期还与深圳大学城市规划设计研究院合作开展编写《集约用地条件下福田区中小学校空间规划指引》，并组织建筑师、学者、教育家进行多轮研讨，以期自上而下地为福田高密度学校的设计编制"空间规划指引"。

### 2."8+1"联展发布

2018 年伊始，"走向新校园：福田新校园行动计划"正式启动，并在面向全社会的倡议书中明确提出"新校园计划"7 项设计原则[5]。行动计划的核心是"8+1"建筑联展（以下简称"8+1"联展）——我们在福田区拣选出 8 所中小学和 1 所幼儿园项目，协同起来开展竞赛和评选，力图以一种"公开竞赛 + 建筑实践展"的机制，推动校园设计和设计管理的创新。

联展采用极具创新的"联合策展人"机制。海峡两岸及香港、澳门 7 位专家组成策展委员会（以下简称策委会）：由黄居正、顾大庆担任策委会联合主席，王维仁、朱荣远、孟

图6 前排左起：顾大庆、黄居正；后排左起：于敏、孟岩、周红玫、曾群、王维仁、朱竞翔。摄影：袁政

岩、朱竞翔、曾群担任委员。策委会汇集了在学术界和行业实践中有威望和公信力的代表，以保证联展的前瞻性、公正性和高水准（图6）。

　　基于之前个案探索的经验，竞赛流程和规则设计上采取了步步为营的策略，在遴选参赛建筑师的环节上，结合策委会提名和公开征集，最大程度地迅速挖掘建筑界的潜在力量；在参赛作品格式上，参赛建筑师须在极短时间内提交10张A3的"简案"，以强化表达独特的空间分析和构思，而杜绝商业化的"效果"包装；在评选环节上，策委会特别重视到现场实地踏勘、与校方交流，以及与参赛建筑师对谈（现场或视频），评审过程全程公开。

　　联展还明确规定：策委会选定的第一名方案即为实施方案。主创建筑师完成建筑扩初方案及室内主要公共空间和景观的概念设计后，深化方案由策委会联合有关部门及使用方再度评议，避免走形。这确保主创建筑师始终掌握设计主导权，将设计思想有效贯彻到项目的各个方面和环节。

　　联展公告发布仅短短8天，就聚集了国内外89家设计单位，其中既有卓有成就的名家，也有新锐力量。最终遴选出的30位建筑师共同创作了一批具有实验精神、各具特色的高密度校园方案，呈现了高密度城市中心复合多元的新型教育模式以及既定规范下校园设计新的可能性，成为前述"走向新校园"建筑联展的重要展示内容。

### 3. 首创校舍腾挪

　　参与联展的9所校园都是原址改扩建，在2~4年的建设周期中，教学和施工在原址同步进行将会产生很多影响教学和威胁师生安全健康的隐患。为解决这一冲突，打消学校与家长的顾虑，我们在2018年1月提出异地腾挪的"诺亚方舟计划"——利用附近城市闲置土地，以临时、灵活的轻型建筑体系快速搭建满足学校短期过渡需求的校舍。

这批过渡校舍开创了全国首例"校舍腾挪模式","福田样本"[6]破解了城市学校改扩建难题，更被推广至其他公共服务领域。它们的突出特征在于单个作品背后的一套核心高效建造体系。系统可持续在不同场地衍生，例如，朱竞翔团队在梅丽小学腾挪校舍取得极大成功后，继续将其建造体系优化，在龙华、罗湖两区的闲置用地上分别建成了两所易建学校[7]。另外，福田区还建成了10所高科技预制学校，罗湖区也建成3所预制箱体系统学校[8]。

### 4."8+1"联展推广延伸

"8+1"联展的效应远远超越直接参与的9所学校，还影响了一批"延伸"作品。比如，福田贝赛思国际双语学校受"8+1"良好效应的感召，请求福田规自局参照联展机制，为其主持设计竞赛，成为紧随"8+1"的一个后续案例（又称8+1+1）[9]。对于另外10余所无法参与联展的项目，团队则采用多方参与的专家设计工作坊，通过"线下+线上"方式持续跟进，帮助这批学校的设计实现脱胎换骨的改进[10]。

经过两年多的探索和实践，"新校园行动计划"取得了众多成果。红岭实验小学、石厦小学、新洲小学、新沙小学、福田机关二幼等均已建成，其他绝大部分学校也已经开工，多项衍生工作也在推进。

在这批校园实验成果的基础上，"高密度校园"的类型和机制创新也成为学界和社会的热题。2020年10月，与"走向新校园"建筑联展同时，在深圳召开的中国建筑学会学术年会上专门举办的"破题与承题：高密度城市条件下的深圳新校园行动计划"论坛研讨，给予"新校园行动计划"高度评价："吸引众多建筑师参与并创作了一批具有实验精神的方案，面对严苛的场地条件，在满足学校高容积率要求、提升教学空间品质，以及回应周边高密度城市环境等层面做出了积极可贵的探索。"[11]新校园成果还引起了住建部领导的高度关注，黄艳副部长亲临考察红岭实验小学并给予诸多好评。

从业界到社会各界，大家一致认为新校园行动计划的设计成果、组织实施过程，以及后期的持续研究与评估，对未来国内城市高密度校园建设具有启示和借鉴意义，对中国的城市发展有广泛的影响。

### 招投标管理制度语境下新校园计划中的机制创新

创新就是对习惯的叛逆。

尽管新校园行动计划取得了重大成果，但回到地方设计管理制度语境中，主流的体制环境并不令人乐观。顾大庆评述参与联展的整个过程："太多想象不到的磨难"；孟岩提到："即便是在深圳目前这样一种相对开放的体制下，我所经历的整个新校园的过程是异常艰辛的……因为每一道防线都要突破，需要全能特种兵的打法。"

要更全面地推进校园建设的创新，有必要更系统地反思设计管理体制问题，并总结新校园的经验。

### 1. 公共设计管理的价值取向：满足底线，还是追求高线？

底线是基本保障，高线是文明标杆。

"公共设计管理"在当下越来越变成一个宽泛术语。笔者在规划部门的26年间，一直试图全面理解和诠释"专业管理（服务）"概念的意义，也持续经历着个人立足于专业理念所做的努力与常规的官方定义之间产生的冲突。在行政管理和服务话语的主导下，公共设计管理似乎在专业上日益变得弱化和边缘化。在日常审批中，常常因为公共项目（如医院、学校等）的"提速"要求，哪怕面对平庸低劣的设计，只要符合规划要点和规范，方案审批也只能依法通过。这长期以来形成了普遍默认的规范性行政语境。常规的行政思维倾向于符合规范、流程、程序等的底线管理，而不是激励更具创造性、引领性的高线管理——这难道不有违深圳的开拓创新的先行使命吗？

守底线的传统政府管理职能必不可少，但深圳在走向国际大都会的进程中，不断面临前所未有的问题——这不正是胸怀抱负的城市管理者探索创造性解决城市难题的最佳管理实践土壤？在已经高度商业化的深圳，对当下现实的思考和批判一直存在着集体性的失声，难道不亟需一批公共设计管理者，以专业精神抵抗资本的压力，以保证公共空间利益不被侵蚀，建筑文化价值不被践踏？在作为"设计之都"的深圳，难道不需要一批公共设计管理者积极探索创新机制，以促进建筑师们释放创作能量，发展出根植于本土的生机勃勃的建筑文化？

追求高线恐怕是笔者身处的规划管理部门最引以为傲的文化传统了。历年来它聚集了一批有城市理想、远见卓识、热情执着、充满理想主义色彩的专业人士群体，对笔者影响至深的是尊敬的前领导和同事王苋、黄伟文等，他们都曾超越传统保守的政府职能和角色界定，积极推动一系列开拓性的、影响深远的城市规划设计实验。比如他们参与创立的深港城市\建筑双城双年展，是全球唯一长期关注城市或城市化的双年展，以一以贯之的城市问题导向，用批判性反思和城市介入行动的方式展开思想讨论。而另一项极具品牌效应、与国际接轨的是"深圳竞赛"制度，曾为深圳带来了一批丰富多元且极具文化影响力的建筑杰作。

### 2. "深圳竞赛"：催生深圳新建筑的创新机制

早在20世纪90年代初，深圳规划局就开始尝试"深圳竞赛"机制创新。它所制定的两个核心原则——"破除门槛限制""第一名中标"在当时可谓惊世骇俗。自90年代开始，一系列高规格的城市规划和城市设计国际竞赛促成了福田中心区的空间格局。紧接着，自光明新区中央公园、深圳当代艺术与城市规划展览馆（"两馆"）等项目的国际公开竞赛不设资质门槛起，深圳竞赛吸引了越来越多的国内外设计机构参与，深圳得以汇集全球一流建筑师的作品[12]。

笔者也积极投身其中，作为深圳竞赛的主要推动者之一，主持了一系列重要的公共建筑竞赛和文化事件，如大芬美术馆、能源大厦、汉京大厦，以及粤海、西丽、蛇口3个文体中心等。在香港中文大学（深圳）一期、坪山文化聚落、万科云城等大型项目中，通过开拓性的学术策划和机制创新，组织了新颖的集群设计竞赛（联展）实践（这些经验成为"8+1"联展的重要基础）。以先进的城市理念和设计管理方法探索华润万象天地、深圳湾万象城、特建发留仙洞、万科云城、国际艺展城等超级城市综合体开发的创新模式，推动实现高品质的建成效果和公共价值。笔者还创立了深圳城市建筑设计大师论坛与"设计与生活"公众论坛，作为"深圳竞赛"的延伸品牌向业内和公众持续弘扬建筑文化价值观。

作为"深圳竞赛"辉煌期的见证者和实践者，笔者近两年主持的新校园"8+1"建筑联展机制，可以说是对"深圳竞赛"精神的继承和执着坚守。

**3. 具有"专业标识"的公共设计竞赛组织面临双平台之争**

几代设计管理人精心培育的"深圳竞赛"的影响力到 2008 年后开始式微。一纸公文将规划部门的建筑设计招投标职能划归建设部门，进入统一的带有强制性机制的政府工程交易平台。这在某种程度上形成了与公共设计管理专业化实践的对立，自此各部门关于招投标管辖权和话语权的纷争从未停歇。

如果说规划部门的管理思维和方法是"建筑学式"的——其运作依赖于对空间专业方法与技术的确立和运用，交易平台的工作思维和方法则表现出远离专业标识的趋势。后者对建筑设计招投标的管理继承了工程施工招投标的管理方式，主要出发点是降低作弊和腐败风险，程序上看似严密，事实上往往导致创意优选目标严重受阻。参与竞赛的资质条件包括很多隐性高门槛，现在绝大部分政府项目设计投标甚至排斥甲级建筑设计事务所，只允许建筑工程设计甲级单位参加，许多没有官方资质但富于创造力、有发展潜力的中小型设计机构根本没有机会参与。

评标沿袭工程施工类评标方法，评标专家队伍由电脑盲选随机拼凑而成，非建筑专业专家所占比例过高，高水平建筑专家因不被信任和尊重而经常缺席。重要项目虽有时聘请著名建筑师作为评审主席，但规则不允许主席组织有效的讨论交流、制定符合项目特点的评议细则，也不设置讲解和答疑环节。通过分项填表打分确定方案优劣看似客观，但缺少评委对创意优选的专业性综合评判，结果往往出乎评委的预料，严重损害专家评标积极性及评标结果的公平性。

招标评标方式刻板单一，难以适应城市建设对建筑设计水平及服务的多样化需求。评审意见缺乏记录整理和对外公布，导致社会及业界无法通过透明的机制来监督评委的评判水准。"评定分离"的地方规则更遭到建筑界的普遍批评，规则要求专业评委只做定性建议和符合性检查，不得对前 3 名甚至前 5 名方案排序，而将定标权交由各部门组成的"定标小组"。这甚至有违国家招投标法关于评标公示必须推荐评标报告的第一名的规定，容易滋生各种各样的后期暗箱操作。在一些有重大国际影响力的文化建筑设计竞赛评审实际操作中，有时又不得不做一些回归式的调整。比如，一些具有很高专业威望和公信力的评标委员坚持按照建筑学术标准作出专业排序和建议（但需签署保密协议）。

"定标小组"的权力定位也遭到广泛质疑，一是定标人员信息模糊，二是不公布"评定"的书面意见，这些信息缺失难免让人产生暗箱操作的感觉。尤其是大型公共建筑的决策，作为"定标小组"的决策者往往缺乏全面的专业素养和判断力来选出最适合具体项目的设计和团队。设计的成败需要考虑功能、技术、城市关系、运营、造价等多重关系，而非简单的几张渲染效果图、酷炫的多媒体，或者是否有大师名声等因素。这种不符合国际竞赛惯例的决策方式，也正在严重剥蚀着深圳作为设计之都的公信力和国际声誉。评审的不透明也给幕后操作留下可乘之机，破坏了公平竞争原则。

　　总之，仅仅满足底线的管理，导致深圳目前公共投资项目中的大型医院、学校等项目成为这一平台设计招标生产的重灾区——催生出大量平庸低劣的设计。很多重大公共项目设计为了提高国际招标水平，不得不通过市政府特批再交由规划部门来策划组织，但最终仍无法避开"评定分离"的定标操作。

**4. 联展机制：以新路径接续"深圳竞赛"的核心精神**

　　设计竞赛的终极目标是优选创意，如果其结果导致龚维敏教授所说的"反设计"，我们就必须反思检讨这些常规积习导致的异化，加倍努力寻找创新突破口。在这种意义上，"新校园行动计划"是对公共项目建设全过程强势介入的全方位机制创新实践，它希冀在常规招标制度范式内提供另一种可能性，一种设计管理创新的"非常规"路径。

　　1）价值先导和专业引领确保策展委员会的学术性定位

　　如前所述，深圳主流招标平台机制强调的是"工程性"及遴选程序的公正性。而"8+1"联展按顾大庆教授的说法，除了"工程性"外还有另外两个核心属性：社会性和学术性——学校是城市中的重要公共建筑，关乎下一代的培养，不能简单地作为工程项目来处理，对设计的品质有很高要求；此外，高密度城市条件下的校园建设是个新挑战，需要建筑师提出创新设计，这就是个学术问题。策展委员会的运作方式充分体现了这种学术性定位。评审活动更像是学术研讨会，在争论中取得共识，在设计的发展过程中持续给予建筑师各种支持。

　　显然，要成功实现上述目标，一个前提是城市管理者要超越功利性和狭隘的行政视野，具备更广大的专业理想和学术追求，可以敏锐地把握城市快速发展产生的急迫问题，捕捉建筑学的新议题，并有能力通过制度设计实现公共项目建设过程中核心价值思想的转化和渗透。城市管理者在日常工作中需积累广泛的学术资源，用一线的学术标准遴选学委；除了惯常的国际视野、学术公信力等要求外，还要有不从属于体制框架的独立思考和决策能力，以及强烈的社会服务意识。这些因素汇集在一起，才确保"新校园行动计划"从开始发布"新校园行动计划"7 项设计原则，一直到各项目陆续投入建设，都始终保持强有力的价值先导力和专业引领力。

　　2）开诚布公的联展机制激活设计生态，通过竞赛与展览的同步，发挥集群或示范效应，刺激思想和创意涌现

　　招标的关键是建筑师选拔。用怎样的机制和办法吸引到最好的参赛者，是很多主办方最关心和焦虑的问题。深圳主流招标的工程模式缺乏对本土设计生态的关注和呵护，把最具潜力的年轻建筑师排除在外，也让很多知名建筑师望而却步。

　　正是因为 20 多年前本土一批优秀建筑师有机会参与各种颇具实验性的设计竞赛，深圳才造就了今日"设计之都"的蓬勃气象，而 20 年后的新一批年轻建筑师却鲜少有那样的机会。近些年笔者一直跟踪观察深圳本土年轻一代建筑师，如丘建筑、WAU 事务所等，他们大多出身国际顶级院校，拥有国际一线建筑事务所的工作经验，却在深圳投标中几乎处于集体失

语的状态,生存相当艰难——是制度把年轻人屏蔽掉了。浙沪一带崛起了一批年轻建筑师,他们未必能参与大项目,但是能获得很多可为事务所带来声望的小项目。相对而言,深圳为年轻建筑师提供的职业支持太少了。

"8+1"联展不设任何资质门槛,尤其为一批年轻建筑师开辟了新的职业空间。这包括周榕教授所说的"非常励志、非常传奇的故事"——在"8+1"中最复杂、面积最大的福田中学项目中,没有任何资质的临界事务所的年轻建筑师陈忱击败了众多卓有建树的建筑师,获得了设计委托——"如果新校园是奇迹,她就是奇迹中的奇迹"[13]。

政府招标平台公布的评标结果往往只有一个冷冰冰的公告和寥寥几张竞赛渲染图。而"8+1"联展的全过程都成为一场持续的、影响广泛的公共文化事件。公开竞赛同步公开展览、实践展加文献展、层层递进的阶段性展览和延伸活动、数十名建筑师参与的集群和示范效应、专业领域的重大创新题材——所有这些因素都赋予联展强大的文化感召力。参展建筑师参与其中,迸发出空前的创作激情和专业探索精神。全过程的开放也提高了优秀设计和团队的曝光率,引发了大众媒体和专业媒体的广泛关注,同时延伸更多角度的讨论和公共话题的发酵。

"8+1"联展重新连接了"深圳竞赛"的核心价值和理想,是对国际建筑实践展、深圳竞赛实践等经验的深度融合迭新。

3)重构招标建设流程,突破各相关建设部门路径依赖与惯性运作

招标平台对招标人、投标人和评标人严防死守,被业内人戏称为"三防"。公共项目招标建设流程按部就班,项目组织模式条块切割,建设运营维护的总包、代建、"交钥匙工程"模式中,全流程缺乏对用户需求的考虑,真正的业主或使用主体对设计的介入和评审都是缺位的。政府针对建筑行业并未有实质性创新的任务要求,更多是时间、价格的要求。代建企业的创新动力明显不足,更偏保守和以完成任务为导向,这样的生产机制极容易导致公共项目平庸化的后果。

新校园计划的一大亮点,是让学校真正的主体——学校方尽早介入到校园设计竞赛评审到实施的过程中,促成使用者和设计者之间更密切的合作。黄艳副部长在红岭实验小学调研时说,"校长和老师要在学校建设前期就深度介入设计,才能真正地做出一所好学校"。当下探究式体验学习的世界潮流是校园建筑空间(育人环境)变革的前提,用红岭教育集团张健校长的话:"课程是育人的核心和载体,课程是一个学校的灵魂所在。建筑师一定要了解课程,只有把空间融合到课程中,让空间与课程浑然一体,才能真正发挥育人的综合效用。"因为这些措施,红岭实验小学和福田中学等均成为校园空间创新和课程教育改革的范例。面对极具挑战性的设计任务,我们在设计组织方式等很多方面都挑战了当下的行业惯常做法和路径依赖,推动各个层级、各个相关部门走出"舒适圈",加强彼此合作,实现政府、社会和专业资源的高度整合。

4)保障公共设计的"公众参与"和"量身定制"

公共设计招投标作为一个公众事务,却一直远离公众视野。

普通招标临时抽取的评委保证了所谓的公平和匿名,但无法根据项目特点量身定制水平

匹配的评审团。不考察现场，不了解业主需求，评委们短时间内很难选出契合场地和业主需求的最佳方案。关门式组织管理模式也偏离了公共竞赛的本质，毕竟学校、医院等公共建筑和城市空间是与市民息息相关的。

联展让设计竞赛成为公开展览和公共文化事件。它在多个环节接纳公众的质疑、监督和评论，成为面对公众进行建筑以及城市空间教育的平台，也能让专业人士倾听公众真实的声音。

另一个问题是，如何杜绝学校"套路化"设计，为每所学校实现高品质的量身定制？

首先，量身定制的策委会为设计品质背书。行动伊始，即向全社会发布《走向新校园——新时代的深圳"福田新校园行动计划"》倡议书，将策委会名单、联展全过程策划组织方案提前公告和传播，让所有参展建筑师和公众从一开始就产生信心和信任。

其次，采用了量身定制的竞赛评审方式。评审以透明公开的学术工作坊和研讨会方式，全过程面对面密切交流。评审前，策展委员会注重深入现场踏勘、与校方交流，充分了解项目背景和使用诉求，获得使用者具体在场的空间体验，事实证明这对方案遴选的结果产生了重要影响。比如评委们在人民小学现场，看到了陡峭的地形和茂密的树林，对学校选址提出质疑，继而又结合学位需求充分讨论，认为设计应与现有树林融合在一起，考虑尽可能多地保留现有树木。这保证了选出的方案是最契合场地和校方需求的定制设计。

确保设计成果是量身定制的建筑表达。评审过程中注重与校方和设计者充分接触，反复交流磨合。评审注重方案本身的品质，摒弃华而不实的商业化表达，"简案"的提出即为使设计返璞归真的举措，10 页标准页数文本限制，减少建筑师的工作量和成本，聚焦复杂问题的解决策略，回归城市文脉的接续和建筑学的本体表达。

各阶段评审会均向市民开放，联合政府主管部门、建设方和使用方共同参与，在充分讨论碰撞和审慎研究的基础上，确定入选建筑师，并提出深化意见。如此公开透明且多方参与的遴选方式和结果，以及遴选规则中"第一名中标"的核心价值取向，夯实了量身定制的最"优选"设计的基础。评审结束后公开主要技术性点评意见和所有入围方案，加强社会监督，促进技术交流。最后是"复核"阶段，即在实施阶段策委会联合有关部门及使用方对深化方案进行"复核"，避免常态的设计走形现象，为高品质公共建筑的遴选与实现提供持续性保障。


现行规划管理制度下新校园计划的机制创新

1. 管理机制突破

深圳的急速城市发展不断挑战着常规的城市观念、价值标准和规划管理能力，要求我们必须不断地克服规划管理机制中的惰性和障碍，更新观念、土地利用方法、规范和标准。

在传统的方案设计竞赛中，《建设用地规划许可证》（紧急公共项目可以先取得规划设计要点）是前置的法定文件，依据法定图则或规范标准制定，没有商榷空间。但对于深圳这样快速成长的南方高密度城市，因地制宜地重新检讨规划设计条件的合理性，并作出相应调整有时是必要的。例如，在审批深圳国际交流学院新校园方案时，如要满足单个建筑消防扑救退界 13m 以上距离的规定，教学楼中心的美好庭院就会变成"天井"和"过道"，为最大程度呵护方案的珍贵品质，笔者想了一个脑洞大开的方案，尝试对城市土地空间资源进行优化组合：让学校和毗邻企业用地各让一半退界距离，两栋建筑均不设围墙，共享消防扑救场地。这算是新校园计划中首次大胆突破，尝试在土地紧缺的城市中，通过共享谋求土地空间资源的最佳使用效率的成功案例。

而这正是规划部门得天独厚的职能优势之一：承担起更综合性的角色，成为城市空间的智囊、策划和协调者，有条件地调度和整合空间资源。具备建筑学背景的管理者可以兼具规划管理和建筑策展的双重身份，其优势在于身处体制而洞悉体制，敢于也善于打破原有惯例和庸常程序，在现有城市管理机制中寻求突破与创新。

在我看来，规划管理者的使命是：折叠规划决策，支持设计创新，寻求对城市空间资源利用的"最优解"。

以这种使命意识，发挥统筹管理的优势，规划管理者就可以针对公共项目的题材进行系统的学术策划，联合空间生产链条上各相关部门，应用"设计思维"对全过程组织管理模式进行"再设计"，即从项目策划、目标与定位、任务书的制定、用地规划指标、设计竞赛和评审及后续规划审批等方面全方位统筹，系统地提升公共项目的管理和产品品质。

"新校园行动计划"先从支持一个个案——红岭实验小学的探索开始，后续推广到联展的 9 所学校，均在现有固化的规划管理体制和规范中开发出一个弹性的讨论机制，变线性的"流程"为弹性的"机制"，赋予建筑师设计主导权，以创新方案来论证并校核指标，以此反推规划许可，寻求具体项目规划指标的最优解，避免了以往规划审批"一刀切"。可以说"8+1"中所有项目的指标都是量身定制的，在容积率、密度、退线、运动场抬升、地下空间利用等方面，均给予了较大自由度。

红岭实验小学虽有远远高于传统学校的容积率，但在建筑密度和高度之间评估，我们考虑到校园场所的空间营造和南方气候特点，选择将密度指标放宽到 61%，允许抬升占地最大的 200 米环形跑道和运动场，以垂直叠加的混合模式应对用地集约要求，使得校园空间模式得以脱胎换骨。

对于王维仁设计的石厦小学退线问题，也是组织规划、建管部门去现场踏勘、反复斟酌，根据在场的街道空间体验，减少退距，为高密度校园设计松绑的同时，更有助于街道空间活力营造，使校园与周边社区在空间上紧密融合，使学校设计融入到社区精神的重建当中。这种具有当代意识和文化使命的社区共享型校园模式值得在全社会推广。

新校园计划中的"校舍腾挪"，则创造了另一个城市土地空间利用的新模式，笔者称之为"城市土地空间运筹学"。这种模式可高效盘活城市功能固化、使用效率低下或闲置土地的空间资源，通过分离土地的所有与使用，以空间换得时间，成功解决校园建设期间的临时校舍安置问题，为解决城市土地资源稀缺问题提供了新思路，也为政府的公共产品服务提供了深刻启发，后续大量腾挪或快装学校在城市各处落地也验证了该创新模式的引领作用。

### 2. 突破"规范思维"

对整个新校园计划，业界有一个共同关心或质疑的问题：对于这些突破性很强的创新项目，很多人认为是采取了非常规手段，或者是"突破规范"的方式才得以实现——这符合大家被规范长期压抑而释放的想象。现实中确实存在各种强制性要求，高密度校园尤其难以克服的难点、痛点也是消防和日照规范问题，比如董功设计的人民小学与消防问题整整缠斗了两年之久。事实是，新校园所有项目只是逼近了规范的底线，但都还是在规范的框架之内完成的。

新校园突破的不是规范，而是被规范桎梏的设计思维。

红岭实验小学率先颠覆了既有学校的僵化模式和呆板形象，它以如此美好的姿态重新回归建筑学本体，让人们看到了建筑师的惊人创造力和建筑学的更多潜力，也激励广大建筑师针对学校设计的开放性进行思考和实践，成为新校园行动计划的一个闪亮起点。

当然规范也并非无懈可击。建筑界对诞生于城市化初期低密度时代的全国学校建筑规范积"怨"已久。2020年底的新校园展览目的之一，就是期待能引发各界对规范和管理问题更广泛的思考和讨论。在展览闭幕式主题论坛上，参与全国教育规范修订工作的北京市建筑设计研究院有限公司副总建筑师王小工解释：规范在执行中涉及和诸多上位规划条件等相关条件内容彼此交圈、系统协调的问题，不然会带来执行过程中方方面面的问题和困惑。随着城市教育新的发展，规范的完善与修订需要关注和新教育理念与做法的对应性。我国地理气候、地域等情况的复杂多样性，也促使规范的修订工作面临着如何把全国的通用性和不同地区的适应性相结合的问题。

"8+1"联展针对深圳城市校园建设做了许多综合性思考和尝试，期待它的成果，以及后续出版、评估与决策研究，也能最终推动建筑设计规范和管理的快速迭代，催生出更丰富、更激动人心的新校园类型。

## 反思和迭新

### 1. 如何应对高密度的双刃剑？

"8+1"联展呈现的是建筑师和管理者如何围绕一系列有内在价值冲突的空间概念努力磨合、直到达成共识的过程。其中一个关键概念就是高密度。

联展采取特别的机制，支持了建筑师们以空前的想象力和创造力，达到高密度和高品质空间的平衡——这是"新校园行动计划"的前提，也体现出深圳中心区福田的特殊性。这批在高密度条件下被挤压出来的优秀建筑作品，在建筑学类型上作出了很有意义的探索，为深圳建筑发展注入了新能量。

一方面乐观地看，如孟岩所说，深圳的高密度实际上是由城市发展和之前的城市规划倒逼出来的，他设想"也许高密度能倒逼出一种新的教育模式，可能滋生一种不同的城市生活方式"。[14]

但在另一方面，我们始终保持着对高密度的警醒和反思。毕竟高密度的度如果把握不当，有可能是反人性和反生态的。建筑师可以有各种方法实现各种高密度，但城市是否应该用过分的高密度来压迫学校——这本身是值得质疑的。在学校设计中，人性化是首要标准，亲人尺度更适合自然属性更强的学生们。将操场放在屋顶是一个无奈做法，孩子在大地上奔跑才接地气。学校的使命是时时提醒学生们人与社会、自然之间的和谐并存。孩子们应该有和自然亲密接触的界面，认知真实的自然，体验有大树、小鸟和蝴蝶的生态环境，他们的生活经验才算完整。

在福田区这样高密度城市中心区中，已经很难找到关乎人的体验、童年记忆空间的有特色场地。红岭实验小学在一块几乎没有特征的土地上，建构了一个能够容纳小朋友们学习、成长与呵护他们的场所，让他们能够获得完整的校园生活体验；红岭中学高中部的改扩建也尝试积极重建与周边的山体自然环境的关联；人民小学在高密度的城市建设区域，保留并保护了场地中的一片小森林，让校园和这个承载着深圳发展历史信息的场所发生最直接的关系，突破了传统学校空间设计范式，形成了极其新颖的空间类型。两年多的时间里，我们团队和建筑师经历了大量关于树砍伐/移走/重栽的争论，和各个管理部门反复诠释规范，持续磨合，一直保持初心不变——坚持那个保护树林的校园空间架构。最后这片树林终于保留下来，期待人民小学带给孩子们独特的自然氛围和生动的校园生活场景。

我们同时也意识到，"8+1"联展对高密度校园的探索也可能造成反作用：新校园中某些极致的实现密度的做法，可能引发一些土地资源本不这么紧张的城区的盲目仿效。高密度本身不是新校园的主动追求，高密度的城市环境更需要"大密大疏"。在理想状态中，校园作为城市重要的公共建筑，应该提供给城市"疏"解透气的空间。

少年宫的展览也引发了规划设计界对快速迭代高密度城市中公共配套规划失灵问题的反思与检讨。一些专家们呼吁城市管理者避免将解决高密度城市教育配套的出路仅限于高密度校园设计。比如孙一民院长对当前的总体城市更新策略作了深刻反思："动用那么大的力量去拆，但拆出来的土地没办法分给学生，难为建筑师，又难为我们的推动者，我希望最后的结果不是难为了我们的孩子。从城市的角度，应该记住我们今天把校园逼迫到如此的原因是什么，以后还是不是这样继续下去？"[15]

换句话说，"8+1"联展是针对高密度城市中心所作的命题作文，而联展机制创新的更广泛意义在于其运作策略，而不是把"高密度"当作校园建设通行的、唯一可能的结果。


### 2. 如何在代建制中保住建筑师的话语权？

如前所述，与近年来盛行的"评定分离"规则针锋相对，"8+1"联展率先对外宣告"第一名中标"的定标规则和"主创建筑师负责制"的责权定义。这捍卫了联展的专业公信力和公共价值观，保证了联展设计选拔的最优取向，也从一开始就保证了建筑师在项目建设过程中的话语权。

如今深圳和很多城市一样，把大型公共建筑交由开发商代建。形形色色的代建和EPC工程总承包，使得主创建筑师完整落实从概念到落地的全过程参与及把控困难重重，其关键症结就是代建剥夺了建筑师的话语权。政府关心的是如何"提速增效"，将对公共建筑的质量管控责任从原来的行政职能部门，转移到开发商的设计负责人。而由于开发商只是负责"代建"，他们的价值取向就很难与公共建筑的性能和品质挂钩。

在大多新校园学校代建中，方案主创建筑师和施工图设计团队属于"拉郎配"，由于缺乏合作基础而形成项目控制过程的互相博弈。代建单位常以调控造价等各种理由修改设计，而造价控制本应是建筑师的责任，但由于总包采购中建筑师无法进入材料采购程序，无法准确把控价格，因而所谓的优化、节省环节都变得隔靴搔痒般无力。例如，在福田机关二幼项目中，因为疫情原因，香港的主创建筑师对建构和材料完全失控。

在中国建筑行业的改革中，运行机制建设是承托城市建设品质的基本环节。要真正做到"主创建筑师负责制"，需要在制度建设上予以完善，也要求建筑师要有这方面意识，掌握相关知识技能。此外，除设计费外，也应合理增加设计管理和施工管理费用（允许建筑师聘请相关专家作为管理协同的助手完成这类工作），由建筑师负责整体组织沟通并承担最终的责任[16]。

在目前的代建制内，我们能做的是补充制定一套清晰的规则，赋予建筑师在建筑实施过程中一系列的决策权，包括：负责所有涉及外观及室内效果的节点大样，并向所有涉及外观及室内效果的专项分包单位的深化设计进行提资、配合及跟进；负责确定材料样板选样、图案或色彩选型，并负责校审所有涉及外观及室内效果的甲方或专项分包单位的深化设计成果是否满足本项目的设计要求。


## 结语：联展的延续

朱荣远曾这样评说深圳的创新精神和环境："以往的创新，只要敢做就可以做成很多事情。但今天并不是，今天是在深水区，在一个习以为常的环境里面。因此，还得用智力的方式去面对那些非常态、非标准和想象力所带来的陌生感。"[17]福田新校园行动计划，以及福田区很多在设计制度的创新、设计伦理和设计公益上的先行先试，都是在改革开放深水区力争改革的结果。

"走向新校园"使命重大，参与新校园行动计划的每一位热忱的个体都没有辜负深圳这个城市给予的创新机会。建筑师们交出了好答卷，师生们得到了美好校园。联展不仅汇聚了中国设计力量，同时也致力于公众参与，校园与社区共谋、共建和共享，在快速建造过程中集聚智慧，呈现校园设计的多样性和丰富性。新校园不仅限于建筑设计，也延伸到教育，延伸到深圳乃至中国的建设机制的问题。联展中每一个环节所引发的冲突、争执，包括对各相关建设部门的"折腾"，迫使其摆脱路径依赖，走出"舒适区"——这些工作最终都取得了丰盛殷实的成果。"若干年后当人们在回顾这一事件时，一定会说这件事情能够最终实现实在是深圳城市建设史上的一个奇迹，但这绝不是神迹，都是人做出来的。我为能够参与其中而感到荣幸。"[18]

新校园行动计划"福田经验"对全国的影响波及甚广，笔者负责了来自本市各区各局以及全国各地的调研交流工作，倾囊相助的同时也关注着后续进展，遗憾的是绝大多数城市管理者依然"困在系统里"。未来深圳新增74万个学位——突破教育资源瓶颈，实现深圳新使命，要求深圳必须摆脱旧规制的束缚，在构建高质量发展的体制、机制上走在全国前列。

新校园行动计划是新时代深圳创新精神的薪火相传——深圳40年已经释放了太多过去

在中国的"不可能",但愿深圳仍然是一片充满"可能性"的改革热土;但愿"8+1"联展不是一个快闪,一个快速聚集、快速消散的事件,而是一个高能催化剂,能够激发起更多体制内、业界和社会的活力,引发更广泛、更系统的公共建筑的空间和管理的创新。

"持续不断的进步是唯一有意义的指南针,而进步被看作和太阳升起一样理所当然。"[19]

(学者建筑师顾大庆、朱涛在本文写作过程中提供了宝贵意见和诚恳建议。策展委员会7位学术委员从2018年初至今,在微信工作群中长期关注新校园计划,在联展发展过程中持续给予我们和建筑师各种支持。深圳市委常委、常务副市长刘庆生先生,市政府副秘书长徐松明先生对开拓性的城市管理机制创新给予了高度评价和大力支持;福田区政府、市规自局、福田区规自局有关领导同事,以及各职能部门各方热心参与者在新校园计划策划组织实施过程中给予鼎力支持。建筑师何英杰为本文提供了龙华、罗湖、福田区最新进展和资料。)

注释:

1. "走向新校园:福田新校园行动计划"是整个行动计划的总称,简称为"走向新校园"或"新校园行动计划"。"8+1"建筑联展简称"8+1"联展,这不只是一个建筑展览,而是一个公开竞赛、第一名中标并落地实践+建筑实践展的机制。"新校园行动计划"包括"8+1"联展前奏——红岭小学、梅丽小学、石厦小学,以及3所腾挪学校,一共6所学校;"8+1"联展诞生了新沙小学、新洲小学、景龙小学、福田机关二幼、人民小学、红岭中学(园岭校区)、红岭中学(石厦分区)、红岭中学(高中部)、福田中学一共8所中小学+1所幼儿园;"8+1"联展后续是指福田贝赛思双语学校。具体学校和设计者信息可见本书最后一篇文章《异托邦蓝图——"建筑联展"的内涵与"行动计划"的方略》。详细介绍参见:周红玫.福田新校园行动计划:从红岭实验小学到"8+1"建筑联展[J].时代建筑,2020(2):54-61.
2. 2017年7月26日,在"安托山小学设计提案评审&集约土地下的学校设计模式探索"工作坊上,深圳大学建筑系教授龚维敏曾有一段精彩的发言,概括为"整个中小学设计的背景在国内是反议论的,整个投资建造管理体系也是反议论的"。
3. 工作坊参与部门包括福田规自局、区教育局、深圳大学、红岭教育集团、万科等代表;参与专家包括朱涛(前段参与)、王维仁、龚维敏、张佳晶、张之杨、张健蔚、邱慧康、胡铮、李博、于岛。
4. 何健翔,蒋滢.深圳红岭实验小学校园[J].建筑学报,2020(1):24-31.
5. 这份面向建筑界乃至全社会的倡议书《走向新校园——新时代的深圳"福田新校园行动计划"》草案由笔者撰写,经过朱涛、朱荣远、孟岩、朱竞翔、顾大庆、黄居正、王维仁等多人润色修改而成,7项设计原则为:①致力于以环境激发学习和交流;②塑造可持续发展的绿色生境;③将场所发展为师长、伙伴外的第三教师;④呈现社区记忆,拓展地方历史;⑤促进校园自治、开放与共享;⑥强化空间的灵活自主与多样性;⑦建造安全舒适、真实自然的建筑。
6. 周红玫.校舍腾挪:深圳福田新校园建设中的机制创新[J].建筑学报,2019(5):10-15.
7. 龙华区采用朱竞翔预制轻量建筑体系的两所易建学校是龙华第三小学、龙华区教科院附属外国语学校;罗湖区采用朱竞翔预制轻量建筑体系的两所易建学校是红桂中学西校区、莲南小学莲馨校区。
8. 罗湖区3所预制学校采用中建科技的预制箱体系:泰宁中学的腾挪校舍,其他两个是学校扩建的分校,用地分别在东湖汽车站、翠竹街道和东晓南街道。福田区10所预制学校大部分都是采用中集的预制钢结构系统(工字钢梁、混凝土楼板、ALC墙板)。
9. 贝赛思国际双语学校参赛建筑师:朱涛建筑工作室(实施)、南沙原创建筑设计工作室、筑博设计股份有限公司。
10. 这批学校包括:荔园外国语小学、福田外国语小学、梅香、侨安、福华、梅山、梅园、莲花、福龙、明德实验学校(碧海校区)等系列方案;另外,福波小学是原设计单位与众建筑合作的案例。
11. 破题与承题:高密度城市条件下的深圳新校园行动计划,中国建筑学会学术年会分论坛,深圳:2020年10月2日。
12. 该文从制度创新的角度分析了深圳一系列优秀建筑诞生背后规划管理部门的推动作用,具有独特性的公开竞标制度以一系列特有规则保证其施行。这样一种带有建筑文化价值输出特征的独特的制度设计使得"深圳竞赛"成为业界的知名品牌。文章中也阐述了建筑管理中的城市设计方法论和建筑的公共教育平台对输出建筑文化价值观所起的作用。详见:周红玫.深圳新建筑的背后——深圳公开竞标制度的探索与实践[J].时代建筑,2014(4):24-29.
13. "福田新校园行动计划:'8+1'建筑联展"展览开幕,主题论坛一:边界突围——从"新校园"探索一种新的城市设计管理模式,学术主持周榕评价:我想新校园行动在深圳能够实现应该说是一个奇迹,可能在全中国范围内只有深圳能做到这么大规模、这么强有力的、能够突破现有规范和惯性的运作,而且得到了一批非常优秀的校园实践,我觉得这是非常难得的……陈忱的临界事务所,如果新校园是奇迹,她击败了特别有名的总部级的建筑师事务所得到了这个项目,本身是一个非常励志也是非常传奇的故事。
14. "8+1"联展展览开幕主题论坛二:建筑教育与教育建筑,孟岩的观点:深圳的高密度实际上是由于城市发展,之前的城市规划倒逼出来的。深圳龙岗最新建的大学密度相当低,就是我们通常说的非常舒适的校园。但是很多时候我个人倒是觉得高密度本身是可能的——即便条件不是那么理想。它能倒逼出一种新的位置,甚至倒逼出一种新的教育模式……高密度可能滋生一种不同的城市生活方式。
15. "8+1"联展展览开幕主题论坛二:建筑教育与教育建筑,孙一民教授的观点。
16. 崔愷,孙一民.城市公共建筑品质的坚守——从恒大足球场设计引发的热议谈起[J].建筑学报,2020(7):1-7.
17. "8+1"联展展览开幕,策展委员、中国城市规划设计研究院副总规划师朱荣远主题演讲"更新设计不止于空间"。
18. "8+1"联展展览开幕,策委会主席顾大庆教授致辞。
19. 《欧洲梦》作者J.里夫金对美国梦的解析:这是一片献给"可能性"的土地,这里,持续不断的进步是唯一有意义的指南针,而进步被看作和太阳升起一样理所当然。

# 校舍腾挪：
# "新校园计划"的新议题

周红玫

本文原载于《建筑学报》2019 年第 5 期，本书收录时略有修改。

## 缘起

近年来，深圳市的中小学建设面临一系列严峻挑战：激增的教育需求与稀缺的土地资源之间的矛盾日益激化，众多学校不得不在原有校园的有限用地范围内急剧扩大规模，进行升级改造。然而，现行的学校设计规范和管理机制过于僵化，各种条条框框限制了校园设计，也往往导致校园建筑千篇一律，普遍缺乏对素质教育、场地环境和地方社区的细心考虑。

为应对这些挑战，2017 年 7 月以来，原深圳市规划和国土资源委员会（现更名为深圳市规划和自然资源局）及福田管理局联合各部门策划和发起了"走向新校园——福田新校园行动计划"。该计划在 2018 年 1—5 月期间，以"8+1"建筑联展的创新机制，在福田区选取了 9 所亟须改扩建或新建的中小学和幼儿园，向全国公开征集创意提案，集聚了国内外 89 位优秀建筑师参与了"联展"征集，为 9 所校园奉献出丰富多样、有着卓越空间品质和高远文化愿景的设计方案。与此相配合，福田区相关管理部门也在建筑设计招标管理制度与组织方面尝试大胆创新，从现行体制困局中艰难突围，与建筑师们联手探索在城市高密度条件下，如何建设融合现代教育理念及场地自然人文环境的新型校园。

2017 年 7 月，笔者与同事们曾组织了安托山、石厦、梅丽三所小学的设计竞赛和工作坊——这是之后大规模开展"新校园行动计划"，有意识地探索深圳高密度新校园设计的预演。11 月某天，笔者与刚从瑞士回国创业不久的丘建筑事务所的三位建筑师李博、程博、于岛讨论福田区石厦小学的方案设计。校方本希望采取新旧校舍交叉腾挪方式：新校舍在现有校园内操场上建设的同时，老校舍仍然要使用；待新校舍建成、将师生搬至新校舍之后，再拆除老校舍。但他们初步探讨后发现，石厦小学并不具备相应的空间条件：原来校园的场地设计中，操场和楼栋的分布是对周边道路、建筑环境，以及日照、风环境等因素作综合考虑后得出的方案，若对操场和楼栋作简单的换位，则等于颠倒这些关系，可能会大幅降低学

图 1 石厦小学原校园待
拆改建总平面

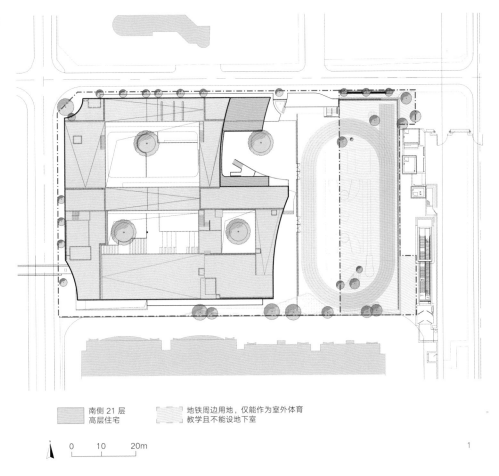

南侧 21 层
高层住宅

地铁周边用地,仅能作为室外体育
教学且不能设地下室

N 0 10 20m

1

校的使用品质,并对周边建筑、城市环境产生影响(图 1)。

石厦小学主创建筑师王维仁深入研究后认为,石厦小学用地太小,无法在原操场地块上完成 3.0 容积率的体量,无法达到与现有操场地块先后对调建设的假设(图 2)。即便日照可行,还是有个关键的施工问题——校地整体的地下开挖。这样的分期分割,造成前后期工程的结构和构造衔接、几乎完全开挖的地下空间分期开挖与后期衔接的巨大困难。还有一个严峻的问题是,如果一期工期是 2 年,整体完工的工期会增加一倍,整个地面层和地下 5 年内都是工地。学生在敞开大坑上面先完工的一半上课、然后再看着另一半工地完工期间的安全与健康问题不容忽视。

面对这一困境,丘建筑三位建筑师根据他们在瑞士的经验提出:如果深圳学校扩建频繁,普遍有类似需求,是否可以开发出一种应对临时需求的标准化预制建筑单元,可灵活搬运组合,适应不同场地条件,以满足临时性校舍需求?苏黎世就采取了类似的方式以应对过去十几年的学生增长的需求。当时,新旧校舍"交叉腾挪"的难题尚未凸显出来,但似乎埋下了伏笔。

2018 年 1 月,"8+1"建筑联展正式推出之际,笔者和同事们在整理 9 所学校项目材料过程中发现它们多为原址改扩建,似乎不可避免地要采用新旧校舍交叉腾挪方式。如前所述,这种模式将带来以下诸多问题:

1）在规划设计上，交叉腾挪成为校园规划的最大掣肘，将严重限制建筑师的空间布局思路，难以产生理想方案。尤其对于用地狭小、有庞大建设量的学校（比如有"高密度之王"之称的福田中学），腾挪作为先决条件更容易导致新校园规划上的先天缺陷。

2）在建设期间，学校很难提供正常的教学环境。施工多利用体育活动场地进行，导致学生无体育和休闲场地，不利于学生全面发展。在狭小的校园内交叉腾挪，施工作业面小、工期长，施工的粉尘、噪声等污染对学生产生持续恶劣影响，将极大影响教学质量和学生身心健康。同时考虑到施工场地狭小、施工管理水平参差不齐、学生天性好探索等因素，很难保证施工期间学生的安全。

3）在建设完成期，内部交叉腾挪往往导致从校舍建成到使用的过渡时间短暂，施工完成后装修污染检测未达标时学生就被迫搬入学习，对学生健康产生不良影响。


如何能让建筑师们在设计校舍时充分发挥创造力，让师生们在长达 2~4 年的校舍建设期间免受施工困扰？这是一个崭新的建筑学议题！在 2018 年 1 月关于校园策划的一次激烈讨论后，笔者和同事们即兴起意"异地腾挪"策略，即在学校附近寻找用地，以安置学生作短期教学过渡，同时让过渡校舍成为学生们的美好记忆，让过渡校舍的建造成为城市的文化事件、创新之举。我们还即兴将其命名为"诺亚方舟计划"，该策略想传达给人们一个美好意象：过渡校舍满载故事性和仪式感、建造技术和空间美学，邀请师生们踏上"创世之旅"。


## 策划


经过讨论研究后，方向逐渐清晰：使用质量优良、可拆卸的轻型建筑产品，利用城市闲置储备用地，甚至包括公园绿地，为一批批师生轮动提供高品质的过渡校舍。在随后的 4 天 4 夜中，我们多方征集各个专业和社会意见，大家普遍认同这是一个全新的思考维度，但也需面临多方面的实操挑战。

首先，我们必须树立起来一整套关于腾挪校舍建造系统的价值观。关于腾挪用地，我们的初步意向是中心区的公共绿地或政府储备用地。客观上要求腾挪校舍自重轻，采用无地基、浅地基的做法，尽量少扰动土地和树木，无环境公害、低环境冲击，同时也可大幅缩短施工周期。建筑坚固并有灵活性，可回收再利用，维持低成本，保证整个产品体系的可持续。同时，我们还要做好准备，应对来自社会，尤其是学校和家长的巨大心理抗拒，因为人们通常对国内的装配式"临建"（如施工板房等）总是保有抵制心态。

作为受过建筑学专业训练的城市管理者，笔者希望本项目一方面要特别关注新的城市建筑类型和优秀建造体系所蕴含的建筑学价值；另一方面也要尝试将此项目机会延伸至整个建筑制造的产业链中，推动行业全方位的高质量发展。自 2016 年，国家开始重点发展装配式建筑。2018 年底，全国住房和城乡建设工作会议部署了 2019 年十大重点任务，其中"以发展新型建造方式为重点，深入推进建筑业供给侧结构性改革，大力发展钢结构等装配式建筑"作为重点工作之一被提出。但装配式建筑在我国基础薄弱，技术远没有成熟，

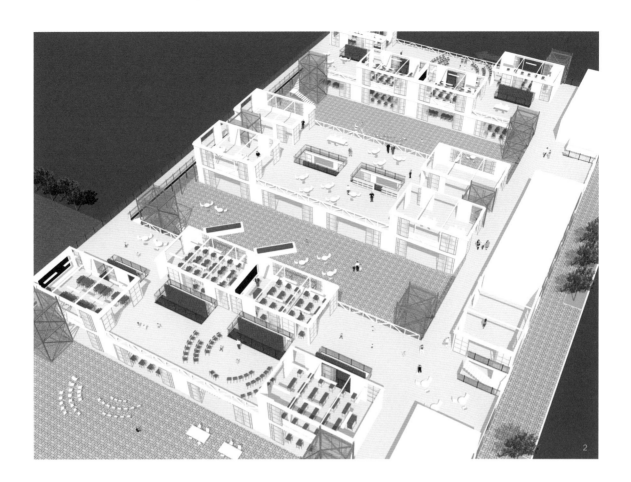

校舍腾挪:"新校园计划"的新议题

图 2 石厦小学新校园设
计鸟瞰效果图
图 3 苏黎世第一代模块
化校舍
图 4 苏黎世第二代模块
化校舍

轻型装配一直摆脱不了廉价的市场认知。如能让建造和空间美学都完美呈现，使腾挪校舍
充分匹配中心区公共空间环境品质，或可化解在高密度城市中心占用公共空间资源所可能
引发的公众压力。

经过案例研究，我们很快注意到国内的装配式板房和瑞士等国家类似产品多个维度的
差距。这一差距首先集中体现在产品线的成熟度上，国内的装配实践刚起步不久，上下游尚
不完善。而瑞士的"临建"在基础做法、结构、覆层、隔音、隔热等各方面的品质，已经远
超国内通常的装配式临建体系。特别值得一提的是，国外保证"临建"高品质的一个关键词
是"建筑师"：轻型建筑体系的成熟运用与优秀设计师的参与密不可分，建筑师的全程参与
保证了一个工业技术体系在规划与建筑空间上的最佳品质。以下是我们重点关注的案例。

### 案例 1：苏黎世模块化校舍系统

自 1998 年起，瑞士苏黎世适龄入学儿童数量显著增加，对学校的需求也因此增长，灵
活的模块化学校建筑很好地解决了这个问题。

建筑事务所 Bauart 在知名的"T 模块"系统基础上，进一步为苏黎世政府开发出"苏
黎世模块"系统。该系统可在很短时间内搭建出来并投入使用。各模块单元都在工厂预制生
产，现场只需拼装即可。该系统可被灵活回收，重复使用，且回收成本不高。教室空间通过
新单元加入，重新组合，可不断扩容。由于用作临时校舍，该系统特别重视使用生态无害、
坚固且观感好的材料。由于形体简洁、谦逊，该系统很容易与周边城市、建筑环境融为一体。

第一代产品应用于 1998—2012 年，苏黎世政府陆续在市内不同地区运用该系统兴建了 29 所模块化校舍。2012 年开始迭代到第二代，目前在其他地区仍在继续新建中。不少建于 2010 年的小学现在还在使用，除了表面的木头有些泛白，其他各部件使用状态仍旧良好（图3、图4）。

### 案例 2：新型预制轻量建筑系统

我们还特别注意到另外两位建筑师朱竞翔和谢英俊开发和设计的轻量建造体系。

香港中文大学朱竞翔教授潜心研究多年的创新型轻量建筑系统，曾在汶川和玉树地震的灾后重建中投入使用，在数周至数月内完成多所高质量的小学校舍和保护区工作站。目前他们的工作已覆盖全国 13 个省、市、地区，并于意大利及肯尼亚进行海外实践。

谢英俊带领常民建筑团队长年致力于建立环保、低成本的开放式构造体系，在近 30 年的专业工作中，先后以轻钢结构系统协助中国台湾 9·21 地震、四川汶川地震、雅安地震、云南鲁甸地震，及尼泊尔地震等农村部落重建，其间也参与国内新型农村社区建设工作。

我们认为，临时的、可拆卸、可移动、可组装的高品质新型轻量建筑系统，是应对突变、更短需求变化周期的最佳建筑类型。这样的腾挪校舍将不仅解决校园建筑交叉腾挪的普遍问题，还有可能为深圳其他用地类型的弹性和可持续开发提供创新路径。


资源调配


### 1. 核心管理和技术力量整合

初时，关于福田区校园的腾挪建议能否被最终采纳实施尚悬而未决。由于该提议由规划部门提出，而非业主单位区教育局，这令其在政府职能设置框架内面临多个层面的潜在阻力。

首先，需要业主单位区教育局的认可。无先例可依的提案，意味着可能隐含业主并不喜闻乐见的多重未知因素。其次，即使业主欣然采纳，这个横空出世的项目在传统政府工程管理程序内也无处安身，一系列问题接踵而至——如何立项？如何应对标准项目程序中的一系列空白地带，如轻型预制装配式临时建筑的行业规范、审核标准及流程、补偿奖赏机制、常规建设定额、进度款模式、结算支付比例，以及工业化、产品化建造体系不匹配等？

创新需要突破传统组织范式。体制的创新，往往实现技术的飞跃。政府在城市管理层面应该挖掘更多潜力，成为城市智慧和资源的策划和协调者。城市规划和建筑设计的管理是建筑学的重要议题。

创新的动力正是对创新本身的乐观向往（现实意义是现在的国内环境特别需要这种建筑）。这种乐观来自组织管理者、高校研究机构，也来自政府、代建企业、生产执行等各环节中的热情投入者。作为核心组织策划部门，面对困难应当主动进取，联合各个部门为这架"方舟"保驾护航，带头给予信心、动力和支持，并对现有制度进行优化。因此，我们在香港中文大学研究机构的帮助下，建立起多方协调与信任机制，在腾挪共识的基础上形成社会共同体，各方统筹综合（而非线性切割），平行推进各类程序，发挥各自所长，协调解决矛盾。

就工程实施机制而言，创新的关键突破点在于，福田区于 2017 年率先实施了全国首个全过程全链条、深度市场化专业化的代建制新模式。该制度通过合同约定，将政府投资的项目委托给企业代为建设，控制项目投资、质量和工期，在项目竣工验收后移交给政府委托单位。参与福田区代建制的代建企业都是行业内的顶尖企业，企业质量风险内控机制比较完善，而且足够重视企业声誉和长期利益。

### 2. 推进计划

计划的推进在初期异常顺利。

2018 年 1 月 8 日开始，我们首先组织策划了"诺亚方舟计划"，吸纳专业学科和社会智慧。而后组织多方协调会议，在包括政府各部门发改、教育、建工、代建企业、专家参加的联席会议上，正式宣讲"福田新校园行动计划"，提出腾挪动议，得到了初步认同和充分讨论，初步敲定具备可行性的新沙、梅丽、石厦 3 所腾挪学校。接下来我们展开选址调研，提出腾挪用地方案，明确规划择地原则以及新校园空间组织原则。地点选择须考虑原有性质，排序建议如下：运动场公园停车场仓储用地小地；需要考虑可通达性，尽可能满足长车、集装箱车辆的转弯半径；要求场地有一定净空条件，因为起重机需要避让高压线路；场地具备

图 5 梅丽小学腾挪地
块规划
图 6 梅丽小学腾挪校
舍用地卫星图
图 7 新沙小学腾挪地
块规划
图 8 新沙小学腾挪校
舍用地卫星图
图 9 石厦小学腾挪地
块规划
图 10 石厦小学腾挪校
舍用地卫星图

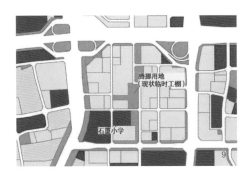

一定的水电排污条件；周边建筑没有火灾危险并易于疏散。

2018 年 2 月 6 日，我们提交了可用腾挪校舍用地方案和空间计划草案（图 5~ 图 10），并得到福田区重大项目教育指挥部的认可。明确同意腾挪提议，并要求各部门明确工作职责和进度要求，平行推进项目——市规土委福田管理局、区住建局、城市更新局、城市管理局等相关单位负责协调推进，区临建审批领导小组负责审批。该会议还赋权企业，要求代建单位在规定期限内完成建设工作。

## 可行性论证

但事情远非一帆风顺。进入实际执行阶段，各方才真正"回过神"来，不由自主地进入怀疑和否定的阶段。

首先，决策者对创新轻型建筑系统表示担忧。万科在其代建的新沙小学临时校舍上坚持采用其习惯的传统重型钢结构体系，导致决策者也一度偏向这种保守做法，不提倡在临时学校上搞创新。而天健集团负责代建梅丽和石厦小学腾挪校舍的年轻项目经理熊飞则表现出不同寻常的对技术探索和设计创新的认同和支持。有着结构专业背景的他，耐心听取我们的陈述，给予我们和大学团队其他公司不能给的时间和宽容。他们精心组织了钢结构专家论证会论证朱竞翔和谢英俊的结构系统，让决策者逐步认识到，这一套体系已经成熟并且有很多成功案例，需要更长远而开放的视野，支持深圳和行业的进步。由于福田区重大项目教育指挥部主要领导开放的态度以及后续各部门的大力支持，轻型腾挪校舍最终得以成功实现。

平行展开的工作还包括腾挪用地的清理和协调。有的方案由于用地条件改变需要重新配置，教育系统、设计方和校方也需要全力做通学生家长工作，消除其对"临建"的种种顾虑。措施包括：在规划设计阶段，由主管部门和建设方广泛听取学校、家长的意见和建议，修订完善方案；在建设初期，以足尺样板促进决策；在建设中期，组织样板间开放日活动，向区教育部门、家长、媒体展示已完成的教室模块样板，详细介绍施工工法、材料品控与后续工程计划，消除疑虑。在建设完成后，继续以专业研讨、持续咨询等方式关注合理使用与校园建设。

最终，两所腾挪校舍经过招标后确定：梅丽小学腾挪校舍采用朱竞翔教授主持的预制轻量建筑产品系统；石厦小学腾挪校舍则采用谢英俊主持的新型强化轻钢结构系统。

## 建成反馈与反思

2018 年底，福田区在全国范围内首创"校舍腾挪模式"，顺利完成以梅丽小学为代表的多所腾挪校舍建设工作（图 11、图 12），很快就吸引了来自珠三角、长三角、香港、台湾及欧洲德语地区等 20 余批国内外考察团前来参观学习，受到众多媒体、建筑专家学者、学校、家长们的广泛好评。各界纷纷认为，它们为深圳市乃至全国快速城市化背景下打造校

校舍腾挪："新校园计划"的新议题

园精品、实现校舍建设期间师生的异地就近安置提供了"福田样本"。从梅丽项目的实施过程来看，此模式有以下五点成功之处，也对政府的公共产品服务提供了深刻启发。

### 1. 高效运筹闲置土地资源

一方面，位于城市腹地的校园本就用地紧张（这促使我们推动"新校园计划"，以联展方式赢得更智慧的高密度校舍设计解决方案），在校园内采用传统腾挪方式存在很多弊端；另一方面，城市有大量零星闲置用地，使用效率低下。以梅丽小学为代表的腾挪校舍实际上通过"城市空间运筹学"解决了这一矛盾。

例如，梅丽小学原占地面积 10 080 平方米，现有腾挪校舍临时占用公共绿地，距离校园原址仅 300 米，用地面积 7500 平方米，在不足原有面积 3/4 的用地上成功安置全部 32 个班的师生。合理规划后，篮球场、环形跑道、绿化庭院因地制宜修建。腾挪校舍教室采用大窗户，增强采光量和通风，双走廊带来很多课间活动场所。电脑室、多功能活动室、消防通道、视频监控、网络设施齐全，完全符合学校规范化建设要求。

腾挪方案通过分离土地的所有与使用，以空间换得时间，协同发挥土地价值，成功解决校园建设期间的临时校舍安置问题，给解决城市土地资源稀缺问题提供了新思路。

### 2. 多层次的竭诚合作，开放式的过程参与

福田区规划国土、发改、教育、住建、建工等职能部门配合联动，邀请国内外多方权威团队进行项目设计：香港中文大学建筑学院研究团队进行项目开发与统筹；施工图由深圳市建筑设计总院团队完成，奥雅纳（Arup）工程顾问有限公司进行结构复核；天健集团作为代建方，通过创新式的招标确定承建深圳平安金融中心的中建一局华南公司作为总包单位，它们的联手保障了项目高标准、高质量地完成。

一直以来传统建设方式和传统项目决策排除了多方参与的可能性。腾挪校舍项目广泛动员了专业力量、行政决策部门、师生家长以及社群邻里。校舍腾挪既是建设工程，也成为教育项目，更成为重建社会凝聚力的桥梁。

### 3. 采用创新的设计和建造技术体系

采用创新预制装配式轻型钢结构系统，使用梁柱框架与剪力框格混合受力，自重仅为传统钢筋混凝土项目的 30%，大幅降低地基要求，承载能力更强，施工也更快。采用标准通用构件，校舍各房间可灵活搭配使用，只需调整围护体、隔断及家具，即可自由转换功能。无论大班制或小班制教室、办公室或医务间、宿舍或卫生间，均能进行互换和调节。在设计和建造过程中，梅丽小学的腾挪校舍还探索了 BIM 工程信息化、技术实施、组织管理等诸多方面的改革，特别是通过项目集成了制造与建造，保证了优质工程能在建设周期短、工程预算紧的情况下顺利完成。

长期以来，由于我国建筑业一直延续着计划经济体制下形成的管理机制，设计、生产、施工严重脱节，建造过程不连续，工程管理"碎片化"现象严重，导致装配式建造方式无法系统化，直接影响建筑工程的安全、质量、效率和效益。

校舍腾挪："新校园计划"的新议题

13

14

　　第一部分：福田新校园行动计划

校舍腾挪："新校园计划"的新议题

梅丽小学腾挪校舍工程从发标到交付使用仅 5 个月，建设周期大幅缩短，建造效率大幅提高，预期目标圆满完成。尤其是梅丽小学严控建材质量和工厂预制工艺及流程，房屋完成即立即投入使用。校舍质量安全可靠，2018 年 9 月强台风"山竹"来袭后，主体结构没有丝毫损坏，台风过后可正常使用。这一新型设计建造体系，以系统理念和集成思维，为政府的公共产品提供了安全可靠、迅捷高效的实施手段，引领行业将装配式建筑作为一项系统工程产品推向市场。

### 4. 公共建筑更绿色环保、可持续

腾挪校舍广泛采用轻量钢结构系统。建筑材料可循环利用。最先建造的石厦小学腾挪校舍建筑材料重复使用率超过 60%（图 13~ 图 16），最近建造的梅丽小学建筑材料重复使用率高达 95%。梅丽小学过渡阶段结束后，可用于异地重新组建新校舍，也可维持原状不变，响应不断变化的需求，采取轮动方式继续为其他改扩建学校提供场地。这非常符合低碳环保和可持续发展的国家战略要求。随着城市能源紧缺、劳动力短缺等问题逐渐凸显，无论是城市管理者、设计者还是参与工作的每一个个体，都要有绿色建筑的远见和面向未来的能源观、物质观，发展钢结构装配式建筑是建筑行业转型升级的最佳选择，更是对绿色发展理念的践行，具有现时代和伦理的双重价值和意义。梅丽小学腾挪校舍作为福田区钢结构装配式公共建筑的有力尝试，极具推广意义。

### 5. 模式扩展性强，具有可推广性

创新模式除带来腾挪校舍外，还可推广至紧缺的公共服务设施，如文化艺术设施、社康中心、社区消防站、临时抢险救灾中心等。它可为应对城市人口的激增提供备案，为城市资源弹性开发提供工具，为城市可持续发展注入新活力。

再比如，既然腾挪学校创新点在于临时性和机动性，那能否进一步扩大范围？这一新的城市建筑类型和建造体系除了为公立学校腾挪学生服务，能否为移民城市中的大量"临时人"——那些流动人口和打工子弟服务？

就建筑学专业而言，两所腾挪校舍的成功实践也为我们打开了很多思路：

1) 近现代建筑学只重视空间生产的最终产品——建成的建筑物，而忽视生产过程。但在当代社会，一个综合性的空间产品，从策划到成功实施，牵涉众多的社会和专业资源调配整合，其空间生产过程的议题丰富、意义重大，亟需业界加以重视（图 17）。

2) 近现代建筑学只重视长时间使用的建筑——"永久性"的建筑，而忽略临时性建筑。但在现实案例中，短期、灵活性成为一个重要维度，延伸至更广泛的建筑议题：追求一种更灵活的建筑。

3) 当今普遍、狭义的建筑学学科理解将建筑师的角色定义为凭个人浪漫灵感进行孤独创作的"艺术家"，既抹杀了空间生产在众多环节上的群体协作性质，也反过来限制了建筑师的视野、知识和职业角色。

图 17 梅丽小学腾挪学校

在梅丽小学腾挪校舍案例中，建筑师实际上扮演了类似西方中世纪"统领建造师"（master builder）的综合性角色。朱竞翔教授对建筑师角色的再定义在整件事情的实施层面至关重要。他的设计思想不止于建筑设计本身，而是项目策划、设计、预制、建造、结构、资本、组织的综合，涉及政策、经济、产业和技术等多方领域。

国家层面现在提倡"总建筑师负责制"，但其实能担得起"总负责"的建筑师还十分稀缺：一是意识和能力还没有到那个层次，二是需要对上下游都有深刻理解且有强执行力。那么建筑师们亟须突破自身的狭隘角色设定，以胜任更综合性角色、调度更多空间生产资源、获得更高的职业地位。

当然，这一全国首创的腾挪模式目前还在协调解决一些机制障碍：可移动资产不易归类，腾挪项目本应为独立项目，现只可附属于永久校舍改扩建工程，工程无法单独结算；技术创新产品整体或者关键构件，在市面上均无类似产品，这为造价审核带来困扰；预制产品附加值高，现行计价标准未考虑特殊情况下的创新成本；鼓励创新的补偿奖赏机制还不完善等。种种状况对创新项目非常不利。如若改良行政匹配管理，这一全国首创模式一定会迸发出极大的能量。

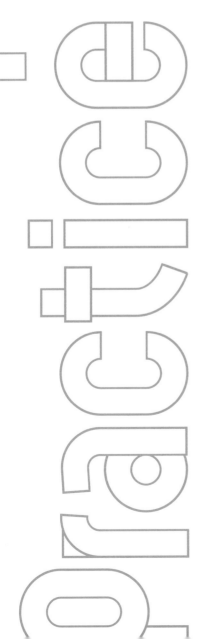

# 第二部分

# 高密度
# 校园的创新
# 实践

# 一场多面截击与例外坚守——"福田新校园行动计划"操作评述及启示

黄伟文

日常话语中充满军事术语,这是一种自战争与运动年代形成,而 2020 年尤其让人耳熟的中国特色。在 10 月 29 日"走向新校园:福田新校园行动计划——8+1 建筑联展"(以下简称"8+1")论坛上下,深度参与的建筑师评委们及发言嘉宾竟然也纷纷抛出"特种部队""集团军""战术""缠斗""占领"等词汇。作为这场活动(战役?)总策划周红玫的前同事和旁观者,从我熟悉的规划设计管理角度来评述这项行动计划,我也愿意用"截击"和"坚守"来进行概括,并且用"多面"和"例外"来描述——这倒不是一时的从众,而是我暂时还没找到比这些更准确的词。

## 截击:面对公共设计的平庸

2017 年 7 月,时任深圳规划和自然资源管理局福田管理局副局长的周红玫在"审批红岭实验小学初始报建方案时,出于建筑学专业的敏感,很快意识到学位压力和现行规范的双重制约下,这一量变引发的高密度改造热潮即将在城市中心催生又一批平庸和低品质的校园……"[1]

自 1996 年起的 13 年里,我都有参与深圳一些设计方案报建审批的机会,非常能理解作为有建筑学背景及追求的技术官员,面对桌面上摊开的一本方案图册的可能感受:开眼、悦目、恶心、味同嚼蜡、惨不忍睹……当然这种个人专业判断也不能成为一种自由裁量,毕竟萝卜白菜各有所爱。深圳在 20 世纪 90 年代的建筑审查处室叫作建筑法规执行处,就是非常早就认识到依法依规进行建筑设计审批的道理。

特区城市一开始就能汇集全国建筑设计精英来实践。深圳 20 世纪 80—90 年代不乏涌现全国优秀的公共建筑如深圳体育馆(1985—2019)等,但说到中小学校园就乏善可陈。后来我屡屡看到福田区报送的学校设计都来自同一家设计公司,就明白了其中的原因。这也是此次研讨会上深圳著名设计公司都市实践的合伙人孟岩解释他学校设计做得少的原因——当时深圳中小学建设基本上是由区教育部门基建科负责的交钥匙工程，即使搞设计招投标，因不属于重点地段重大项目也无需规划部门过问，而是自行组织即可。如果不违反设计要点规定（如退线、面积）以及相关设计规范（日照间距等），对报建方案的审批只能是依法放行——这些平庸的方案即使获批，日后被市领导看到也难免遭到大力批评。如果想多一些，或许还要包括平庸校园空间对儿童成长起到什么样的塑造作用……

问题是：平庸是一种恶吗？审批平庸学校设计的"枪口"能够不抬高一厘米吗？

因为一旦对平庸设计予以拦截，就涉及教育与建设部门的设计组织工作，也会耽搁政府工程总是火烧眉毛的排期、影响已委托设计机构的生产效益……并且缺乏相关法规支持，会被投诉利用审批权卡压项目。在日益规范的政府里，依法行政、不管平庸与否对公共项目一路绿灯，似乎才是更正确的政治和日常。

面对公共设计的平庸，最终，周红玫和她的上下级同事一道做出了决定：截击！


## 多面：抵抗平庸的系统方法论

截击如果只是将平庸设计拦下并打回头，然后下次就有更好的设计送上门，那自然也是报建管理都应该做的事情。问题恰恰相反，一旦平庸设计被拦截了，要面对的就不仅仅是受到惊扰的一只平庸设计"小马蜂"，而是陆续到来的一批，并且必然还要捅到生产平庸设计的整个系统"马蜂窝"——诚如深圳大学龚维敏教授参加新学园设计工作坊的金句："中小学整个投资设计建造管理系统是反设计的。"——因此拦截者需要有多面的应对手段，才能反制"反设计"系统的反扑，才能各个击破达到预期，否则将是满头包甚至有更坏的后果。

首先，谁能更令人信服地确认设计的平庸，指出平庸的具体所在，提出具体改进措施？这方面的应对方法是深圳规划系统比较熟练运用的开放设计工作坊，请专业同行来动嘴动手、试水干活。

其次，要解好这批校园高容积率重建的难题，设计需要变通甚至突破各种规范规定的约束，规划管理部门有没有一种敢于担责、包容探索、自我调整的度量和行动？好在深圳改革开放之初的一些务实和创新精神还有所延续着，需要的是敢于吃螃蟹的人和宽容的行政环境。

再次，在截击打乱教育部门和校方的计划安排之后，如何能争取到教育部门和校方的理解与参与，根治公共项目设计建设中用户缺位、设计往往无的放矢的通病？好设计需要甲方特别是用户更具体的需求与协力互动，这方面令人欣慰的是红岭学校、福田中学的两个校长都带着自己独到的教育理念深度参与到设计过程中，并成为规划管理部门和建筑师的伙伴与知音。

其四，为了让校园改造重建和教学工作两不耽搁，送佛送到西天，截击者还要提出临时快速、简而不陋、能说服教育部门和家长都接受的腾挪校区方案。有着历届深港城市\建筑双年展（以下简称"深双"）关注各种临时与创新建造的案例和资源储备，以"诺亚方舟"命名的腾挪过渡校区计划应运而生，并且快速产出了朱竞翔梅丽小学这样的惊艳作品。

一场多面截击与例外坚守——"福田新校园行动计划"操作评述及启示

其五，截击同样打乱了投资与建设部门的既定计划和一直以来的路径依赖，已经进行的项目则要抢回重新研究与设计的时间，这也是为何红岭学校项目要限定何健翔等建筑师必须 10 天拿出简案。而举办与建设部门工程招投标模式不同的设计竞赛活动、用各种非常规模式探索建造临时校区，就都得从区政府及以上的领导层面去寻求特别支持，才有可能进行。

其六，如果项目已经确定了 EPC 或代建机构，说服这些有自己的工程管理进度压力，甚至有自己对设计、建造的理解及偏好的机构来理解支持新的设计，也得软硬兼施，甚至斗智斗勇。

其七，如果期望更有创意的设计，首先需要有更开放和公平的设计竞赛机制，让已经出名的创意建筑师和创意潜力未知的建筑师都有参与的机会。

其八，如果要引发更激烈的创意竞争从而取得更高水准的成果，在赏金不能提高的情况下，就要将竞赛策划成有集群规模效应、有设计挑战难度、有学术公信力和有观摩展示效果的系列活动。

这第八个方面就更不是一名仅仅具有建筑专业背景的官员团队，或一个通常的技术审批部门能够干好的事情。好在这场截击的发动者周红玫，有着参与推广城市 \ 建筑双年展、策划实施上海世博会深圳案例馆、主持组织各类城市与建筑设计竞赛的丰富经验以及长期积累的广泛学术资源。她和同事首先拦截或"诱捕"了八小（学）一幼（儿园），打包成"8+1"的"群体事件"；她敏锐地概括了题目的挑战难度和价值——"以高密度引发的新问题和教育发展的新需求为契机探索相应的解决策略意义非凡……'高密度'校园的爆发式需求呼唤全方位的创新实践"；进而邀请学术界群策群力打磨"新校园计划"，组建全国性的学术评

审委员会；以"联展"方式展示竞赛过程及结果的创新方式也被提前公告和传播。

这八方面（本来还能总结到十面！不过压缩到八面也够全方位了）实际上是一套立体多面的战法，正符合我在总结深双十年历程时所提出的"城市策展"模式——"对城市问题的探讨和呈现，正从单纯的展示，进化到解决具体城市问题的展示。策展不仅针对城市案例、文献和研究，也会直接针对城市具体项目和需求……"[2] 这种方法的优点是："项目一开始就和展览结合，会充分考虑专业评论和公众观感，从而确立更加均衡的价值观和评价标准，引进更全面的专业资源和公众参与，形成更强的创新动力，避免项目被片面的政绩或商业性所误导甚至扭曲，造成公共性（社会与环境效益）及学术性的缺失和遗憾。"从"8+1"的结果来看，"城市策展"的优点都已呈现，因此我对这一活动的总体评价是：

"8+1走向新校园活动"是一次针对城市建筑具体议题，兼顾实践需求和学术探索，集策、竞、评、展、媒于一体来解决城市难题的创新方法论探索，一次堪称样本的城市策展。

## 坚守："深圳竞赛"的开放与公正

周红玫在联展论坛上强调了对深圳规划管理系统曾有过的公开公正设计竞赛原则的延续[3]，也即我前面总结的多面截击的第七面，同时这也是与现有建设机制冲突最大的一处阵地——"深圳竞赛"这块招牌的公信力，经过深圳规划管理部门几拨人的精心培育，在国内外建筑为首的专业界还是很认同的——那么冲突从何而来呢？

开展设计竞争（包括招投标、竞赛、多家咨询）是优选更好方案的常见做法。深圳早期就通过设计招投标吸引全国优秀设计，到了 20 世纪 90 年代中期，一些项目开始举行影响力更大的竞赛活动，如我参与管理的福田中心区一直追求国际水平的设计引进。当时深圳规划与国土局建筑法规执行处制定有简单但相当超前的招投标规定，我还记得印在一张 A4 纸上的几条，都是干货，如开放所有招投标的门槛，允许任何设计机构自费参加公开或定向招标，评选一视同仁；又比如规定第一名中标，方案费可以占总设计费30%，等等。这些规定[4]，我认为是改革开放的深圳经济特区在设计竞争领域不言而喻要去做到的，简单说是两个关键词：开放（资格）、公正（评审）。

要开放竞赛，首先触及的是专业资格问题。一般业主基于中国通行的资质管理制度，自然是希望甲级甚至二甲三甲来参与，但一国际化这个设计资质就不能接轨和统一了。可见设计创意的强弱与资质没有必然的关系，甚至，因为资质的某种垄断保护甚至可挂靠就带来收益，资质机构往往是缺乏创意动力甚至创意萎缩的。所以设计创意阶段的竞争，打开资质壁垒才是对甲方和竞赛品质有利的，资质对实施品质的保障可以在施工图阶段再要求。2008年我所在部门主持举行了可能是国内首个完全自由参与、不设任何资质门槛的"深圳当代艺术与规划展馆"概念竞赛，从全球汇集了400多个方案，从中选出了后来的实施方案。

公正的基础首先是对评委专业水准的精确匹配和尊重，包括对评审结果的尊重，而不是对评委产生和工作过程的各种怀疑和防范措施（如在某些大库中随机抽取名单、当天通知到场、到场没收手机之类）。

正是"深圳竞赛"对开放与公正两大原则的倡导、坚持以及方法的不断改进，国内外设计机构及很多新锐建筑师的优秀作品得以落地深圳，甚至一些年轻建筑师得以有黑马机会来开启他们在深圳的事业（如局内张之杨自由参与南油购物公园项目获特别创意奖[2008]，刚毕业不久的朱雄毅、凌鹏志自由参赛观澜版画基地美术馆方案获胜[2009]并得以实施，坊城陈泽涛参与盐田翡翠岛项目方案获胜[2011]并得以实施，普及杨小荻/尹毓峻参与深圳湾科技生态城项目方案获胜[2011]并实施……）[5]，这些励志故事也延续到这次参赛/展的reMIX临界工作室，陈忱她们以候补第三的身份继续参赛并最终赢得了福田中学方案的实施机会。

与这些建筑设计管理视角不同的是，从建设管理角度，设计招投标属于利益重大的采购事项，建设管理部门及行业纪检部门关心的是：需要资质背书以减少责任风险（导致挂靠成风）；需要商务标以方便量化比较（最简单极端的方式是低价者中，导致恶性竞争，质量不保）；要全过程堵漏洞，防止一切相关人员的各种作弊行为（导致评审氛围差、好评委流失，直接影响评审公正）。这种源于面向施工企业或俗称包工头为主的工程招投标的管理思维和方法，用于管理优选创意方案的活动显然是无法匹配的。

这种目的、对象和方法截然不同甚至是相反的两种管理方法，在深圳建筑设计行业与建筑工程行业分属规划部门和建设部门来管理时，倒也各得其所相安无事。

但规划部门负责监管或组织的设计招投标及竞赛也积累着一些不满和批评，其一是来自纪检和审计部门对公共项目中标方案实施后常见的预算突破的疑惑。这个问题本来也容易理解和解决——为了赢标，方案往往会策略性地夸张设计效果而保守地预估造价。避免这种现象的方法是定额设计，将建筑造价甚至设计费都设为公开条件，参赛者和评委因此都可以将焦点放在纯粹的创意竞争和评选上，而不用为其他指标所分心甚至顾此失彼。

另一种不满来自公共项目方案决策权归属：完全依照专业评委方案名次排序来确定中标实施方案，甲方或者甲方上级对方案的决策权体现在哪儿呢？尽管深圳也规定了评委会中甲方可以有不超过 1/3 人数的代表，而在具体操作中我们更鼓励项目决策者亲自而不是仅仅派代表参加评审会，以便项目方可以就需求意愿可以与专业判断之间有更好的沟通，让评选结果体现专业评委与甲方的共识。

从理论上讲，将公共投资项目的方案决定权交给专业者集体决定，而不是决策者依赖其不够专业的判断甚至是个人喜好来决定，更符合公共投资项目的公共利益和国家相关招投标法 [6]，因为公共项目的决策者往往也只是暂时的职务代表而不是项目的实质投资者或真正用户。2008 年深圳湾体育场馆方案竞赛就引发了该尊重评委评审结果还是区政府决策程序的纷争，并惊动住建部与国务院层面的关注调研。最后"春茧"落成及使用效果证明了当时的深圳市政府支持规划部门依法尊重国际评委会评审结果的正确。前几年对"奇奇怪怪"建筑的批评我想多少也包括对越来越多地方行政领导热衷于参与公共建筑方案选择过程的批评。

2008 年后，深圳市政府陆续支持了将原先属于规划部门的建筑设计招投标与建筑设计行业管理职能转移给建设部门的主张。2011、2015 年深圳建设部门陆续发文推广与国家招投标法不符的"评（标）定（标）分离"方法，要求专业评委不得对前三名甚至前五名方案排序，后面的选择权交由招标人（对于公共项目来说也就是所属部门及各层上级）决定。定标方法（规定有比价格、投票、先投票后抽签、集体讨论四种方式）显然无视设计品质的差

专业评委与项目代表方充分开放的交流与共识结果真正体现了设计评审的公正

异性和评委会的高度专业性，损害着专业的公正、项目的效率，并留下更大自由裁量及寻租空间。对入围选手们来说则要么祈祷运气，要么又得去做更多公共关系的工作。显然这些地方规则与《中华人民共和国招标投标法实施条例》第 53、55 条关于评标要排序和政府资金项目依序决定中标人的规定是不相符的。

周红玫与福田规划部门在"8+1"策划中对评委会（包含了业主方的参与）确定第一名方案即为实施方案的坚持，就是在这样的地方规则语境下进行的。这是对曾经深圳规划部门倡导过、十年来已为各种部门新规章所逐步掩埋的"设计竞争要开放与公正"理念的一次挖掘和坚守。

　　关于这场被研讨论坛主持周榕称为"现象级"的新校园设计行动是否能复制或成为常态，是联展学术委员会主席顾大庆在开幕致辞结尾留下的，也是众多参与者都比较关心的问题。都市实践合伙人孟岩以其在深圳 20 年的实践体会，视此次活动为深圳改革开放精神的部分"遗产"，言下之意是其本身已处于一种濒临失传的状态。从上述开放与公平原则在深圳设计竞争规则中不断受到侵蚀的历程看，我则把这样的坚守看作一次例外。

　　虽然陆续建成的"8+1"新校园项目已经受到越来越多的赞扬，包括住建部、市政府有关领导的参观和欣赏，不过随着周红玫离开原来岗位，福田区后续的校园项目已经不再延续"8+1"的诸多经验做法，特别是在开放资质和以评委评审为最终结果这两个关键点上。我带领的小团队"未来＋学院"2019 年也接受委托帮助制定福田区设计竞赛操作规程，本来希望能将"深圳竞赛"和"8+1"的经验做法规范化到区政府可以颁布执行的政策条例中，但来自建设部门最大的阻力还是集中在开放资质和评审结果的效力上。这也不完全是因为区建设部门观念保守，他们也只是依法行事，依据的是原建设部 2000 年颁布的《建筑工程设计招标投标管理办法》第十二条"投标人应当具有与招标项目相适应的工程设计资质"的规定，以及这些年深圳各部门不断强化的评定分离做法——所以要将例外事件转化为成例，还需要更多人的参与和努力。这个例外其实也包括前面的截击话题：是继续依靠做合规建筑审查的官员的个人专业素养来管控公共项目的设计品质，还是应该设立更规范有效的制度来解决公共设计品质的常见平庸？周红玫在网罗和策划"8+1"项目时，已经超出一个建审主管官员的身份，提前和统筹地介入到项目前期的学术定位和品质管控中，实质上起到"8+1"总建筑师的作用。从这个角度说，公共项目的总师制或学术委员会制是值得从这次活动中总结出来、做进一步的试点并规范化为制度的——而深圳这两年也开始在试行重点片区或全区的总设计师制度了。

专业评委与项目代表方充分开放的交流与共识结果真正体现了设计评审的公正

上：2019 年深双龙岗
分展场闪建校园（建筑
师：董灏／樊则森／何
川／众建筑／朱亦民，
策展：黄伟文／陈雪
左：闪建校园之应用：
翠园中学东晓校区扩建
右：闪建校园之应用：
翠北实验小学愉贝校区

## 闪建：腾挪战术隐藏的更大启示

　　时任深圳市委书记王伟中在纪念深圳 40 周年活动中宣布未来 5 年深圳要新增 74 万个
学位，这意味着深圳 5 年内要多建 500 所以上的学校，以及继续对更多老学校进行改造重建。
"8+1" 所取得的丰硕成果、所做的多面和例外的方法探索，对更好完成这些校园建设，都
是极富拓展、启示和借鉴意义的。

　　"8+1" 固然重点是解决由于深圳巨大的学位需求而不得不建设高密度校园所带来的各
种挑战，但并不意味着高密度校园成为解决学位难的唯一答案，或者说深圳这样的高密度城
市里的孩子注定只能挤在逼迫建筑师挖空心思设计的优美高密度校园中。"8+1" 例外配套
的临时腾挪学校[7]，还可以有更例外的应用，可以上升为一种解决学位不足的更灵活有效甚
至是更可持续的策略，而绝不应该只是止于腾挪过渡的作用。

我把这个例外产生的、可能是更有效的解决方案称之为"闪建校园"策略。即迅速在学位最紧张的高密度城区的空旷公园或其他闲置用地上,采用临时、可快速组装包括拆改方式建设附近学校的分校区。我参与策展的 2019 年深双龙岗分展场就用十天搭建了"闪建校园"实验原型,也是"未来+学院"呼应"8+1"活动于 2019 年提出"为上学设计"尝试的另类解决方案[8]。参与这一活动的中建科技公司与建筑师众建筑、何川、朱亦民今年继续接连合作,采用同样的预制体系在龙岗、罗湖完成了至少 4 所新的"闪建校园"。朱竞翔的梅丽临时学校系列也在龙华、福田、罗湖陆续绽放。

这种闪建临时校园既可用于改造腾挪,也可以单独快速增加学位,在学位不再需要时可以拆除复原或迁建,也可以就地改为其他公共文化设施或养老设施,由此可以为高密度城市里的孩子提供低密度的、能接地气、更环保健康的教育成长环境,某种程度上也是对高密度城市空间规划分配结构失衡、尺度超大广场绿地使用效率不高的一种纠正,符合不墨守成规、灵活变通解决问题的深圳精神"遗产"。

深圳 40 年创造的奇迹,某种意义上说是来自被包容的各种例外。希望这些例外的探索能得到更多的关注、研究和推广,使得这场多面截击和例外坚守能引发更深的开放与变革。

注释:

1. 周红玫.福田新校园行动计划:从红岭实验小学到"8+1"建筑联展 [J].时代建筑,2020(02): 54-61.
2. 黄伟文.看不见的城市 深双十年九面 [J].时代建筑,2014(04): 48-56.
3. 群岛."走向新校园:福田新校园行动计划——8+1建筑联展"在深圳开幕,探索未来新增 74 万学位建设的新思路 [EB/OL].(2020-11-08)[2022-06-25].https://mp.weixin.qq.com/s/RkNLqcYD8LrN5m_Oqrq-cA
4. 深圳市规划国土局.深圳市建筑工程方案设计招投标管理试行办法 [Z].深规土〔1997〕106 号.
5. 深圳市规划和国土资源委员会.深圳竞赛:深圳城市/建筑设计国际竞赛:1994—2014[M].上海:同济大学出版社,2017.
6. 中华人民共和国国务院.中华人民共和国招标投标法实施条例 [Z].2019.
7. 周红玫.校舍腾挪:深圳福田新校园建设中的机制创新 [J].建筑学报,2019(05): 10-15.
8. 黄伟文,陈雪,郑立丰,等.从快建到闪建:建筑学需要开辟的新课题 [J].北京规划建设,2020(04): 147-151.

# "福田新校园行动计划"中的
# 公共设计管理创新

本文整理自周红玫、曹丽晓、于敏、黄司裕、朱倩访谈
访谈人：朱涛、朱逸蕾、苏立国（朱涛建筑工作室）

## 前言

"走向新校园——福田新校园行动计划"的创新，从根本上源于深圳福田区在公共建筑设计管理上的创新。"新校园行动计划"的前景是一批优秀建筑师的积极探索，背景则是一批设计管理者的精准策划、灵活决策和巧妙斡旋。

美国社会学家保罗·劳伦斯（Paul R. Lawrence）和杰伊·洛希（Jay W. Lorsch）将设计管理者定义为"协调者"。[1] 解决冲突是管理者最核心的工作内容，而广义的冲突是项目建设的推动力和创造力的巨大来源。

在"新校园行动计划"中，深圳市规划和自然资源局福田管理局（以下简称"福田规自局"）的一批管理人员扮演了卓越的"协调者"角色。他们凭着专业精神和公共价值信念，在紧迫、复杂的学校建设过程中，活用各种管理工具，巧妙应对各种矛盾，化冲突为创造力，为高质量的建筑设计搭建平台、保驾护航。

关于"新校园行动计划"的设计管理创新，前文已经针对"8+1福田区新校园行动计划"（以下简称"8+1"）、校舍腾挪和建筑师负责制等做了系统介绍。[2] 本文将集中梳理公共设计管理中的程序创新部分，以及项目落地过程中针对诸多共性问题的管理手段。本文尤其关注的主题是：设计管理者如何在"新校园行动计划"具体个案的落地中，灵活调配城市空间资源、巧妙阐释规范、打通不同职能部门的壁垒，为公共设计管理积累经验，树立范本。

本文重点研究了广义"8+1"[3] 中的七个典型案例——深圳国际交流学院、红岭实验小学（原"安托山小学"）、新沙小学、红岭中学（石厦校区）、红岭中学（园岭校区）、福田中学、福田区人民小学。针对这些个案，朱涛工作室对时任福田规自局副局长周红玫、建筑设计科于敏、时任规划科科长曹丽晓、工程师黄司裕、福田规自局朱倩进行了深度访谈，还原了各案例落地过程中的设计管理难点与突破。通过这些案例，本文整理出来的具体议题包括：共享消防扑救面、共享城市绿地、"红线零退距"政策、指标调整、腾挪决策、组织专家论证等。

在通常的政府投资项目管理流程里，"设计招标"在项目建议书、计划立项、办理用地手续完成之后，再由建设工程交易平台主导进行。这意味着在方案设计开展之前，《建设用地规划许可》（以下简称"用规证"）已作为前置法律文件存在。用规证依据法定图则和各种规范标准，明确规定了一系列设计指标，如项目用地、规模、红线和退红线距离等。以这些前置指标限制设计，往往出现前置设计指标与业主实际需求和场地特性相矛盾的情况。千篇一律的用规指标，也容易导致设计院盲目按给定指标"强排"建筑，产出千篇一律的校园设计。

在用地极为紧缺的深圳，建设项目预先编制的规划设计条件与现实状况的矛盾尤其突出。这首先表现在规划规定与教育部门申报的规划指标之间的冲突。例如，红岭实验小学最初的用规证，规定建筑面积指标仅有约 1.4 万平方米，而教育部门提出需大幅增加指标（面

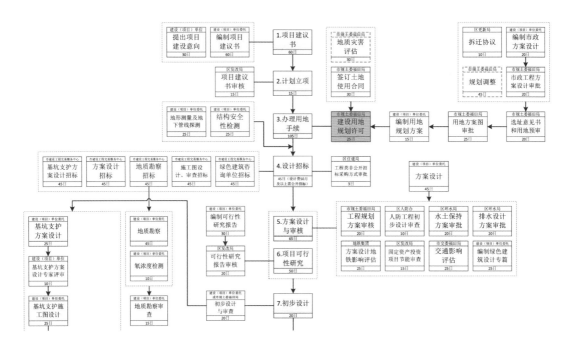

福田区政府投资项目全过程管理流程图（截取局部），本图仅含从项目建议书到初步设计部分

积增加到 2.3 万平方米）。规自局审批部门感到压力巨大，担心日渐庞大的建设指标，再加上各种规范对建筑高度、消防和日照等苛刻限制，会有损校园的空间品质，割裂学校与城市社区的关系，造成一批批平庸、劣质的校园。

"新校园行动计划"的发起者和主持人周红玫当时担任深圳市规自局福田管理局副局长，分管规划科和建筑设计管理科（以下简称"建管科"），在福田区接连前来不断报建的校园个案中意识到，庞大的前置指标与高品质校园设计之间的矛盾，将在深圳学校建设的洪流中全面爆发。只有针对现行规划管理制度进行一定的创新，才能应对这一激烈矛盾，为高品质校园的设计开路。

"8+1"建筑联展的首要创新是，将项目管理流程中的"前期策划/策略研究＋概念方案"环节前置，即以"研究引领设计"的倒推模式，在很大程度上赋予建筑师设计先导权，

补充完善了缺乏建筑学专业参与的前期。规划、建管部门紧随其后，根据建筑师的方案，论证并校核指标，反推规划许可，找到项目规划建筑指标的最优解。在规划管理中，规划科主要负责用地规划许可，参与国土空间规划、法定图则、建设边界等工作；建管科则负责建设工程规划许可、建筑设计审查等。规划科、建管科肩负各自责任，深入"新校园行动计划"的全过程，得以在方案设计前置的环节中充分把握方案的问题和矛盾，提前为每个学校项目"量身定做"指标。如此，也有机会在南方高密度城市中因地制宜，推动城市土地共享，谋求土地空间资源的最佳使用方式，激发社区公共精神。

## 空间资源调配与创新管理

### 1. 共享消防扑救面（案例：深圳国际交流学院）

在"新校园行动计划"正式推出前，福田区"高密度校园"早已出现，为规划管理者积累了前期经验。其中一个案例就是深圳国际交流学院（以下简称"深国交"），2016 年由清华大学建筑学院李晓东主持设计。深国交建筑用地 2.18 万平方米，建筑面积 10 万平方米，容积率接近 4.0，显然已是非常规的高密度校园。

深国交地块东西边长约 170 米，南北边长约 110 米，南北向相对短。在紧张的用地条件下，设计方案仍最大化利用现有基地条件，保留一片可以供土壤和城市呼吸的庭院，在校园内开垦出供学生奔跑的"山丘"。然而，北侧 13 层宿舍楼近 50 米，25 层教师公寓近 80 米，均属高层建筑，如果要满足单个建筑消防扑救退界 13 米以上距离的规定，北侧所有房子必

深国交方案总平面图
© 李晓东工作室

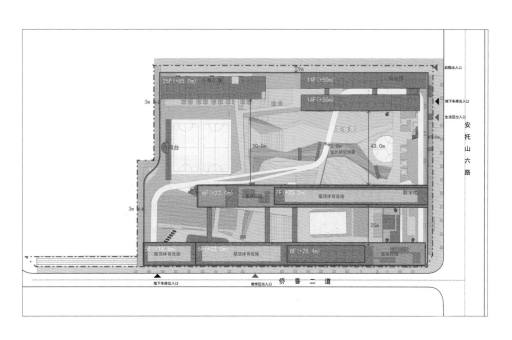

须向南侧平移，这使最具公共性的校园核心庭院被压缩成"天井"和"过道"。业主和设计师对此都感到绝望，校长甚至考虑过放弃部分宿舍面积。

2016 年 9 月，时任福田规自局局长郑捷奋主持了协调会议。周红玫在会上注意到深国

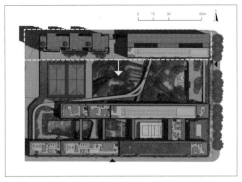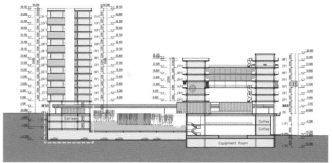

深国交总平面图及剖面
图，如将北侧高层建筑
南移示意

交北侧有一块未建用地，属于深圳市路桥建设集团有限公司（以下简称"路桥集团"）。她
随即想到解决办法，对城市土地空间资源进行优化组合：请深国交和路桥集团用地各让一半
退界的距离，两栋建筑均不设围墙，共享一块消防扑救场地。

"共享消防扑救场地"这个灵机一动的想法，在落地过程中引发了大量协调工作：规
划科首先组织深国交、路桥集团和教育局的协调会，各方出于共同利益都同意了共享场地的
方案；路桥集团和西侧小学为了满足车行出入口净高要求，花费了大量时间协调标高；更重
要的是细化和落实空间共享协议。

为了保证各方遵守协定，福田区教育局和路桥集团签署了一份具有法律效力的协议，
约定预留消防登高场地。协议写明："甲乙双方在取得法定图则 13-02 地块（深国交用地）
和 13-01 地块（路桥集团用地）土地使用权后，同意建筑退红线范围内不设置任何妨碍消
防车操作的树木、架空管线、连廊、构架等障碍物和车库出入口，作为两地块共用的消防登
高面。"对应地，福田规土委在 2017 年发予路桥集团的《建设用地规划许可证》中，备注
"项目用地应遵照协议要求预留场地"，从而将条款落到实处，不必担心因决策管理者的变
化危及协定。

13-01 地块和 13-02 地
块公用消防登高场地范围
（资料来源：《关于预留
消防登高场地协议》）

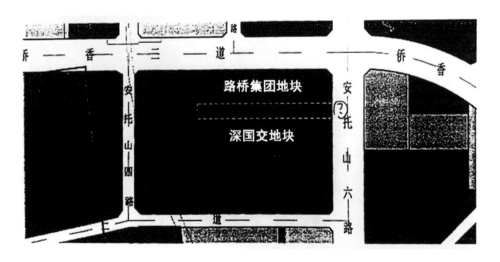

除了共享消防登高面，深国交也出现了"零退红线"的格局。近年来，深圳规自局对
公共建筑与市政道路共享空间资源有专门的支持政策：只要建筑临街界面对城市公共空间有

贡献，就可以鼓励核增面积，减少甚至零退红线。在深国交中，场地南侧零退红线、东侧少退红线，利用外围水系与植被形成柔性边界，为城市贡献良好的景观风貌。

深国交东侧景观 © 李晓东工作室

"福田新校园行动计划"中的公共设计管理创新

深国交在高密度校园早期探索积累了一些设计管理经验：学校建设可以先放手让建筑师做设计探索，规划部门再通过合理调度和整合城市空间资源（如腾挪、空间共享等方式），在紧缺的城市用地中谋求最佳使用效率。

### 2. 共享城市绿地资源（案例：石厦小学）

香港大学建筑系教授王维仁设计的石厦小学，建筑用地不到 1 万平方米，总建筑面积 3.1 万平方米，容积率超过 3.0。学校因班级扩张，导致红线内用地局促，并且校园内仅仅能放下一条 60 米的直跑道、两个篮球场，相当于标准田径场的一半。

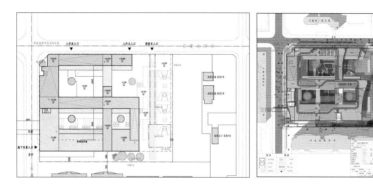

王维仁的石厦小学在概念设计阶段（左图），在红线内仅能放下一条 60 米直跑道；在深化阶段（右图），占用东边一部分社区用地，可放下一个 150 米跑道田径场

针对场地无法放置完整田径场的问题，恰巧学校基地东边紧邻一块社区绿化用地，设计师提出学校能否向社区借用资源，与东边社区绿地共享一片 150 米跑道的田径场，教育局也建议将绿地改为教育用地。为论证可能性，建筑师做了一系列工作，包括进行城市设计研究，分析如何实现城市共享和社区互动，并且针对社区绿地与学校共享场景，做出多种划分和管理边界的提案。福田规自局于是组织规划、建管部门到现场踏勘，实地调研评估绿地

右图及下页图：王维仁的石厦小学操场开放方案 © 王维仁工作室

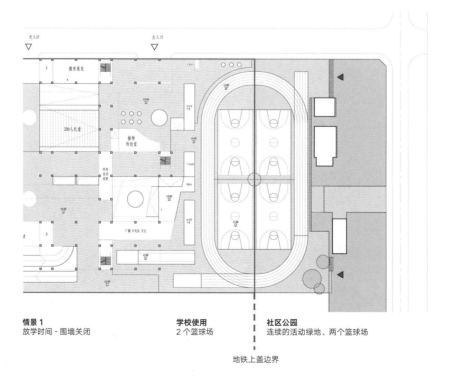

情景 1
放学时间 - 围墙关闭

学校使用
2 个篮球场

社区公园
连续的活动绿地、两个篮球场

地铁上盖边界

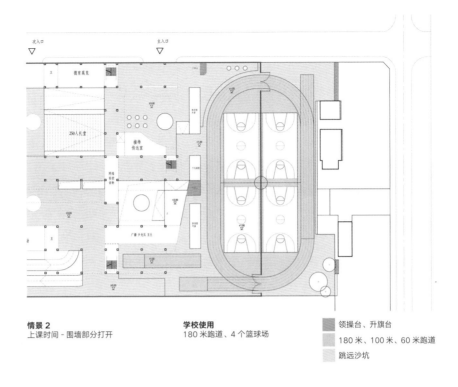

**情景 2**
上课时间 - 围墙部分打开

**学校使用**
180 米跑道、4 个篮球场

▨ 领操台、升旗台
▨ 180 米、100 米、60 米跑道
▨ 跳远沙坑

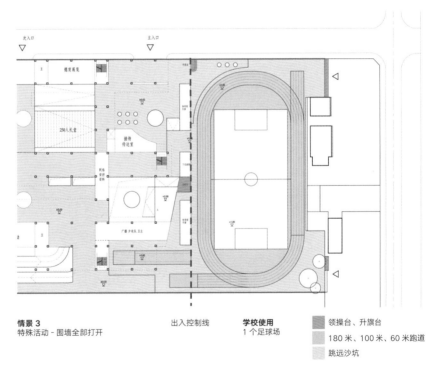

**情景 3**
特殊活动 - 围墙全部打开

出入控制线

**学校使用**
1 个足球场

▨ 领操台、升旗台
▨ 180 米、100 米、60 米跑道
▨ 跳远沙坑

共享的可能，同时，大家也研究了社区绿化用地纳入学校建设的可行性。

学校和社区绿地共享田径场的动议在规划部门引发了争议。市规划局地区规划处不同意该方案，他们认为，绿地作为广大市民休闲娱乐用地，应当保障它的公共属性，虽然绿地不说话，但不能被吞噬。由于存在不确定性，石厦小学方案在报建时，并没有上报另一半落在城市绿地内的操场。经过学校的努力沟通，规划处最后做了一定变通：在绿地上增加了运动场地的图标，允许附设运动场地，学校和社会可以共建共享。规划处这个对绿地"复合功能"的认定，相当于愿意参与这场学校运动场共享的试验。

然而，这个案例引发的争议至今没有间断——落在城市绿地上的运动场地，由谁来投资、谁来建设、谁来运营管理、谁能够保证公共空间资源分配的公正性？2020年底，石厦小学已正式投入使用，可惜在疫情期间，学校出于师生安全和管理成本的考虑，将整个田径场围闭于校园之内，没有实现开放共享。负责管理城市绿地的福田城管局因此一直拒绝验收，试图为运动场的共享开放继续做协调努力，期待学校找到可行的空间管理方式。本文受访人朱倩提出，如果能预想到问题的发生，提前签订好教育局、学校和社区之间的三方协议、确定权责，或许对校方实现"共建共享"更有约束力。建筑师对开放学校公共设施的美好愿景，规划部门在促进"学校—社区共享"上的锐意革新，在现实中依然遇到不少阻力，有待多方积极磨合与尝试。

### 3."红线零退距"，学校—社区空间共享（案例：新沙小学）

在"8+1"建筑联展正式启动前，深圳国际交流学院、红岭实验小学、石厦小学等学校已在"学校—社区共享"方面首开先河，策划者也将这点纳入了联展的核心设计理念。"新校园行动计划"7项设计原则中第5项倡导"促进校园自治、开放与共享"，福田规自局希望"8+1"学校能与周边社区共享某些设施和场地，并给出相应的鼓励措施。其中最成功的当属"红线零退距"政策：如果学校建筑在地面层为外部社区贡献骑楼式的廊道为公共使用，规自局允许该学校建筑在楼上压红线建设，即"零退红线"。[4] 在这一原则的倡导下，一十一的新沙小学、土木石的红岭中学（石厦校区）、汤桦的红岭中学（园岭校区）等都做了积极尝试。[5]

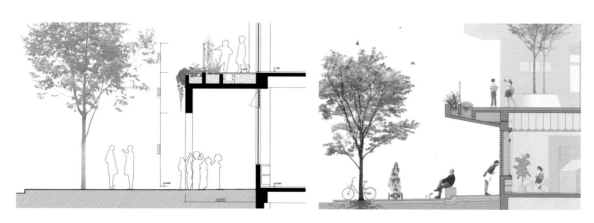

新沙小学中标案和深化案，底层为社区退让出通廊，二层建筑零退红线 ©一十一工作室

以新沙小学为例，中标案中二层为教学用房、零退红线，地面层则退后为带柱廊的临街骑楼。后来深化案中骑楼形式改为上部悬挑，不在地面层落柱，但地面层廊道仍让给公共使用。

本文几位受访者谈到，对于公共建筑的"红线零退距"、贡献城市美好公共空间，深圳规划局一直有支持鼓励政策，只是到了各区管理局层面，鼓励政策运用的规模和程度都有所区别，福田区更灵活地使用了这条规范。[6]

新沙小学拆建前后围墙
现场对比 © 一十一工
作室

2021 年，新沙小学已投入使用，过去学校紧闭的围墙，如今成为了开放互动的街区界面。尽管新沙小学西侧首层退距仅有 3 米、二层零退距，学校周边的城市空间品质却得到很大提升，校园西南侧拐角处还让出一片公共空间，实现了社区互动。管理者们强调，只有像这样对公共空间有贡献的前提下，规划部门才愿意在退线上让步。

在新沙小学案例里，规划设计条件上给予了充分的开放度。福田规自局发放用规证时，

设计方案尚未成形,对于总体布局及建筑退红线要求,用规证上写有这段话:

"为科学提升建筑设计品质,促进校园与周边社区互动,共享城市公共资源,建筑覆盖率、建筑退红线以及停车位等指标,在满足安全使用和管理要求的情况下,经'福田新校园行动计划——8+1建筑联展'专家评审认定后,可在《深标》的基础上适当予以放宽,具体指标在建筑设计方案审查阶段确定。"

对于所谓"突破",实际上规划管理者都能在规范标准的框架内找到管理工具,针对社区共享最常用的方式是:研究编制自下而上的城市设计导则,给出空间策略方案作为论证基础,经专家评审认定,让方案满足规划设计条件的弹性政策。

### 4. 首遇"高密度"、运动场抬升,开放指标(案例:红岭实验小学)

包括前文提到的新沙小学案例在内,"8+1"所有项目的指标都可以说是"量身定做"。规自局在容积率、密度、退线、运动场抬升、地下空间利用等方面,均给予了较大自由度。这些设计管理创新从第一个个案——红岭实验小学(原"安托山小学")就已全面展开。

2017年7月,安托山小学原方案已进入报建阶段,让周红玫痛心的是,局促的用地、僵化的设计思维,将一所小学逼成了高层建筑,运动场也被抬升。这让管理者意识到,在深圳汹涌的中小学校园建设大潮来临之前,必须突破现行项目管理机制,探索出集约用地下的校园创新设计范式。

时任福田规自局规划科科长曹丽晓回忆,面对安托山小学个案的处理,规划部门的压力巨大。首先在程序上,安托山小学的用规证在报建时已经发放,建筑面积指标仅规定约1.4万平方米。而教育部门提出了增加指标的需求,将24个班两次增容扩充到36个班。其次,为应对3.0容积率产生的方案存在许多不确定性,包括:学校规模过大、密度过高会否对学生产生心理影响;缺乏操场抬起来的成熟案例;由此引发的覆盖率、退线等指标问题悬而未决。对于规划部门的管理者而言,必须论证指标的合理性,项目才可以推进。

时任福田规自局副局长的周红玫迅速采取两个策略,以学术力量验证和支持高密度校园的可行性。一是委托深圳大学城市规划系开展"集约用地条件下福田区中小学校空间规划指引研究";二是开展红岭实验小学创新设计工作坊——"集约用地下的理想校园设计模式和建筑类型的探索和创新",召集海峡两岸和香港、澳门地区的建筑师、教育家和政府各职能部门共同参与,邀请权威专家论证设计的合理性。

最终被选中实施的源计划方案,各项指标都远远超越普通校园,最突出的包括:建筑覆盖率逼近70%,200米环形跑道和运动场被抬升至3~4层、位于距离正负零地面11米的裙房屋面。基于源计划方案,专家和设计师从城市策略层面,深入论证学校与周边环境的关系,包括详细分析退线、操场架空对周边行人的影响,等等。只有"规划和设计两条腿走路",才能打消各方疑虑。在合理论证下,方案获得发改委认可,最终用规证从原定建筑面积1.4万平方米放开到2.3万平方米,并且不对覆盖率加以限制。

红岭实验小学案例在"新校园行动计划"中具有开创性意义,在随后的石厦小学、梅丽

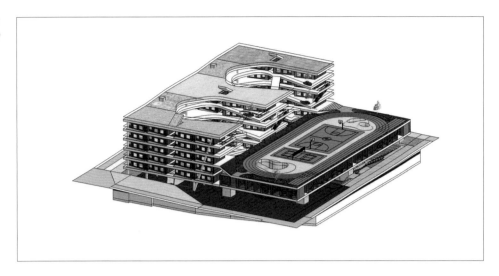

小学以及参与"8+1"的学校项目中，规划管理部门都充分吸收了这个案例的管理经验，对各项指标给予足够的灵活度，为校园设计创新探索扫除障碍。

### 5. 从就地腾挪到异地腾挪（案例：福田中学）

参与联展的学校都需要在原址改扩建，如果教学和施工同步进行将对教学和师生安全健康产生负面影响。为了解决这一冲突，规划部门首创"校舍腾挪模式"——利用附近城市闲置土地，以临时、灵活的轻型建筑体系搭建满足学校短期过渡需求的校舍。在"8+1"前，已有两所学校梅丽小学、石厦小学率先加入"异地腾挪"试验[7]。

"异地腾挪"模式还有一大优势——为高密度校园设计解绑，这方面最典型案例当属福田中学。福田中学是"8+1"的参与学校之一，设计开始阶段，校方坚持校内腾挪，计划先在现有运动场上建设新教学楼，待新教学楼建设好之后再拆除原教学楼。然而，校内腾挪的方式将对新校园布局影响巨大，整个地块是高密度综合立体开发（除去 400 米跑道，学校净容积率已超过 4.0），将锁紧新建筑的整体分布。

"8+1"的策展委员会原本已做出一定妥协，建议对参赛者提出"在不影响总体布局和长远利益的前提下尽可能考虑校内腾挪的可能性"。而发起人周红玫则坚持异地腾挪，让建

左图：新旧对比示意（红色为旧），新学校布置与原校区相似，须异地腾挪 ©reMIX 工作室
右图：reMIX 临界工作室的福田中学中标案鸟瞰图 ©reMIX 工作室

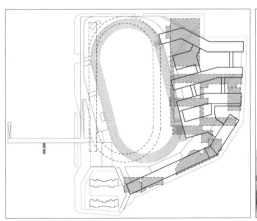
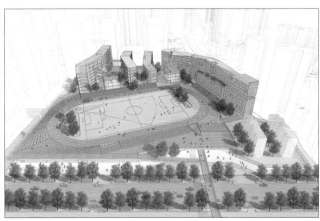

筑师在全新的基地上自由做设计。经过组织学术委员会成员现场踏勘，并说服校长考虑长远利益，才决定在简案阶段先不考虑腾挪问题，根据最终方案再下定论。竞赛完成后，福田中学校长对中标方案十分满意，后续也在实现异地腾挪上做出很大努力。2020年，福田中学在第八（侨城东）高科技预制学校实现了过渡校舍腾挪。

### 6. 为保方案，组织多轮专家论证（案例：福田区人民小学）

伴随创新设计方案产生的，必然有不同部门对规范、造价和实施难度的疑虑，成为"新校园行动计划"争议的焦点。几乎每个方案都在退距、采光、消防等问题上经历过不同程

直向的人民小学深化案总平面图和轴测图 © 直向建筑

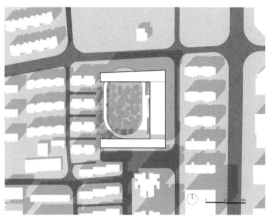

度的质疑，规划部门如果想保证设计品质，就需要对所有具体问题找到针对性的解决方法。其中，方案大胆的福田区人民小学所面对的压力是最大的，直向建筑的方案力保原场地内的树木，在推进过程中遭遇了极大困难。

人民小学的场地为一隆起台地，原场地上有一片200多棵树的茂密"小森林"，人工种植的榕树已长至一二十米高。直向提出最大化保留场地原有森林、地形的策略，希望"小森林"能成为一种具备特殊品质的教育场所类型。

各部门（包括建工署、发改委、教育局等）就方案的实施难度提出了许多意见。福田发改局曾经组织一次专家评审会，一度要否决保树策略，否决操场布置，并对遮阳方案的高造价提出疑虑。直向建筑坚持保树策略，在规划管理者的协调下，再次阐述了"小森林"对场所记忆和探索教育空间类型的重大意义。

直向方案概念草图和从跑道下方看向"森林"的效果图 © 直向建筑

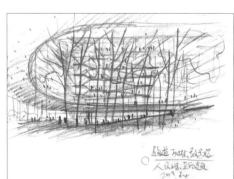

上图：新沙小学带有骑楼设计的深化案及取消骑楼的最终案街角透视图
下图：汤桦的红岭中学（园岭校区）第一轮参赛案和第二轮中标案，底层为社区退让出通廊，二层建筑零退红线

人民小学方案对政府部门的项目管理协调造成了很大挑战。仅消防问题就经历了多轮沟通，设计方邀请消防规范专家参与研究，在数次方案调整，获得市区消防部门认可，再组织专家评审会之后，方案才得以通过。此外，方案中水平贯穿校园的公共平台、跑道，与《中小学校规范》中"各类教室的外窗与相对的教学用房或室外运动场地边缘的距离不应小于25米"的要求相冲突。间距规定本质是噪声控制问题，规划部门于是再次组织专家，论证使用隔音玻璃处理噪声的可行方式。

人民小学的落地协调仍在继续。该项目最终能够成功实现，除归功于建筑师的韧性坚持，也基于福田规自局在设计管理上的全力支持和不懈努力。

## 延伸与反思

除了上述议题，"新校园行动计划"还引发了一些设计管理方面的反思与延伸思考。

### 1. 首层骑楼落柱争议

骑楼是华南城市在近代出现的标志性建筑类型，既能遮风避雨，为市民提供舒适的步行空间，又形成了极具特色的城市空间传统。如上所说，《深标》对骑楼形式的采用予以一定鼓励，支持这种半围合的城市公共空间。

在"红线零退距"政策鼓励下，广义"8+1"中一些方案也使用了骑楼形式，包括王维仁的石厦小学、一十一的新沙小学中标案和汤桦的红岭中学（园岭校区）第一轮参赛案。但在项目的后续实施和学校管理过程中，骑楼形式的落实和"零退红线"政策产生了一些矛盾。

新沙小学和红岭中学（园岭校区）在后续深化中都将骑楼落柱取消，直接为社区让出底层通廊。针对能否采用骑楼落柱，有管理者认为：如果首层有骑楼落柱，就应算作底层"零退线"，但针对骑楼落柱取消的情况，由于规范仅允许二层以上零退距，所以首层必须退让。

从规划角度考虑，政策已经为了鼓励建筑贡献街道公共空间，允许二层以上抵红线建设，在首层就不应"得寸进尺"。但也有管理者认为：从建筑学层面，骑楼是具有领域感的建筑类型，落柱本身也是公共空间的一部分。而在无落柱的情况下，二层悬挑 6 米，实际还会增加建筑造价。

除了规范衡量，决定骑楼空间使用质量的还有后续运营中的学校管理者。石厦小学在北侧营造了宽阔舒适的骑楼空间，期待家长在台阶上休息等待，因此获得建筑外墙退红线 3 米的特批。但疫情之后，这个往内凹的公共空间又被学校的栏杆和交通围挡封堵，无法实现真正的公共使用。

### 2. "第一名中标"原则之争

从"新校园行动计划"第一季联展起，策划组织方明确规定"策委会选定的第一名方案即为实施方案"，以捍卫优选方案的主导权。"第一名中标"原则与深圳近年招投标盛行的"评定分离"规则针锋相对。[8]

针对校园设计竞赛，"新校园行动计划"发起人周红玫始终认为，必须坚守"第一名中标"原则，如果背弃此条，就将破坏公平竞争机制，在定标阶段留下幕后操作的可乘之机，那么以建筑设计品质为核心的竞赛就将失去意义。在不能保证此条的情况下，宁可放弃竞赛的组织。

但是，福田规自局在此后的一次"五校竞赛"中，采取了"评定分离"。于敏深度参与了此次竞赛的组织，她坦陈未能坚持"第一名中标"的背景缘由：2018年至2020年，在"8+1"项目实施过程中，曾经惹来代建单位和各部门关于实施难度大、项目工期长、建筑师"不合作"等议论，进而牵动对"新校园行动计划"竞赛机制的质疑和反扑。在此氛围下，福田规自局甚至无法再主导学校设计竞赛。比如"五校竞赛"一度遭到取消竞赛的压力，规自局筹备了整整6个月，坚持与教育局沟通斡旋，才争取到照常举行。在竞赛的定标规则上做了一定妥协，设定"由招标人依法依规组建定标委员会，并从评审委员会推荐的前两名方案中确定一名为中标单位"。竞赛程序上虽是"评定分离"，但评标阶段的规则仍写有"评审委员会记名投票，原则上推荐第一名为中标单位"，为竞赛组织方留下了能推荐优选方案的机会。事实上，"五校竞赛"在评标、定标过程中，仍是首推第一名方案，实现最优方案中标。于敏认为这是一条折中道路，只要竞赛得以开展，优选方案就能产生；否则，难保不会滑向最死板的招标模式，在如火如荼的中小学建设中必然伤害校园品质。

不仅是校园设计，在更广泛的公共建筑和空间的设计管理上，竞赛"第一名中标"都是难以取得共识的关键原则。它挑战了现行公共设计管理习惯，在实践中面对不同现实条件时，有时只能遗憾妥协。此后，如何在公共建筑设计管理的原则和操作上形成普遍共识，如何确保竞赛的公正公平，始终是有待共同讨论和推动的重要议题。

### 3. 代建制的双刃剑

与"主创建筑师负责制"相冲突的，还有如今学校建设惯用的代建制模式。深圳和其他很多城市一样，为了提高建设效率，把大型公共建筑的修建交由代建方执行。这意味着将公共建筑的质量管控责任从原来的行政职能部门，很大程度转移到市场导向的公司。而代建公司注重工程的成本控制和推进效率，往往在价值取向上很难优先考量公共建筑的品质。这种生产机制往往导致主创建筑师的设计从概念到落地把控的过程困难重重，代建完全剥夺建筑师话语权的情况并不鲜见。

在通常的学校建设流程中，规划部门在选定中标方案后，就交由建设部门（工务署）和教育部门（教育局）委托代建方建设。但在"新校园行动计划"中，福田规自局为了保证建筑设计的完好落地，仍在实施过程中做大量的协调沟通工作，甚至投入到与代建的博弈当中。

例如，新沙小学最具精神象征意义的综合楼"红堡"，在第一次施工时，弧形穹顶被浇筑成了"秃顶"，误差最大的地方达到一米多。一十一的主创建筑师谢菁为此持续一个月频繁前往工地与施工队沟通，仍然没有取得积极的解决方案。后来，福田规自局和工务署负责人共同前往现场，与代建方商讨重新施工的可能性，最终代建方内部协商解决，施工方才决定将穹顶拆除重做。在建筑师、规划和建设部门、代建逐步形成共识和共同努力下，如今新沙小学"红堡"诗意流畅的童话空间才得以实现。

"福田新校园行动计划"中的公共设计管理创新

新沙小学"红堡"室外
及内部空间，屋顶为木
模板清水混凝土拱顶
©ACF

在周红玫看来，到建设阶段，规划部门的协调参与很多已经属于"多管闲事"。但实际上，在政府管理层面，如果规自局对建筑品质有责任感，依然可以从程序上对工程实施强有力的管理。规划部门拥有公共建筑的最终验收权，可以审批每一个重要环节的材料、图纸修改。在职能上，公权力部门依然可与代建制相互平衡，协助建筑师获得话语权，化解冲突。

随着学校设计管理的经验累积，"新校园行动计划"机制持续更新迭代，"主创建筑师负责制"的定义也越来越清晰。"走向新校园第三季——龙岗高品质校园行动"进一步落实了主创建筑师在建筑实施过程中的一系列决策权，包括建筑师对所有影响设计总体效果的成果均有签字确认权，并主张将此条款作为附件写入设计单位与代建之间的法律合同。设计管理者们出于公共利益，推动建立主创建筑师和代建的平等协作机制，为公共建筑的高品质落地打稳根基。

### 4. 结语

"新校园行动计划"通过公共设计管理者精准的前期策划、开放公平的竞赛机制、全过程的专业支持等革新举措，催生了一批高品质的公共建筑，也引发人进一步思考。能否将这些成功经验进一步运用到公共项目的生产全部流程？比如，能否从最早的项目建议书、立项和用地规划阶段，就邀请建筑专家对城市设计和建筑规模作成熟全面的考虑，为公共建筑提供更恰切的设计条件？能否在建筑实施过程中，针对代建制，制定更系统的、能保障主创建筑师话语权的政策？

政府在公共项目建设中起着顶层决策的关键作用，可以作为公共利益的代言人，充分调配、整合城市空间资源，统筹城市与建筑。"新校园行动计划"已经在公共项目的设计管理上做出许多可贵创新。相信它的经验会推动各方继续努力，持续为深圳乃至全国贡献出一批又一批的校园和公共建筑典范。

**注释：**

1. 出自保罗·劳伦斯和杰伊·洛希的《组织与环境：管理差异化和整合》（Organization and Environment: Managing Differentiation And Integration）
2. 详见第 24 – 39 页《从策动到行动——"福田新校园行动计划"机制创新的回溯与反思》，及第 40 – 53 页《校舍腾挪："新校园计划"的新议题》。
3. 广义"8+1"囊括"8+1"前奏、联展、后续的 14 所学校。
4. 《深圳市城市规划标准与准则》规定：24 米以下部分的建筑退线最小距离为 6 米，24 米以上部分的建筑退线最小距离为 9 米。
5. 详细参见朱涛工作室《福田区新校园设计经验总结与未来展望研究》。
6. 《深圳市城市规划标准与准则》（正文简称《深标》）规定："连续骑楼或挑檐遮蔽空间可以为行人提供舒适的步行空间，是街墙的重要组成部分。在满足交通要求前提下，减小退线距离不会影响行人对街道的使用，有利于街道空间的营造。"
7. 详见第 40 – 53 页《校舍腾挪："新校园计划"的新议题》。
8. 深圳市住房和建设局印发的《关于进一步完善建设工程招标投标制度的若干措施》详细规定了评标之后的定标原则及程序。

# 学校建筑本身就在
# 发生教育

张健

本文原载于《建筑学报》2021 年第 3 期，本书收录时略有修改。

作为一个教育人来探讨新校园建设的话题，我觉得特别有意义。我在教育系统工作了
30 多年，担任校长也接近 20 年，参与了多次老学校的改扩建和新学校的设计建造，对学
校建筑的建设逐步有了一点认识和感悟。作为学校建筑的最终用户，我想我们的体验和需求
对于政府管理部门的决策者和建筑师来说，也是非常重要的参考。所以我想结合深圳红岭实
验小学的实践经历，从一个校长的角度谈谈对于如何设计建造一所好学校的几点建议。

首先，我认为新建学校的办学负责人，要在学校建设的前期就深度介入—— 先有学校，
后有建筑，先有办学理念和目标，后有设计和建造。只有这样，在校长办学理念和课程规划
的引领下，学校的设计建造才有了主心骨，有了方向和灵魂。之前，各地所谓新学校建设的
"交钥匙工程"弊端很多，政府立项后，职能部门按照程序招标设计公司、工程建设公司，
在没有用户参与的情况下，学校就完成了设计建造，当校长准备开学、拿到钥匙时，已经完
全没有调整更改的可能，只能让老师、学生以及课程教学适应建筑空间，在使用中逐步改造，
费时、费钱且效果不佳。

第二，我一直特别强调的是，在一个新校园的设计之初，一定要深入地了解这个学校
的办学理念、课程构成和完成课程的方式。学校教育是从三个维度来具体落实的——环境育
人、课程育人、管理育人：环境是基础，课程是核心，老师、校长的管理是关键。而环境育
人的根本在于学校的建筑形态和空间布局要与课程的实施相伴相生。

对于学校来讲，建筑就像是"硬件"，课程就像是"软件"，硬件和软件要相互融合。
传统的学校建筑一般都会按照使用功能分类，把办公楼、教学楼、实验楼、图书楼、艺术楼、
体育馆、宿舍楼分片分区单独设计，自成体系。这样长期形成的标准化建筑形态适合传统
的以教师、教材、知识为中心的一体化共性教育的学校课程教学。但在新的培养目标和育
人模式下，课程体系和课程实施发生了改变。熟练掌握读、写、算技能不再是人才，具备
专家思维和复杂交往能力才是人才。单纯的传授知识、大量的背诵记忆、重复的刷题演算，

不再是教育和教学的重点；创意、创新才是教育、教学的真谛。传统的学校建筑把功能空间分区、分片、分类建造，已经不能适应新课程教学的要求，"方方正、排排坐"的教室布局和"讲讲课、刷刷题"的教学设计更不能满足学生个性化的学习需求和自主选择、互动探究学习的状态。只有把"课程"融合到"空间"，让空间与课程浑然一体，才能真正发挥育人的综合效应。学校不再是贩卖知识的场所，它要成为一个学习社区：课程的跨界融合，学生的项目学习，小组的合作探究随时随地在教室、在楼道、在花园、在校园角落的"第三空间"、在建筑物之间的"过渡空间"、在校园的每一处发生。我们要让学校的建设和课程的设置莫负于这个时代的潮流。

红岭实验小学的整体课程设计定位就是跨学科探究式、项目化、包班的全课程教学。在这样的课程理念和要求下，学习活动就可以随时随地发生。大家可以看到，我们的课堂不仅在教室，也在户外，在任何一个角落学习都在发生，校园的每一处都变成了课堂。我们把国家课程标准重构以后，通过单元的教学来完成，其主线是科学、是社会、是道德与法治，语文、数学、英语变成工具，体育、艺术变成活动。当然，这样的课程就一定需要非常丰富的建筑空间来支撑，我们的教室是可分可合的，而且有多种变形。因为包班的要求，我们的老师全天和学生在一起，没有办公室，全部时间都在教室里跟孩子们一起学习、一起成长。老师和同学们特别喜欢我们的教室，说它像细胞一样形状多变，可分可合，多边的造型宽敞明亮，特别方便，非常舒心。

环境对人的影响其实是非常深刻的，正如美国诗人沃尔特·惠特曼（Walt Whitman）在他的著名诗篇《有一个孩子向前走去》（There Was a Child Went Forth）中所言："有一个孩子每天向前走去，他看见最初的东西，他就变成那东西，那东西就变成了他的一部分。"孩子在重构的课程与重构的建筑中开展感性活动、接受教育，这种生活构成了他的成长环境，影响他们一生的发展。要想设计一个适应未来的现代化的学校，就要关注教育目标的变化。现在的新学校课程都是需要兴趣导向，学习需要跨界融合，方式需要项目生成、深度探究理解本位、情景交融、主动作业、真实表现、实践体验、知行合一，建筑要如何去适应和融合、如何达到这个程度和水平？我觉得非常关键。当好的建筑与优化的课程相连接的时候，丰富的学习体验便可以开始。建筑师的设计语言同校长、老师的课程设计需要相互碰撞，才能找到真正适合学生学习成长的体验与环境。

第三，学校的设计要以需求为导向，要特别坚持基于新理念、新课程、新教学、新活动的各种建筑空间需求。在红岭实验小学的设计过程中，我们跟建筑师团队不断沟通，不断提出学校的各种需求，大家一起头脑风暴，讨论到底需要哪些空间来完成新课程教学的任务，如何更多地寻找学生活动、游戏空间等。红岭实验小学规划占地面积只有 1 公顷左右，要容纳 36 个班级，就必须扩大容积率，还需要把空间延伸到传统建筑想象不到的地方。比如，学校提出停车场可以设在地下二层，地下一层必须拓展为师生学习和生活的空间，建筑师要想办法落实完成，就必须面对采光怎么办、通风怎么办、空间格局怎么分这样的问题。由此就产生了把整个地下一层四周设计成绿化斜坡，和一层平面相通的方案，地下一层变成了四面八方都能通风透气的开放空间。如今老师和学生们天天在这里学习生活，这里有良好的通风和采光条件，完全没有身处地下室的感觉。学校强烈的使用需求导向激发了建筑师的更多想象和潜力。再比如，屋顶是个广阔的天地，有光、有风、有雨，一定不能闲置浪费。为了扩充学生第二课堂的功能活动空间和劳动实践空间，我们要充分运用屋顶，建筑师在屋顶设计了各类活动场所或劳动场所，如运动空间、读书空间、劳动种植空间、科技活动空间等，使学校建筑的每一方空间都能落实立德树人，承接德智体美劳全面发展。体育活动场所往往是学校设计的短板，现行规范标准的设计配置并不能完全满足学生的实际需求，我们的学校不仅有田径场、游泳池、篮球场等，更关注的是尽可能地把拓宽的楼道、建筑物之间的过渡空间、闲置的边边角角设计处理成孩子们课间运动、玩耍的重要领地，要最大程度挖掘潜力，确保学生有足够的活动空间。

红岭实验小学有很多大跨度的天梯，这其实是来自学生之间的交往需求。高年级的大哥哥、大姐姐可能要带领低年级的小弟弟、小妹妹进行各种活动，学校于是成为一个共同的家园。孩子们可以通过这些天梯穿梭于整座学校，互相之间的关系也就拉近了。教室的学年段设置也是因为课程的交流需要。对于学生来讲，走进校门是新的一天学习旅程的开始，愉悦的心情、友好的期待为孩子在学校的一天设下基调，学校建筑的友好性、归属感就显得特别重要，要能为每一位孩子提供贴心服务，方便他们主动学习和互动交流。教师办公室设在每个班的教室里，浸润式的教学和管理像家庭一样温暖舒心，会使孩子们更爱交流、更爱表达。各个管理部门的办公室根据服务功能不同放在不同楼层，让学生、老师、家长更方便到达。图书馆、阅览室也与学生教学活动区域融合在一起，处处相通。

一般的学校很关心孩子的表现、孩子的成绩，但是对大多数孩子来说，学习是很痛苦的。我们要办一所什么样的学校？我们想让孩子在这里有快乐的童年，同时要让他们在童年的时候找到自己的情感、找到自己的兴趣、找到喜欢学习的出发点，要让他们在学校里看到自己的未来。那就需要让孩子们特别地喜欢这个空间、喜欢这个场所、喜欢这个学校，他们才会喜欢这里的课程和老师，进而喜欢上学习。

第四，我们要认识到，设计建造一所好学校不是轻而易举就可以达成的，要特别注重协调好各部门的关系。从政府发改局的项目立项、可研批复、概算下达，到设计公司的招标确定，再到施工单位招标和施工管理，各个环节都非常重要，有时也会错综复杂。作为校长要全程参与、主动把控，及时发表学校的主导意见，关键的时刻要坚定、坚持。因为各个部门都有自己的一般工作规范和常规做法，都不愿在设计建造过程中承担超出各自职能的责任，当发生争议、有不同意见和矛盾时，往往都会按常规做法减功能、减投资，不违规、不突破。只有校长，因为他是最后的使用者，他要据理力争，在各部门间强力协调，争取增加合理的投资，坚持那些想要实现但实现起来又存在困难的建筑空间。

第五，要敢于突破。现行学校建设的诸多政策、规范，已经有很多地方不能适应新时代、新学校建设的要求，尤其在中心城市、在高密度中心城区，土地集约使用已经到了极限——1公顷的用地要建设36个班级规模的小学，2公顷的土地要建设48个班级的中学。如何才能打开学校建设的整体空间？必须突破现有的规范限制。比如，现行学校建筑设计有24米的高度限制、校园四周红线内必须设置消防通道、田径场不能架高2~3层、地下室不能用于教学、建筑楼顶不能上人等规范，亟需政府统筹协调，做出明确、合理的调整，解放不合理限制。上报规划审批时更不能墨守成规、生搬硬套，让学校建筑能有更充分、更大胆的设计建造。红岭实验小学做到这样的水平，很多事情是经过我们和建筑师的共同坚持才得以实现。

　　随着国家对教育的投入不断加大，学校建筑设计越来越受到建筑界的关注。现代教育的模式和未来学校的形态开始发生深刻改变，学校建筑也必然随着育人方式的变化而改变，必将突破现有的设计思维定式，甚至突破行业一般标准和规范，以学校新理念要求、新课程需求、新教学实施为导向，做出重大改变。我作为一个学校的校长，同时也代表我们广大的师生和家长们，想要说的是，特别期待有更多的建筑师重视并投入学校建筑的设计和建造，在设计新型学校、未来学校的时候能够了解学校的学习空间、学习方式，并为应对这个目标定制真正合适的空间。我们一起努力，让教育在现代学校建筑空间中变得更加美好、更加现代。

　　学校建筑本身就在发生教育

# "8+1"
# 建筑
# 联展

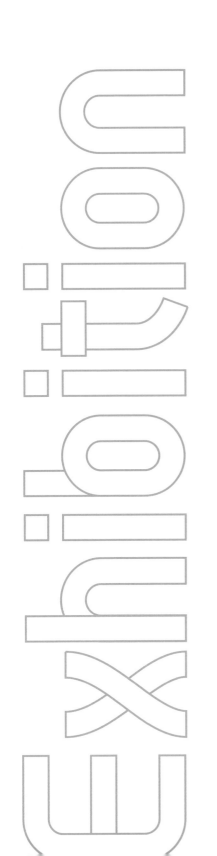

# "新校园行动计划——'8+1'建筑联展" 大事记

## "8+1前奏"

### 2017

**2017 年 7 月 26 日**

安托山小学（现更名："红岭实验小学"）创新设计工作坊——"集约用地下的理想校园设计模式和建筑类型的探索和创新"举行

**2017 年 11 月**

石厦小学、梅丽小学完成设计工作坊竞赛

### 2018

**2018 年 8 月 9 日**

红岭实验小学《建设工程规划许可证》核发

**2018 年 10 月**

石厦小学破土动工

**2018 年 12 月 30 日**

梅丽小学动工拆除

### 2019

**2019 年 2 月 1 日**

石厦小学《建设工程规划许可证》核发

**2019 年 6 月 24 日**

梅丽小学《建设工程规划许可证》核发

**2019 年 9 月**

红岭实验小学竣工

### 2020

**2020 年 10 月**

石厦小学建设完成

### 2021

**2021 年 4 月**

梅丽小学建设完成

# 校舍腾挪

## 2018

**2018 年 1 月 8 日**

校舍腾挪计划启动

**2018 年 1 月 12 日**

建设及腾挪计划沟通商议

**2018 年 2 月**

腾挪校舍用地方案和空间计划草案通过

**2018 年 4 月**

由深圳元远建筑科技发展有限公司设计的
梅丽小学腾挪校舍开始建设

**2018 年底**

梅丽小学腾挪校舍、石厦小学腾挪校舍等
三所校舍相继落成，开创崭新的"校舍腾
挪模式"

■ 日

二次评审会议举行，第
构；福田中学进行第
家入围机构中选出 3
深化方案设计

2018 年 4 月 25—26 日

"8+1" 建筑联展第三次评审会议举行，最
终从福田中学的 3 个深化方案中选出最终
入选机构，至此，所有参与 "8+1" 建筑联
展的校园均确定了最终入选机构

2019 年 1 月 1 日

福田机关二幼《建设工程规划许可证》
核发

2019 年 3 月 19 日

新沙小学、新洲小学《建设工程规划许
可证》核发

2019 年 4 月 22 日

景龙小学《建设工程规划许可证》核发

2019 年 11 月

景龙小学动工

2018 年 8 月 11 日

新沙小学动工拆除

2018 年 8 月 20 日

新洲小学动工拆除

# "8+1"建筑联展

## 2017

**2017 年末**

开始策划"新校园行动计划"

## 2018

**2018 年 1 月中旬**

"新校园行动计划"——"8+1"建筑联展策展委员会成立

**2018 年 1 月 28 日**

确定了"8+1"建筑联展关于校园设计的七点倡导原则，并确定了简案提交要求

**2018 年 1 月 31 日**

"新校园行动计划"——"8+1"建筑联展公告正式发布，报名征集开始

**2018 年 2 月 7 日**

"8+1"建筑联展报名结束，89 家设计机构报名

## 2018

**2018 年 2 月 9 日**

"8+1"建筑联展资格预审阶段（第一批和第二批学校）结束，24 家机构入围

**2018 年 3 月 9—11 日**

"8+1"建筑联展首次评审会议举行，6 家机构入围福田中学项目；第一批四所学校决出入选机构进行深化方案设计

**2018 年 3 月 30—3**

"8+1"建筑联展第二批四校决出入选机一次简案评审，从 6家作为入选机构进行泛

# "8+1"延伸板块

## 2018

2018 年 1 月 30 日

深国交新校区动工

2018 年 10 月 23 日

福田外国语小学《建设工程规划许可证》核发

2018 年 8 月

福田贝赛思双语学校竞赛举行

2018 年 12 月 13 日

深国交新校区《建设工程规划许可证》核发

# 2019

2019 年 6 月 19 日

福田外国语学校小学部动工

2019 年 8 月 20 日

福强小学《建设工程规划许可证》核发

# 2020

2020 年 8 月

深国交新校区建成

2020 年 9 月

贝赛思双语学校核发方案审查意见书

# "8+1"建筑联展
# 概览

**时间：**2020 年 10 月 30 日
**地点：**深圳市少年宫
**主办：**深圳市规划和自然资源局福田管理局
**协办：**福田区发展与改革局、福田区教育局、福田区建筑工务署、福田区住房和建设局、深圳市少年宫、中建科技集团有限公司
**特别支持：**卓越集团、万科城建、绿景、星河控股集团、日杰瑞欣、瑞云科技
**总策划：**周红玫
**策展委员：**顾大庆、黄居正、孟岩、朱荣远、王维仁、朱竞翔、曾群
**策展执行：**群岛 Archipelago
**活动执行：**冈巧 Adroit

2020 年 10 月 30 日，"走向新校园：福田新校园行动计划——'8+1'建筑联展"在深圳市少年宫开幕。展览首次完整记录和公开展示了"福田新校园行动计划"在探索南方气候条件下高密度校园空间范式创新、积极回应城市中心高密度校园的爆发式需求上所做的努力和尝试。以三个相关核心创新事件——红岭实验小学实践，"8+1"建筑联展以及腾挪校舍为代表，向专业界及公众呈现出一幅新校园行动的全景图。

此次展览以三个相关核心创新事件——红岭实验小学实践、"8+1"建筑联展以及腾挪校舍为代表，向专业界及公众呈现出一幅新校园行动的全景图，展现参与建筑师如何以建筑学专业的智慧、热情和坚守，为以往效率至上而失却童趣的校园范式注入了全新的活力和想象。这些尝试超越了单纯的功能和美学，它们重新定义了高密度校园、赋予教育以新的含义，更致力于在我们所生活的超级城市中锚定与呵护一方人文精神的场所。

展览分为"8+1"前奏、"8+1"建筑联展、校舍腾挪和"8+1"延伸板块四个部分，18 座校园共计 39 个建筑设计方案，向公众展示了"新校园行动"的第一批丰富成果。

展览开幕活动包括新校园参观、开幕仪式和开幕论坛三个部分。与会代表及公众参观了已完工并交付使用的红岭实验小学、石厦小学、新洲小学校园。展览开幕仪式与开幕论坛，邀请了政府代表、策展委员、校方、参展建筑师、代建单位、赞助方、媒体代表出席并参与讨论。

　　开幕仪式上，嘉宾围绕"边界突围——从'新校园'探索一种新的城市设计管理模式"这一主题发表演讲，聚焦于提供一种优化现行城市设计管理和公共建筑遴选机制的可能思路，这种"机制创新"的探索旨在把城市管理水平提升到一个新的台阶。

　　嘉宾们分别就"现有的城市管理机制存在的掣肘""'新校园计划'如何可以有效地突破瓶颈""如何在更广的范围内推动城市管理机制的创新""校园设计创新如何与教育创新相联动"等议题发表了主题演讲。

"8+1" 建筑联展概览

　　深圳市规划和自然资源局调研员、原深圳市规划和国土资源委员会福田管理局副局长周红玫回溯了"福田新校园行动计划"的策动始末，分析在策划与执行过程中的问题矛盾、解题思路与持续影响，并以红岭实验小学、梅丽小学、福田中学的成功实践案例反思从"个案到范式""先锋到常态"的战术和管理经验，同时展望新校园计划的未来延伸。

　　"红岭实验小学"是新校园行动计划的先行项目，源计划建筑师事务所主持建筑师何健翔以实践经验阐释了在设计过程中所面对的一系列现实问题，以及建筑师如何对这些问题做出开创性的回应，挑战僵化的规范和既有学校的模式，山谷、庭院、地景，呈现了生动与丰富的校园空间和纯粹而又贴切的校园美学品质。

直向建筑创始人、主持建筑师董功在"人民小学"项目中提出了最大化保留场地原有森林、地形的策略，由此将跑道悬浮设置，创造出更加流动的地面活动空间，以垂直立体校园的方式探讨高密度城市空间背景下新校园建筑类型的建构与空间创新。校园也变成森林一般融入城市空间，形成超现实的奇观感受。拥有这片"小森林"的校园将会成为一种具备特殊品质的教育场所类型，自然元素将能够被更生动地感知。

"我们应该给孩子们怎样的校园？"是红岭教育集团党委书记、校长张健提出的问题。孩子们需要在校园找到自己的情感、兴趣和未来，我们需要建设有"灵魂"的学校。而学校的办学理念、教学模式都会渗透到建筑空间中，因为环境对学生的影响是深刻且潜移默化的，空间与课程浑然一体，才能真正发挥育人的综合效益。

中国城市规划设计研究院副总规划师朱荣远以"空间的"和"非空间的"两方面展开讨论。校园的空间是社会之相、城市文明的标尺。"福田新校园行动计划"面对当下深圳城市发展的迫切问题，打破常规思维和惯性做法，着力构建一种新型设计管理机制，建筑师、教育家和社会各界多方共同释放情怀，选择了创新机制去推动这次的改革创新。

"我再次赞美我们中国优秀的建筑师，给我们失去童趣的校园范式注入了全新的活力和想象，重新定义了高密度校园，赋予教育以新的含义。"
"作为建筑学背景的城市管理者，我们的优势在于身处体制而洞悉体制，让我们敢于打破现有惯例和庸常体系，敏锐把握城市快速发展产生的急迫问题，在现有城市管理机制中寻求突破与创新。"

——周红玫

"深圳作为一个全国、全世界也绝无仅有的高速增长的城市样板，建筑师思考校园空间最基本的一点就是如何在几乎没有特征的土地上重新建构一个能够容纳小朋友们学习、成长的校园，并且能够让他们真正获得校园的完整体验，而不是一个一个标准式的建筑。"

——何健翔

"如果将来校园中有这么一片接近小森林的空间氛围、一片自然，孩子在这里五六年的生活，在树下或者围绕树展开的状态应该是非常生动的校园生活场景。"

——董功

"课程是育人的核心和载体，什么样的课程就会培养什么样的人。只有把'空间'融合到'课程'，让空间与课程浑然一体，才能真正发挥育人的综合效应。"

——张健

"校园更新不止于物质空间，更要关注非空间方面，要更新对校园空间场所的'常识''常规'，重新认识现行的规范或标准，设计建造更新的学校建筑空间及场所。
我们不希望'8+1'建筑联展只是一次机制创新的'快闪'，希望能够通过积极探索和实验为解放思想、机制创新、深化改革带来有益的先行先试的效应。"

——朱荣远

### 开幕论坛

开幕论坛分别以"多方共谋，创造美好校园""建筑教育与教育建筑"两个议题展开，由清华大学建筑学院副教授周榕担任学术主持。他首先提出了对于"新校园行动计划"的观点，认为这一行动的实现是一个奇迹，但可能在全中国范围内只有深圳能做到这么大规模的、强有力的、能够突破现有规范和惯性的运作。

深圳公开竞标实践的创始人、"未来+"学院联合创始人黄伟文对新校园行动计划进行了深入的剖析，他认为"8+1"建筑联展是一次针对城市建筑具体议题、兼顾实践需求和学术探索、集策/竞/评/展/出版于一体的解决城市难题的创新方法论探索。《建筑学报》执行主编黄居正认为，"新校园行动计划"的意义不仅仅在于能够产生一些作品性的东西，还在于不断推动这样的类型去发展，在类型上不断地有所贡献，能够源源不断为建筑媒体提

"8+1" 建筑联展概览

第三部分："8+1"建筑联展

"8+1" 建筑联展概览

exhibitors
参展建筑师

张永和
非常建筑

想南

Crossboundaries
董灏/蓝冰可

刘一玮
天成建筑

朱培栋

叶俊

刘珩
南沙原创
建筑设计工作室

Billy/Ida/Eunice

高亦陶/顾

reMIXstudio | 临界工作室
Nicola Saladino/陈忱/
Federico Ruberto

刘宇扬

董功
直向建筑

水雁飞

张佳晶

"8+1" 建筑联展概览

"8+1" 建筑联展概览

"8+1" 建筑联展概览

供资源。深圳大学建筑与城市规划学院院长范悦认为，校园空间相对比较枯燥的原因恰恰是原本的规范的压力不大，反倒是这种高密度、有限制的逼迫，才能让建筑师、校长、领导在一起讨论如何促进校园空间的进步和丰富。

参与讨论的嘉宾也提出对现状问题的反思。华南理工大学建筑学院院长孙一民在现场提出了一个令人深省的问题：如果校园环境从一开始建设就是一个局促紧迫的环境，会不会是教育的缺失？

## 展览闭幕

持续一个月的展期里，"走向新校园：福田新校园行动计划——'8+1'建筑联展"吸引了来自政府部门、教育界、建筑界、学生及家长、大众媒体及专业媒体等社会各界的参观人群，并获得高度评价。

2020年11月29日，展览落下帷幕，闭幕式上举行主题为"复制8+1？——公共建筑创优方法'论'"的论坛。

闭幕论坛由"未来+"学院联合创办人黄伟文主持，围绕"全程管控：谁为策划/设计/建设品质负责？"和"规范更新：规范标准迭代与社区共享可能？"两个议题展开，努力将展览的影响力，转化为对机制与规范变革的推动力。

"福田新校园行动计划——'8+1'建筑联展"以前所未有的方式回应了围绕城市中心高密度校园的爆发式需求所做的努力和尝试，在高密度校园类型建构和空间方面进行创新，解决了中心区存量发展的学位紧缺之痛，为深圳未来解决74万个学位的难题提供了有益的经验。这一现象级事件的影响如何转化为日常机制和新的规范，则是正在热议的新话题。这对于深圳高品质完成更多校园建设、对于全国校园建筑的革新与进步、对于政府其他公共项目的品质管控，都将是有里程碑意义的综合策划和实践探索。

# 议题一:
# 多方共谋,创造美好校园

**主持人:**周榕
**讨论嘉宾:**孟岩、陈忱、王德久、何健翔、张健、朱荣远、周红玫

周榕:欢迎大家参加下半场的论坛环节,今天对我个人来说是非常有收获的一天,上午看了四个新校园行动的学校,确实很受震撼,下午听了大家的分享更进一步理解了新校园行动的意义。我想新校园行动在深圳能够实现应该说是一个奇迹,可能在全中国范围内只有深圳能做到这么大规模、这么强有力的、能够突破现有规范和惯性的运作,而且得到了一批非常优秀的校园,这非常难得。

　　首先我们还是要重温一下校园行动的处境:这么多的校园要在非常短的时间内做完。而我们的论坛策略,也是在非常短的控制时间里来阐述设计的策略。先请孟岩老师,他是我们新校园计划的评委,请他来讲讲"新校园行动"。

孟岩：刚才短片我用了一个词"遗产"，当时周榕非常尖锐地指出怎么叫遗产，说应该叫"种子"，新校园的种子。说遗产，当时我其实是带着略悲观的情绪。到底这个新校园是一个快闪，一个快速聚集、快速消散的事件，还是一个新常态，或是真的会变成一种遗产？

新校园实际上是一种特种兵的打法，我觉得即便是在深圳目前这样一种相对开放的体制内和格局下，整个新校园的过程都是异常艰辛的。当时参与的每一个人好像能够看到非常亮丽灿烂的结果，但中间的实际过程是无比艰辛的，因为每一道防线都要突破，需要全能特种兵的做法。就像朱院长说的，如果真有野史会是很精彩的，特种兵在触碰每一道防线的时候使用的工具是什么，他的勇气和个人的打拼，这是我整个过程中最有体会的。

周榕：孟岩老师说是"遗产"，我看大家年富力强，说进入申遗过程似乎有点早了，尤其我们年轻的建筑师陈忱，我想她更希望是一颗"种子"。陈忱的 reMIX 临界工作室（以下简称"临界"），如果新校园是奇迹，她就是奇迹中的奇迹。面对整个"8+1"建筑联展里最复杂、面积最大的校园，她击败了特别有名的大师级的建筑师事务所，得到了这个项目，这本身是一个非常励志也是非常传奇的故事。陈忱能不能跟我们分享一下你的感言？

陈忱：我跟孟老师彻底相反，我们在不长的从业经历中特别喜欢做学校，做了好多学校。我们觉得学校空间是学生真实生活的体现，比如做寄宿学校，在 24 小时、3 年或者 6 年的时间里，建筑师的每一个动作、每一个细节都能深刻影响到学生的生活方式，这是特别让我们感动的，所以学校是我们特别热爱的一种类型。

周局组织的这个现象级的事件让我们事务所直接改变了命运，我们在没有任何资质的情况下开始了一系列非常幸运的经历。在公布入围名单的时候我们非常失望，因为我们没有在前六，但是我们还挺幸运，在没有任何建成大作品的情况下可以排到第九，我们觉得已经是奇迹。后来奇迹发生了，在还剩 13 天的时候，董浩老师退出了。后面一系列的天时地利人和，首先是周局给我们这个机会，后来接触的王校长，每一次跟王校长的碰撞都让我感觉到中国的公立教育有希望，他非常开放地接受各种新的公共空间，建筑师喜欢的半室外的、非正式的、上上下下的，坡道、台阶、凌空，非常多元的功能空间，这是一个具有想象力的学校，校长和教学团队需要一边挖掘一边使用。我们非常幸运，也相信一定会有人把这个建筑用好。

周榕：很精彩的故事，感觉天地之间有某种力量在促使这一件事成功。我想在这里问一问甲方王校长，你肯定是从头到尾参与了方案征集的过程，你也对入选的前 6 个方案包括临界的方案仔细研究过，你满不满意这个方案？或者说怎么考虑这个方案的胜出，它的优势到底在哪里？

王德久：福田中学这个项目，是到了第二轮的时候才轮到我们（介入），而且是压轴的存在。真正和校方开始联系是策展委到我们现场踏勘，我想到陈忱设计师是当时问题最多，也是记得最仔细的一位，她是一个很有心的新锐设计师。能够进入到第二轮，我认为他们是通过一

个很有灵气的动作解决了我们的难题。我们校园的用地很紧张，但必须要保留 400 米的运动场，在这个运动场设计的排布上，临界采用空中挑起 15 °~25 °，我认为这是新锐设计师的灵气。整个校园的布局，很符合当下我们对于新生代或者都市校园审美的标准。关于新校园行动的意义，周局讲了七八条战术，我认为最核心的是"敢打"。能够推行到现在，能够走到今天，我认为是大家面对挑战困难的勇气、锐气、敢打，最后成就了这些成果。

*周榕：* 说得特别好，应该感谢王校长慧眼识珠，否则差点成了一颗遗珠。最后捡回来，我觉得特别幸运。说起特种兵敢打，孟岩老师讲何健翔建筑师是珠三角地区最善于战斗的设计师，特别能打。何老师能不能给我们分享下，因为你刚才说 10 天就要提红岭小学的简案。我们今天看到的极为精彩的红岭小学可能跟你的简案是有区别的，能给我们分享一下这个过程吗？

何健翔：这场仗从开始就非常激烈，这么多的学校、这么多的机会，我们建筑师可能是"先行犬"，被派到敌方阵地里工作，近似于这样一种状态。严格意义上讲我们并没做过学校，但反而有时候面对全新的事物才更有激情、更能发挥想象。只有 10 天的时间，我们在前 3 天的时候思路是非常开放的，但最终还是选择了一个并不是最大胆的策略，选择了一个折中的方式，遵循了相对传统的"形"，在此基础上进行创新。这个形在原有的范式和框架下，保证了基本的流线、基本的间距。同时我们在地下对球场做了跟传统模式完全不同的探索，最终证明了这个战术还是可行和成功的。

当然过程是非常艰苦、艰难。我们有一个好的平台，规划局这边全力地支持，在过程中，我们在每一个层面都有很多的变革和创新，窗、家具以及各种各样的材料，都跟以往既有的、非常顺畅的，甚至是所有链条都非常闭合的体系完全不一样。所以每一个细小的点都是障碍。

这个过程中张校长他们也给了非常多的支持，接受教室类型的创新，并且最后能够很好地使用这些空间，跟整个教学体系匹配得相当好。每次我到学校里看到小朋友在里面上课，看到老师跟小朋友生活的状态，我觉得这就值了。

周榕：我觉得特别有意思，反而我们觉得最精彩的部分可能 10 天内就差不多搞定了，花了最长时间的是被你念念不忘的一扇窗。可能阻碍我们的不是高山大海，而是脚底的一粒砂。

我觉得建筑师还是创造了一些奇迹，源计划跟临界，可以说是打破了一个神话，因为从来没有做过，一不留神打造了全中国最好的校园。我们可能还是得给年轻的新锐事务所足够的机会，否则经验从哪儿来呢？如果学校设计永远都流动在做过十几个、几十个校园的事务所里，那永远做不出好的方案。我觉得要请张校长展开讲一讲，听说这样一个校园，你们让你们的孩子们在做导游导览校园。

张健：我特别强调对于一个新校园，或者要特别设计一个未来的学校，一定要深入了解学校的办学理念、这个学校课程的构成和完成课程的方式。我们红岭实验小学的整体课程设计，一开始就定位为一种跨学科的、探究式的全课程教学。小学一年级的一个活动就叫"校园"，我们让小学一年级的孩子进入校园以后就把学校的每一个空间、每一个地方了解得清清楚楚，锻炼他们会写、会画、会说。第一个单元结束的时候，他们把家长带来，自己做导游，把整个校园讲得清清楚楚。我们是把国家课程标准重构了以后，通过单元的教学来完成，其主线是科学、是社会、是道德与法治，语文、数学、英语变成工具，体育、艺术变成活动，当然，这样的课程就一定需要非常丰富的建筑空间来支撑。

我们跟何健翔团队完成红岭实验小学的时候，我们刚好在教育部申请了一个课题——"未来学校的灵动空间应用研究"，课题随着学校的落成而完成，教育部规建中心的人觉得我们在这样一个未来学校灵动空间的研究过程中给他们提供了一些思路或者一种方向。

最后，我认为建筑师的坚韧，就是我们的坚持。想实现红岭实验小学这样的校园是很难的。第一，建筑设计也是一个问题，你有没有这个思想？第二，你要坚持把政府各个部门协调好来支持我们的设计。第三，要做到红岭实验小学的水平，造价一定是突破的。这其中，很多事情需要我们和建筑师的共同坚持，不同的表达，这个事才能完成。

周榕：讲得太精彩了。红岭实验小学其实不是一个形式性的，它会有相当复杂的一个生态级的空间结构，我想在这样的环境里成长起来的孩子，他大脑上的认知、思维的复杂度是不一样的。我觉得您应该做一个实验，到周末的时候或者不上课的时候开放小学，让孩子做导游带更多的人参观一下，让它变成深圳一个人文精神场所。

朱院长，您作为国家级的专家，你觉得深圳这样的行动会不会传播到全国其他的城市，或者升级为国家级的行动呢？有哪些矛盾和可能性呢？

朱荣远：我一直在做深圳的规划，也在观察研究深圳的变化，后来对深圳有一个定义。深圳，是中央意图影响下一座特殊的城市。因为执行特殊任务，事实上就一直在担当南征北战的角色，吸引中国甚至世界来关注这个地区的发展，也可以被认为是在中国走向现代化之路时可能是最先亮灯的地方。这里聚集了有情怀、有责任的人做事情，于是中国的传统与深圳的现代之间就产生了冲突，我曾经比喻为从北方来到南方叫"南征"，形成了共同价值观再"北上"，称之为"南征北战"。这次新校园运动也可以说是南征北战。

建筑师把现代化的价值转译成空间的，这种相由心生的空间载体其实是点燃了另外一盏灯，走向新校园这盏灯点亮之后，能不能向中国其他地方扩展？这次教育的改革和空间的改革又是一次特殊的任务。我们需要把它讲透，比如建筑的创造、创新、想象以及未来实现中国现代化先行，下一代的人应该在什么样的环境里面去被教育或者被影响，是带着先行先试的人文情怀的一盏灯。福田主张新校园这个工作责任重大但非常必要，深圳 40 年已经释放了很多中国在过去的不可能，今天我们用新校园的话题再释放一次，在中国共产党领导下我们是可以对未来下一代负责任，点燃这盏灯，我相信一定会传灯传向、照亮中国教育界的未来。

周榕：谢谢。刚才朱院长讲的还是对我有很大的震撼，来深圳的人是有趋光性的，像是飞蛾投奔火光、投奔光明而来。我觉得这是一个挺悲壮的比喻，因为投身于火，有可能是有效的，有可能是一闪，所以是悲壮的，就像孟岩老师提到的"遗产"。我想之所以能够有新校园的行动，周局个人的起心动念是非常重要的，可能这一念既创造了天堂，也创造了地狱，可能很多建筑师觉得你把他们丢到火上"烧烤"。你自己是怎么评价，在这个过程中你有没有什么后悔或者有没有这样一个想法呢？

周红玫：最初来到这里，我还没有很清晰自己的使命，我是为了爱情来到深圳的，但这里也是我爱情的滑铁卢战场。我 1995 年就到了龙岗，也是在过程中慢慢、突然一下发现了自己的使命。

第一，对建筑学的热爱。但是在这个过程中我认为设计管理过程中规划的规划、设计的设计，要是真的投入到这个角色里面，你恐怕要起更大的作用。我之所以投入，是因为我发现自己是神职人员的角色，完全公益属性，完全是服务社会、服务城市的，甚至你会把自己的使命带到工作中的每一个环节。这项工作，除了有撞南墙的决心之外，还得有睿智，要洞悉体制同时不能偏离建筑学的核心。同时，需要你善于发掘人才，我们的规划局和设计处的精神是一脉相承的，我们不断锐意进取、进行改革，就是因为我们除了搞工程性的、任务性的招投标之外，必须得谨记政府的使命，把效率和质量结合起来。同时一定要关注设计生态，如果年轻人在这个城市没有获得机会，设计之都是令人绝望的。

践行是最难的，我为什么叫它"城市策动"？策划没问题，动是很难的，每次都要以雷霆万钧的能量克服掉，因为你的能量会让所有的障碍为之颤抖、害怕，因为你具有一种他们没有的信仰的能量，这样才会克服，我相信是这样。

此外，这也是一场智商的比拼。我是熬了很多通宵才把新校园行动计划整个推动出来，并很快地宣告这个计划，带着大家探索着往前走，在大家还没有反应过来的时候我们已经公布了，腾挪计划已经横空出世了，在他们反应过来的时候就为时已经晚了，就是快、狠、准。

周榕：只有深圳能承托你，能给你更大的舞台。虽然是个人爱情的滑铁卢，但是你跟深圳这座城市的爱情是获得了圆满的升华，我觉得特别值得祝贺。

我今天看到了这么多成功的校园设计成果，无论是建成的还是方案，我觉得参与新校园计划的每一个人都没有辜负这个城市给自己的机会，周局没有辜负城市对你的爱情，学委没有辜负城市的信任，建筑师交出了特别好的答卷，两位校长得到了非常好的世界级的校园。在整个链条上，我觉得人生能有这么一段经历是非常幸运的，我觉得城市能够有你们也是特别幸运，我特别希望这样的幸运能够从深圳扩散出去，辐射到全国各个城市和乡村，那就太好了。

# 议题二：
# 建筑教育与教育建筑

**主持人：**周榕
**讨论嘉宾：**黄伟文、阮昕、孙一民、范悦、龚维敏、曾群、黄居正、顾大庆、朱荣远、孟岩

**周榕：**我们现在台上就是"8+1"建筑联展，正好跟我们校园是一样的。"8+1"建筑联展，新校园的行动跟我们深圳一代一代人的精神传承是非常相关的。坐我身边的黄伟文老师是我的师兄，他也是深港双年展最开始的策划人、创始人之一。根据你在深圳三十年的经历，你是如何看待整个新校园行动，以及这跟你以前做的工作有怎样的关联？

**黄伟文：**非常高兴看到这些项目，这么多建筑师聚在一起讨论这个话题。提到双年展，从难度来讲其实比当年创办双年展还困难。"8+1"建筑联展这个行动的意义，其实已经不仅仅限于建筑设计，已经延伸到教育，也延伸到了中国建设机制，我反思和总结五点感触：

1．"8+1"建筑联展走向新校园活动是一次针对城市建筑具体议题，兼顾实践需求和学术探索，集策、竞、评、展、出版于一体的解决城市难题的创新方法论探索。

2．"8+1"建筑联展也是深圳改革开放在建筑设计领域曾经不言而喻要实行，但又日益为其他部门政策所扼杀的"设计竞争（招投标）要开放与公平"理念的一次例外的坚守。

3．"8+1"建筑联展也符合深双历届逐步探索的"城市策展"模式（见黄伟文《看不见的城市 深双十年九面》中总结），并能更聚焦于城市"痛点"，取得更扎实和影响深远的成效。相较于 15 年前深双创办时有自上而下广泛的共识和投入，这一源自管理部门行政流程中因个人专业理念和对公共建筑特别是关系到深圳未来的教育建筑的品质追求，从而触发的对现有校园改造建设操作流程的重新"设计"——包括对各相关建设部门路径依赖，对"舒适区"的"折腾"，能动员如此广泛的专业与社会资源（包括校方作为用户）参与，最终取得如此丰盛殷实的成果，是非常令人意外和感动的。由此也可见主事者之不易，以及可复制性的难度。

4．"8+1"建筑联展所吸引的建筑师对高密度校园的设计探索以及对现有某些设计规范的质疑是有价值的。但还应引发对快速迭代高密度城市中公共配套的规划失灵问题的反思与检讨，并注意避免将解决高密度城市教育配套的出路仅限于高密度校园设计。

5．"8+1"建筑联展所包含的为全面改造现有校园而开展的临时过渡校园，也应不止于腾挪过渡的定位，而是可以上升为一种解决学位不足的、更灵活有效甚至是更可持续的策略，就是迅速在学位最紧张的高密度城区的空旷公园或其他闲置用地上，采用临时、可快速组装包括拆改的方式建设附近学校的分校区。2019 年深双龙岗分展场就用十天实验搭建了

"闪建校园"原型，是呼应"8+1"建筑联展活动所探索的"为上学设计"的另类解决方案。闪建临时校园既可用于改造腾挪，也可以单独快速增加学位，在学位不再需要时可以拆除复原，也可以改为其他公共文化设施或养老设施，由此可以为高密度城市里的孩子提供低密度的、能接地气、更环保健康的教育成长环境，某种程度上也是对高密度城市空间规划分配结构失衡、尺度超大的广场绿地使用效率不高的一种纠正，符合不墨守成规、灵活变通解决问题的深圳传统与精神。

总之，"8+1"建筑联展是非常难得的，在深圳已经逐步走向成熟、规范化，当然也有点固化之后，我认为这个现象是非常可喜的，也希望能够延续下去。

周榕：特别感谢。刚才伟文讲了一下自己对深圳的反思，但我想深圳确实还是一座灯塔。我们今天来了好几位都是从事建筑教育、各大建筑院系的领导，我想各位既从事建筑教育，也身处校园之中，特别能够理解校园的建筑、校园的空间环境与教育之间的关系，我想各位来自建筑院校的领导谈谈怎么看这次的新校园行动。

阮昕：学校建筑的空间对人来讲是不是存在教化？在这样的环境里是不是会培养出不同的人？我想这是一个肯定的回答。美国建筑师路易·康说过一句非常浪漫、非常诗意的话，他去看了古罗马浴场以后说，如果你在 150 英尺（45.72 米）的天花下沐浴一次，你会变成一个不同的人。我想这是从一个非常诗意的角度回答问题，但这个问题的难度是它不可以量化。有意思的是高密度的主题，密度是不是可以量化的事情？从表面看是可以量化的，但是一旦细分析起来发现有问题，密度有容积率，又有一个套密度，它的容积率又不一样。

实际上我们在空间里的感受又是不一样的，有时候物理密度很高，我们感觉很舒服，有时候物理密度很低，我们感觉到很压迫，这就是感知密度，它可以被感知而无法量化。我认为何健翔老师、董功老师的两个作品，实际上真正打动我们的地方是建筑里的 magic，也就是感知的问题。何老师的学校好像一个游乐场，董功老师的学校好像是一片记忆中的树林。我们把量化的东西变得不可量化，其内涵是建筑设计的艺术和记忆，这样才能谈环境对人的成长产生怎样的影响。

周榕：特别有意思，你刚才谈到建筑设计最重要的 magic 那一个瞬间，那样一个技能。我是觉得建筑师如何把这个魔力赋予他的作品，尤其是像今天赋予一座校园，我觉得这确实是我们整个新校园计划里特别重要的。如果魔力也有一个密度，它的魔力密度远远高于普通的校园。普通校园，我觉得毫无魔力可言，连魅力都没有，所以我觉得你今天提了一个非常重要的概念。对这个问题，不知道孙一民校长怎么看？

孙一民：从另一个角度看，我们没有捍卫到的那块土地为什么不能拿来做学校？我们的学校是这么拥挤的状态。我熟悉的华南理工的校友何健翔、吴林寿、肖玉相，三个人都在自己的事务所参与这个项目。我们现在所在的华南理工的校园原身是 20 世纪 30 年代初期规划的国立中山大学，这么多年过去了，差不多把那块土地用最大的容量填满了。反过来想想如果校园环境从一开始建设就是那么一个局促紧迫的环境，会不会有缺失？

这两年我接触这座城市，我们没有那么大的力量去拆，拆出来的土地没办法分给学生，难为建筑师，又难为我们的推动者，我希望最后的结果不是难为了我们的孩子。从城市的角度，应该记住我们今天把校园逼迫到如此的原因是什么，以后还是不是这样继续下去？我在东莞的几天里，发现它呈现的尺度在于对空间、土地的奢侈使用，我希望将来这种误差可能会更小一点。但是如果把它上升到一个空间对人的影响，我觉得好像还早了一点，我们还得要观察。

周榕：您这不是空间对人的影响，是空间给人的问题，特别感谢孙校长提了这么好的问题。范校长，作为深圳本地的学者，你回答一下这个问题。

范悦：我要从两个层面谈一谈感想。第一个层面是从中小学建筑设计的角度。北方、南方确实不太一样，其实在北方也可以在空间的多样性上做出一些尝试，但是很难像深圳这样的系统和集团作战。这种作战有它值得总结的地方：首先，为什么我们的校园空间相对比较枯燥？因为它的空间、土地的压力不是很大，反倒是这种高密度、有限制的逼迫的情况，才能让我们的建筑师、校长、领导在一起讨论如何促进更加系统、丰富的校园空间产品。我希望这些空间能够对孩子们的身心有益，我想这种系列的经验是可以推广的。

第二个层面，这一场新校园活动反映了一种深圳精神。我来深圳的时间不长，但我所在的深圳大学校园是开放程度很高的，包括到现在为止还保留很大一片树林，叫荔园。校园是开放的、自由的、也是陶冶的，能给人更多的想象的空间。

最后一点，我所在的深圳大学建筑学院，在建筑教育上采用"一横几纵"的方式。龚维敏老师是所在的一纵，是按照教授工作室的方式在运营，龚老师的一些想法其实是从一些针对学生课题的指导过程中引发的，让我感觉校园空间和校园建筑对人的影响完全是有规律可循而且值得总结的。

周榕：正好把话筒交给龚维敏老师，对于新校园行动，你是参与者，谈一谈你的想法。

龚维敏："8+1"建筑联展这个活动的整个过程对我来说是很有启发性的。三年前有一次开工作坊，我当时在深大带过一次中小学设计，发现我们被框在那里面，所有的规范确实非常城市化、范式化，没有多少想象的空间。所以我也提出了它是"反设计"等一系列观点。但我在参与此次活动的建筑师的作品里看到在这种现实条件下其实也是有发挥的空间。我认为建筑师在周局所搭建的工作环境当中能够真正有地位，或者说是有他应该有的位置。

回过头来，我刚才想孟岩先生说"遗产"的话，可能太悲观了，我相信这件事会发芽的。我们现在看到的成果，它起到一个非常重要的样板的作用，这些设计对我最大的启发在于怎么解决那样的规范问题。

同时，今天张校长提到的"灵活的场所"，这个词对于校园是有益的，我认为一个学校需要具有它的精神性、具有内在的灵魂，作为一名建筑师同时也是一位教师，我相信场所的氛围和精神对人的记忆、对城市有非常大的重要性。

我是希望从"8+1"建筑联展开始，就像路易·康说的，能够向着不可度量的方向探索，也就是对校园精神性的营造，而不仅仅是关于密度或者相对表型问题的想法。也真心希望将来我们不要用打仗的方式来做这么具有文化性的、触动人灵魂的工作。校园的营造能够不再

困难重重，而是在拥有文化气质的顺畅的环境中进行。

**曾群**：这次的展览是一个重要的成果，但这个成果是经历了很多痛苦才实现的。其中我想反思一个问题，作为一个近年来多次往返于上海跟深圳的建筑师，从两地的视角来看待这个问题会非常有意思。

我在上海经常说深圳的好，深圳有"8+1"建筑联展，有遴选机制，还有一批非常杰出的建筑师。这些在上海根本看不到，因为上海仍在用一个相对保守的态度来看问题。但是反过来，深圳为什么能发生这些事件？因为深圳实际上是一个效率至上的城市，效率至上最重要是体现在机制的效率上。以前的机制是保证工程能够最安全、最快速地实现，而新的机制基于公共事务高效运转的方式，所以才会有现在的新校园行动计划。这是我认为新校园行动计划最最重要的一点：只要把机制打破了，好的建筑师、好的空间创意，自然会出现。

但是我在深圳有时候也说上海的好。新校园行动计划是在巨大矛盾的前提下采用了一种比较特殊的手段来解决问题。但在上海，比如黄浦江贯通工程也有非常多优秀建筑师参与，只不过其中遇到的困难或者问题似乎比新校园少得多。通过我的亲身体会，我会去反思，是深圳的做法更好，还是上海的更加具有弹性的做法好？我觉得，政府跟建筑师之间的磨合，似乎可以更加有机。

上海的孙继伟老师也在推动一系列非常优秀的建筑师参与到公共事务中。跟深圳有点不一样的是，他们最后的效果，不是有点快闪似的。这其中就需要反思。应该把新校园计划与西岸计划做完整的对比，重新思考这个问题，也许它们还能够以另外一种现象重新出现。我不希望它成为一个快闪，而是成为一个非常有韧性、有弹性的决策机制，能长时间存在下去。特种兵不适合大部队的作战，而现实是需要有大范围的社会参与，如果能同时解决这些问题的话，我认为最好。

周榕：你提出的这两个是有可比性的，因为都是由政府，尤其有个人魅力的领导在组织建筑师，但是不同的组织方式有不同的效果。黄居正主编，你作为评委，又作为《建筑学报》的主编，是怎么看这两种模式的？更重要的是，你觉得"8+1"建筑联展的结果在当代中国建筑创作中是一个什么样的位置？

黄居正：今天进来以后，我触动特别大，一下让我回到 2018 年参加"8+1"建筑联展评审的时候。

其实最早周红玫邀请我来当策展委员会的委员时，我是打退堂鼓的。首先，因为平时我也参加其他的评审，比如住宅建筑的评审，每次评审以后，我都特别地失望，因为看不到这种建筑类型有所突破。我想学校跟住宅有很多类似的地方，比如规范上有很多的要求，我想如果不能有一种新的东西出现，就像住宅的评审一样，那有什么意义呢？后来我参与了几次后，看到有很多在类型上有所突破的方案出现，比如临界的福田中学方案。在这样一个高密度的场地里，却采用了一个非常简洁又灵活的方式，把我们突然打动了，当时印象非常深。何健翔的空间也给予我一种打动，他似乎超越了一个模式，建立了一个空间，似乎可以让那些在里面学习的儿童有不一样的人生。当然，新校园行动计划的意义不仅仅在于产生这种作为作品的建筑，还在于可以真正在校园建设中不断推进这样的类型去发展。虽然对建筑杂志来说，希望有这样的作品出现，能够源源不断为媒体提供资源，但我们更希望在类型上不断地有所贡献。

第二，之前我跟周红玫讨论建筑学会年会论坛的题目，当时觉得"高密度城市条件下的深圳"很好。但我昨天到深圳以后，突然觉得不是很对。我看到会展中心有那么大的尺度，那些空间恰恰不能留给学校，我觉得这是一个城市问题。后面《建筑学报》上的专题栏目，也不会停留在高密度。

另外，刚才提到关于上海模式和深圳模式。上海的滨江改造之所以相对成功，有几个方面的原因，其中主要的是得益于上海政府管理的水平。虽然深圳是新型城市，政府比较开放、开明，但是在某些局部的地区，不比上海更先进。通过滨江的改造设计可以看出，上海的政府管理水平更高，给予设计师更多创造优秀作品的空间。所以两座城市的模式应从政府管理的角度进行比较。

周榕：感谢黄主编，下面我想交给顾大庆老师。你作为新校园行动计划一开始的召集人，组织参与这个活动至今，能不能给我们做一个总结？

顾大庆：我对两位校长讲的问题很感兴趣。对谈的题目叫"建筑教育与教育建筑"，我想稍微转一下话题，跟校长推敲推敲建筑教育。大学里面的教育有几种方式。一种方式是讲课，老师灌输知识，然后学生做练习来巩固知识。但讲课是特别被动的一种教育方式。还有一种教育方式是研讨课，大家都坐在一起，共同参与知识的学习。国内大学对这种研讨会的学习方式还不太适应。我觉得还有一种更高级的教育方式，就是建筑的教育方式，老师和学生在一起共同去探讨知识。也就是刚才张健校长讲的"体验式"或"情景式"教育方式。其实这些方式都是从建筑教育来的。我们以前认为建筑学教育的教育方式很落后，实际上从其他专业来看，这反而是一个非常先进的教育方式。在国内，中小学现在也是这样教学，芬兰等国家已经完全采用这种教学方式。我们应该对建筑教育更有信心。

朱荣远：关于深圳的高密度问题，并不是说某些地浪费了，切一块给学校。因为学校是有一个社区范围的。深圳建造了世界上最大的会展中心，可以说它是超尺度的，但那是深圳欲望和野心的象征。福田区密度非常高，在改善民生上，不能把天外的用地拿到福田来比较。其实设计师就是用设计未来的方式反抗高密度所带来的限定性的条件。黄居正主编要在杂志上把"高密度"去掉，其实相当于把新校园行动计划当中最重要的前提条件给去掉了。孙一民院长讲的恰恰是不能让福田的高密度问题在中国其他城市重复，我觉得这确实需要反思。高密度所带来的解题方法是，用什么样的机制去吸引更高密度的智慧和更高密度的设计力，这也是福田的特殊性。

黄伟文：我来回应一下关于高密度的问题。我觉得黄居正主编和孙一民院长来到深圳所关注到的高密度的悖论是非常到位的，就是深圳是不是真的高密度，深圳是不是真的没地了。现在我们所在的位置就在中心区，300 米之外就有一个中心广场，有 36 万平方米。36 万平方米可以建 36 所小学。我们能不能拿 36 万平方米里面的 2 万平方米建两个小学？深圳的密度实际是规划所控制的，包括各种利益博弈导致的一种畸形高密度。深圳本地的地方性法规对教育用地也是比较严苛的。

　　我觉得现在解决问题的方向，一个是探索高密度校园，第二个方向是从梅丽小学这种过渡小学受到启发，去占领空地。以建过渡学校的名义，在一些没有充分利用好的空地、绿地，像梅丽小学一样建一些临时学校。等三年、五年后不用了，那些设施也还可以成为公共设施，甚至成为养老设施。如果这些小孩们从局促的校园来到开放的公园里，过三五年的过渡校园生活，其实某种程度会更美好。所以我觉得反攻空地、占领空地也是另外一个解决高密度的方向。

朱荣远：我非常赞同占领空地的战略，但是不能拿福田区绿地做比喻。因为福田中心区有自己的职能，它要完成城市中心区的一些诉求，包括形象上的，这是城市规划最早确定下来的。如果说攻打，我觉得不一定合适。如果说占领，我倒是觉得一旦占领，就有可能变为永久了，因为世界上的临时建筑存在时间都是非常长的。所以要占据中心区有点悬。

黄伟文：这是一个姿态问题，如果深圳市政府能够把没用好的中心广场放两个临时小学，说明市政府重视教育。

孙一民：我举一个非常现实的例子。同样是福田中心区，2018年要打造大体育中心区，要拆掉原来一个小区的游泳馆、体育场，建一个200米高的垂直全民健身中心。我们当时就在争论，唯一一片空地，周边已经密度很高了，为什么拆掉这个东西还要再建？为什么要以高层建筑伪装全民健身？业主就要那个建筑面积，所以最后一块空地是可以占领的，甚至不是占领，应该是维护社区的空地。而且这个20世纪80年代规划的时候勉强地保留下来，甚至达不到国家标准的开敞空间，都在一点点以高密度发展的名义被去掉，这是一种悲哀。

这和学校比起来会不会得出一个结论，新区的规划学校如果在原有指标下缩小一半，将来再找周局管吗？再找更多的建筑师解决掉吗？为什么以前的大学校园用了这么多年还是一个相对好的环境，那时候的土地同样是珍贵的，先行先试应该在这方面试出标准。试想当年的规划如果按国家标准的1.5倍、2倍用地保留下来的话，今天会是什么样子？这很难吗？我觉得不难。但是今天我们正好做的是反方向的，这绝对是反思。所以加不加密度都可以，但是内容一定要加。

黄居正：如果在学报上发了"高密度"三个字以后，人们认为你都做得这么好了，我还给你那么高密度干嘛？虽然这些方案，这些实施的作品非常优秀，而且确实是在高密度条件下被挤压出来的优秀方案，也许没有这样的挤压，方案未必不优秀；但是从长远的眼光、目标看，应真正找到跟自然亲密接触的环境。

孟岩：我记得在"8+1"建筑联展征集过程中就有这样的讨论，还有一位优秀建筑师李洪就坚决反对高密度的理念，认为城市就应该把最好的资源让给学生，要做更丰富的校园，等等。我觉得今天面对的问题其实是不一样的，像刚刚孙一民院长说的，深圳的高密度实际上是由城市发展、之前的城市规划倒逼出来的。深圳龙岗最新建的大学密度相当低，就是我们通常所说的非常舒适的校园。但是很多时候我个人倒是觉得高密度本身是可能的，即便条件不是那么理想。它能倒逼出一种新的位置，甚至倒逼出一种新的教育模式。因为我是赞成高密度的。我们在南山区有一个高密度的文体中心正在施工，70米高，确实把图书馆、体育馆综合在一起，所以说高密度可能滋生一种不同的城市生活方式。

我一直觉得，我们在城市里生活的小孩子真的还是要生活在过去那种很诗意、很松软的、很美丽的校园里？我倒是期待源计划建筑师事务所设计的学校里的这些学生，未来会什么样子。可能跟咱们平时学校里的不是一类人，从小要学会跟人在拥挤的状态下交流，要互相礼让，有一种不同的生活方式。

孙一民：我说的体育中心跟孟岩说的不一样，我说的那个是要拆了、建200米高的商务办公楼，但要以体育的名义说出来，我认为是完全不应该的。

周榕：我是觉得孟岩说的大都会人是他脑子里的大都会人，前面得加一个定语，叫"深圳大都会人"或者"孟岩脑子里的孟式大都会人"。因为大都会并不只有一种模式，不一定是垂直发展、高密度的模式，福田中心区是这样，到了龙岗、坪山就不一定是这个状况。

阮昕：我觉得有必要回到刚才我提到的，密度这个概念没有一个清晰的定义。我们是谈容积率还是谈套密度，还是人口密度，它非常复杂，复杂到一定程度就有可能失控。大都会的密度一定跟高层建筑有关吗？有一个非常有意思的案例。刚才讲到高密度是不是要通过高层建筑来实现，当时剑桥大学的建筑系有一个研究土地经济的小组，主持人马丁带着一帮人做了非常有意思的研究。这个研究特别简单，把曼哈顿的中心变为三种模式：一种是点状式的，尤其是高层建筑建在中间，旁边有空地；一种是板式的，一个一个排；一种是围合式的。如果从点状式到板式改成围合式的，八成会出问题，而且带来更多的公共空间和绿地空间。我觉得深圳的高密度很有可能是一种假象，因为它的空间组织模式基本上是点状式和板式的，并没有采用围合式。而今天为了有密度，为了有公共空间，以围合式方式使密度自然提高了，公共空间也就增加了。

周榕：大家都在说密度，其实说的是两个事：一个是密度的平均数，一个是密度的如何分配。就像世界上粮食产量，如果按人均算根本就不缺，为什么有人饿死？就是因为分配出了问题。为什么有人在深圳买不起房子，是因为分配出了问题。你跟马云平均了、跟马化腾平均了，多少房子都能买得起。刚才孙一民院长和黄居正主编讲的是在一个分配严重不均的情况下，社会公正产生了失衡。比如富人每月给穷人30斤粮，穷人能活下去，他就想实验一下15斤能不能活，穷人于是想了各种办法，能活下去，那以后就拿15斤。他们担心是这种情况出现，而且这种情况不是空穴来风，这种情况是一个危险，是一把双刃剑。像源计划建筑师事务所能在容积率3.0的情况下做得天马行空，得到一个看上去眼花缭乱、非常有挑战的结果。那下次挑战一下地下八层是不是也能做得这么好呢？所以我觉得他们的想法是有道理的，而且也是作为批判的一方，我觉得特别有它存在的价值。向着一种善出发，很可能带来的未必是善果，这是我们这个论坛最大的意义所在。我们被福田新校园行动计划所感染，非常肯定它的价值，它对于全中国的示范意义，尤其是作为一个自主创新的成果，也是深圳先行先试的创造，是一代又一代人趋光性的体现。同时，我们也要对它保持警惕，这才是我们的辩证法，才是我们今天讨论的意义所在。

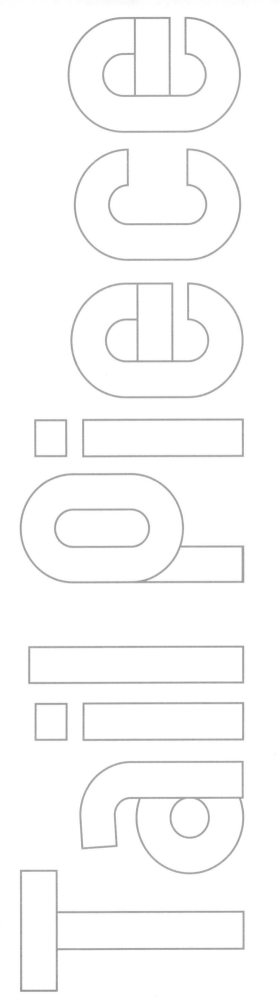

尾篇

# 异托邦蓝图——
# "建筑联展"的内涵与
# "行动计划"的方略

**朱竞翔**

本文原载于《建筑学报》2021 年第 3 期，本书收录时略有修改。

联合国《儿童权利公约》第 29 条表明，教育儿童的目的应是：①最充分地发展儿童的个性、才智和身心能力；②培养对人权和基本自由以及《联合国宪章》所载各项原则的尊重；③培养对儿童的父母、儿童自身的文化认同，语言和价值观，儿童所居住国家的民族价值观、其原籍国以及不同于其本国的文明的尊重；④培养儿童本着各国人民、族裔、民族和宗教群体以及原为土著居民的人之间谅解、和平、宽容、男女平等和友好的精神，在自由社会里过有责任感的生活；⑤培养对自然环境的尊重。广义教育泛指一切传播和学习人类文明成果的社会实践活动，以促进个体社会化和社会个性化。狭义的教育专指学校教育即制度化教育，以提供各种知识和技能，以及有限度的社会生活经验为主。

从出生起，孩子跟第一位老师——父母和照顾者互动；当他或她跟其他孩子互动时，就有了第二位老师——朋辈或同学。第三位老师是环境，好的空间提供了丰富的感觉和经验来源，促进孩子探索周围世界。后两位老师的出场在家庭之外的空间：田野、树下、私塾、寺庙，直至现代学校——由国家设立、也服务国家的专用空间。


## 制器还是育人？

以上述标准来看待当代中国，在各种产品都日趋丰富、甚至过剩的城市，教育资源的不足与不平衡尚没有缓解，甚至更加严重。

激进的城市化推动大量劳动人口涌入都市。北上广深这四个一线城市无疑是年轻人的首选。大都市充满了机会，能让年轻人实现梦想。但城市是否在提供与劳动者的付出相匹配的公共服务？与北上广相比，深圳的财政情况健康得有些过分。2015年，广州在教育设施上投了701亿元，深圳只投入了微不足道的202亿元，广州有941所小学，深圳只有可怜的335所。[1]深圳明显面临中小学校数量不足，学位严重紧缺的局面。

压力最终汇聚到新一轮中小学校的建设高潮中。根据深圳规划局福田管理局数据，教育局2017年当年即拟申报改扩建学校38所，拟申报新建学校10所。深圳市委书记王伟中2020年10月表示，"深圳学位供给压力较大，最近3年已投入约2200多亿元规划建设从幼儿园到初中的学校"，"目前已大致解决了孩子的入学问题，将进一步研究如何提供更优质的教育"，"未来的五年，深圳会新建、新提供74万个学位，要投入4000~5000亿元，把新来的或者是在深圳出生的孩子的教育问题做好"。[2]如果按照每所3000名学生的容量，这仍需要新建247所学校。这惊人的数量需要在5年内完成。

教育资源更有质的短缺。受制于教育行政部门低效率的行政运作和对各投资主体办学给予的严格限制，不仅学校的经费按计划方式来划拨，学位授予权也以计划方式来分配，学校的专业设置、课程安排也由教育行政部门来审批。

学校日常运作按计划方式，校园的建设更加如此。深圳大学建筑系教授龚维敏说："中小学设计在国内，大多数是跟政府投资建造相关，形成了一种非常单调无趣的模式化的设计。整个中小学设计的背景在国内是反设计的，整个投资建造管理系统都是反设计的。"

政府设立的工程招标平台处理建筑工程的招投标事宜，这套机制的实施是强调工程性和强调过程中的程序正确性。真正的学校主体对设计的介入是缺席的。福田区红岭中学集团校长张健说："都是'交钥匙工程'。政府立项，发改立项，施工招标，建工署拨款，最后找到校长，房子建好了，交给你，这叫'交钥匙工程'。说起来似乎给学校减轻了很多负担，或者建得很轻松，其实这种方式一定做不成一个好学校，一定是千篇一律、非常的落后。"

为了能够应对中小学校量大且快的需求，政府建工署、代建制选择的管理公司，以及大型施工承包集团各自都有一套方式，来控制材料选用、建造方式乃至室内格局，这套非常顺畅、但是所有链条都非常闭合的体系导致优秀建筑师往往规避学校建筑，原因在于很多设计变革会涉及各种各样的环节。大量学校建筑由此滑入平庸或者表面精致。

设计标准规范在方便技术管理以及设计标准化的同时，也产生了很多问题：设计规范主要由地处北京的各部门协调制定。岭南地区的自然地理与气候条件迥异于北方地区，地方性的建设活动常与全国性规范产生冲突。香港大学建筑学院王维仁教授有过切身的体会："现有规范的编制缺乏三维空间的视野，教室的层数与楼层布局使得建筑物高度与标高布置十分受限。课室相邻25米间距以上、南北向布置、日照时间的要求并未考虑南方亚热带气候对直射日光的厌恶，以及技术提升带来的新颖可能。"他还意识到："教育行政人员和地方设计单位普遍从管理和规范本位出发，对校园建筑环境质量与人本学习空间的认识不足。"

国家机器间的竞争在教育体系各处留下极致追求效率的痕迹。教育活动在教育空间中组织和运作，教育过程演变为单向强制的规训过程：校园大门是紧闭的，学生不允许私自走出校门。教室中学生都有固定座位，随便换座位都是不被管理所允许的。各班有专用教室，走堂、串班甚至被视为违纪。封闭空间、分割单元、空间严格按功能分类、等级性排列，这些

图 1 "8+1" 建筑联展
展览现场
图 2 红岭中学圆岭校区
竞赛提案
图 3 红岭中学圆岭校区
深化方案 东立面
图 4 红岭中学圆岭校区
深化方案 内院透视图

法国思想家福柯在《规训与惩罚》一书中的批评对象，再加上时间分配技术，以及课程活动和侧重训练的编排，教育活动演变成大规模的生产制造过程，成为"物化"人的最有效工具。教育早已偏离了"育人"的本意，而成为"制器"。

## 福田新校园行动计划——"8+1"建筑联展

在这种工具化与人本严重对抗的背景下，"福田新校园行动计划——'8+1'建筑联展"（以下简称"新校园行动计划"）横空出世：2017年年中，红岭小学需要新建，梅丽小学、石厦小学需要重建。它们不同寻常的容积率、复杂的功能要求、紧迫的建设时间深深刺激了深圳市规划和自然资源局福田管理局。周红玫和她的团队一方面着手解决这三所小学的具体设计问题，也抓住时机，在2017年年末策划了核心竞赛，着眼于解决福田区9所学校的设计方案。

通过组建策展委员会，福田新校园行动计划清晰地提出了行动纲领：① 致力于以环境激发学习和交流；②塑造可持续发展的绿色生境；③将场所发展为师长、伙伴外的第三教师；④呈现社区记忆，拓展地方历史；⑤促进校园自治、开放与共享；⑥强化空间的灵活自主与多样性；⑦建造安全舒适、真实自然的建筑。

"新校园行动计划"共为9所学校提供了30组的竞赛方案，9组独立建筑师中标。之后还衍生了福田贝赛斯双语学校的4组设计方案。所有项目均在有序实施中。至2020年中，前奏3所学校已经建成2所，围绕它们的施工，在2018年还诞生了创新的腾挪模式与3所腾挪学校。[3]"新校园行动计划"产生了广泛的现实影响，不仅深圳各区及周边城市纷纷前往福田取经竞赛组织经验，腾挪模式也在各区得以复制，十数间过渡学校得以于短期内建成。

在多篇学术文章发表和此起彼伏的社会媒体曝光之后，"福田新校园行动计划——'8+1'建筑联展"于2020年10月30日在深圳市少年宫开展。展览完整记录了"新校园行动计划"，并展示了三个相关核心创新事件——红岭实验小学实践、"8+1"建筑联展以及校舍腾挪，向公众呈现出"新校园行动计划"的一幅全景图，并对移民城市学位供给问题给出了"福田样本"的专业思考。

在展览和学术论坛上，专家、学者、官员、民众对"新校园行动计划"的成就赞不绝口："学位、学校、学生、生活，在我们为了孩子的学籍焦虑不安的时候，总有人负重前行。"来自《南方都市报》的黄璐记者写道："这是一帮对城市、民生、人文狂热的人们的一次乌托邦式实验。过程当中，有直面现实的尖锐，有星星之火可以燎原的希冀，有进一步的反思与深化，也免不了有可能是快闪与遗产的悲观。"策展人之一的朱荣远也寄语："既然已经有两年多把它做成现在这个样子，我们需要把它讲透，比如建筑的创造、创新、想象，以及未来实现中国现代化的先行先试，下一代的人应该在什么样的环境里面去被教育或者被影响……"

## 异托邦

1984 年 10 月，法国期刊《建筑 / 运动 / 连续性》（*Architecture/Mouvement/Continuite*）发表了 *Des Espaces Autres*（英译 *Of the Other Spaces: Utopias and Heterotopias*，由杰伊·米斯科维尔 [Jay Miskcowier] 翻译），这是哲学家米歇尔·福柯（Michel Foucault)1967 年 3 月的一份演讲稿，手稿刚刚被用于柏林的展览。尽管福柯已于 1984 年 6 月 25 日在巴黎去世，但异托邦作为精心阐述的概念，从此被文学批评与社会学广泛接受，并用于描述"其他"的文化、制度和话语空间。

异托邦的概念出现在乌托邦（Utopia）之后，福柯写道："乌托邦是没有真正位置的地方。它们是与现实社会空间保持直接或反向类比关系的场所，它们以一种完美的形式呈现社会本身，或者社会被颠倒了，但无论如何，这些乌托邦从根本上说是不真实的。"20 世纪 60 年代的左翼运动在福柯眼里非常虚幻，"不真实的"针对了当时马克思主义者所提的"乌托邦"的理想性。乌托邦是一个虚构但美好的角度，一个不存在的角度，它希望你透过对它的想象从而批评你身处的现状——最极致的方式就是革命。但当人们无法达至乌托邦的境界时，会反过来去"反乌托邦"，奥威尔的《一九八四》因讽刺了革命异化后的疯狂世界而震惊世界。

"或许在每种文化、每种文明中，都有真实的场所——这些场所确实存在，并且在社会建立之初就形成了——这些真实的场所像反场所的东西，一种有效实施的乌托邦，其中真实场所，以及文化中所有其他真实场所是被表现出来的，有争议的，同时又是被颠倒的。即使有可能指出它们在现实中的位置，这种场所也是在所有的场所之外，因为这些场所和它们所反映和谈论的所有地点完全不同，我将称之为异托邦（*Heterotopie*，英译 Heterotopia）。"福柯在推出概念后写道："镜子的功能就像一个异托邦：它使我在镜子里第一次看到的自我所占据的这个地方绝对真实，与周围的所有空间相连，又绝对不真实，因为为了被感知，因为为了使自己被感觉到，它必须通过这个虚拟的、在那边的空间点。"

"世界上没有一种文化不能构成异质文化。这是每个人类群体的常数。"福柯阐述道，"但异托邦的表现形式显然是多种多样的。而且可能没有一种绝对普遍的异托邦表现形式。"这篇讲稿的手稿未经作者本人审查，文本并不在他认定的语料库中，但在 20 世纪 80 年代晚期翻译为英文之后，在欧美的建筑、地理和都市研究学界影响广泛，随即在中国台湾、香港地区学界散播，成为重要的空间研究概念。这个"异托邦"曾译为"差异地点""差异地方""差异空间""异质地方""异质空间""异境""异端地带"或"异质的桃花源"等字眼。

"无论如何，我认为我们这个时代的焦虑与空间有着根本的关系，它无疑比时间更重要。"教育空间长时间地伴随着儿童，影响十分深远。规训与控制的边界何在？建筑是实施教育的机器，还是能成为第三位老师？对秩序、效率的强调，与对自然、自由的人性追求，是否不可调和？当异托邦成为查看新校园计划的滤镜时，中标案们呈现给人们的是十分不同的答案。

## 仪式

学校是公共场所，却不能自由进出，作为单向强制的规训过程，进入与离开都需要符合仪式。深圳汤桦建筑事务所用"即兴的聚集"来命名深圳红岭中学圆岭校区的提案，希望它如同密斯所创作的庞大容器般吸纳各种活动与人群于其中。

整个学校的用地约 3 万平方米，中央有部分教学建筑值得保留。汤桦在设计时，初步估算如果把抬起来的地面全部建成，将达到 19 000 平方米，相当于在四层的空间里还原了 2/3 的地面。设计采用的策略直截了当，操场抬高到二层半，并向旧楼延伸串联所有建筑，使得六层建筑如同两座低层建筑，易于上下。

大面积的地面也如同超级屋盖。汤桦使用了巨型的柱廊制作立面，产生了超级宏伟的纪念景象。而新建筑的临街方向，下部是超长的楼板，上部是密集阵列的细小孔洞，它们悬浮在巨柱交通体之间，俨然如阿尔多·罗西（Aldo Rossi）冷酷的建筑类型的电讯版魔改。

仪式化的立面处理抹去了环境，如同一个孤立的纪念碑，在竞赛评议中激发了评委们或爱或恨的强烈情感，直到方案后来回归功能策略，激烈争议方才平息。仪式的异托邦允许人们进入，但无法像日常场所一样，具备使人松弛的空间。它的形象重要过虚空，物体压过场所。建筑构件的无限重复与抽象也会制造这种不同于日常的仪式感。它可能是日常类型的超尺度放大，也可能是异域形态的无因借用。

在方案深化中，汤桦去除了符号性的纪念立面，改为仅仅强调大板，降低了进入威权机构的心理障碍。建筑采用了型钢混凝土的结构，比起传统的预应力梁，这种结构能用更小的梁高跨越更大的跨度。井字结构被统一应用于大空间，梁柱的直角连接被反映力流的弧线柱头所取代。修长的束柱、弧形的角部、边缘的绿化，都在努力降低物质带来的压迫感。但长长的楼梯、无尽头的走廊、无处不在的正交网格与一点透视，还都在提醒着观者与用户进入时需要特殊的仪式或姿态，学校此时如同纪念堂般神圣，彼时也可能如管教所一样森严。"即兴的聚集"似乎指向群众，但物质呈现的欲望突出于外，或许汤桦自己刻意模糊：中标的方案来自理想的乌托邦，还是反讽的恶托邦？无论如何，从中标案到深化案，汤桦无意识地贡献了一个罕见的样本——仪式的异托邦。

清洁涉及身体与隐私。撇开技术因素，如果得不到更净化的效果，或者无法产生更净化的感受的话，人们为什么要去使用公共浴场——那些土耳其浴室，或古罗马的浴场呢？净化的异托邦也是一个可进入的空间，它内部的体验特性将远超外观。

福田机关二幼是计划中唯一的幼儿园，香港的施正建筑设计希望以内部合院的方式塑造一处绿洲——保留树木，增设游戏空间。建筑外部则以简洁的材料抵抗芜杂的环境。经过激烈讨论，这一方案胜过了上海的直造建筑工作室通过体量界定出平台与街尾巷弄的外向概念。

广州的源计划建筑工作室（以下简称"源计划"）中标红岭中学。建筑任务是拆除原有少量用房包括体育馆与教学楼后实现原有功能，并且建造更大的使用空间，还需要加上艺术课堂、游泳池。何健翔主要强调了结构化的组织，双方向延伸出来网格的道路连接了旧有的教学楼跟左上方生活区。设计体量构成的八个盒子，一半是户外空间，一半是户外场地，一侧的廊道将旧教学楼人流引入。学生也可以从不同标高到达斜面屋顶。同广州德冠建筑设计提案创新结构的策略相仿，何健翔也提及了非常规承重结构的运用："通常我们会把大空间放在顶上、小空间放在底下，我们尝试了反转的方式，通过三个山体的基础设施把小的细胞的空间或者说单元式的空间放在山体之间，所以八个艺术课室的单元，在中心区变成了网络式的交往空间，网络之下是大空间。原有校园环境非常模式化，以一种毫无顾忌的人工方式切除了螳螂山的大片区域。漫步校园，人们仅仅能在操场远观山体与树林。新建筑虽然功能十分混合，但三块粗糙的毛石墙体沿着附近山坡，以无可阻挡的倾斜之势滑入学校，重新恢复了这块场地的本来面目。"

非常复杂但结构清晰的机能与结构编织贯穿项目的陈述，人们不会怀疑何健翔与蒋滢高超的解决问题的技艺。但超越问题解决的其实是两次的净化：清除了芜杂的建筑，通过斜面巨构的"山形"净化了校园平面的中央；又以巨型的洞窟状的空腔占据它的内部，重质墙体、神秘开口，学生在这里忘记被动的学习，远离了规训，获得社交与冥想的自由。而它的机能——游泳池与球馆，无疑是以自然与运动代替了古典的教堂与浴场。当何健翔在讲座上列举最喜欢的智利建筑师的画作，强调编织城市意味着迷宫式的不同于现代城市的经验，他是否在指古代城镇中可以发现的、令小群体获得归属感的、愿意沉浸其中的精神体验？

全面的围合不是制造净化的异托邦的必要条件。北京的非常建筑中标景龙小学，在传统秧田式教室的基础上，将教室对外一侧界面曲折化，增加教师办公、阅读、小组讨论、展示和存储空间等，并预留小班制划分小教室的可能性。方案放大走廊，作为供班级不同组合群体多样活动的公共空间。在满足课室的功能组织之外，建筑各层强调了无梁平板的使用、自由边缘的使用。平面如同字母 M 与 U 的结合，弧形的转接使得空间观察指向长轴方向。整个建筑的处理让人联想到西方古典的"剖碎"（poché）平面处理：作为体积的空间优先于功能房间，而公共性的社交、仪式优先于机能。而当人们沿着字母共轴方向移动，闪现的是让张永和沉醉的传统东方意境：在院宅中移动带来的步移景异。

两组方案在满足苛刻的功能要求之外，其实都致力于塑造洁净心灵的场所：一个将幽闭神秘的洞穴隐藏在隐喻自然的量体之下，另一个则糅合了两种原型场所——运动时，儿童将经历层叠的东方院落，而驻足时，教堂或歌剧院般宏大的户外"大厅"呼吸引住儿童的视线。其中一处望向楼宇，两个指向远处山坡。

### 并置

异托邦还可以是并置多个或多种空间的一处真实地方。"剧院一个接一个地把一系列彼此陌生的地方带到舞台的长方形上。电影院是一个非常奇特的矩形房间，在它的尽头，在一个二维屏幕上，可以看到三维空间的投影。"福柯使用了三个例子，"从古代开始，花园一直是一种快乐的、普遍性的异托邦（我们的现代动物园起源于此）。"花园是真实可触摸的，

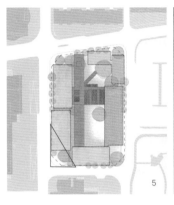  

图 5 福田机关二幼内部合院
图 6 福田机关二幼体量模型
图 7 红岭中学斜面屋顶复原"山体"

如果它集中不同品种，也意味着浓缩不同生境（ecological niche）于一处。如果它集中同类品种，也意味着人为地排除了其他品种。如果人们相信花园才是真实的自然，那么生活在野生世界的植物反而成为了一处异域。

对深圳土木石设计咨询（以下简称"土木石"）的红岭中学（石厦校区）中标案的报道，常常会刊载入口处"市民广场"的透视图：那是一个巨大的礁石状的综合空间，泳池与球场托起其上的运动场。这张图片让人误以为策展委员会看中酷炫的外形。红岭中学（石厦校区）的竞争十分激烈，南沙原创与 Crossboundaries 都有技巧娴熟的方案，她们形态流畅的地景形式处理也更胜一筹。

土木石的胜利不是因为那个新潮的街角。策展委员会在实地访问时发现，红岭中学（石厦校区）现有校舍虽然陈旧，但空间结构受到师生们的喜爱："王"字状的结构化格局十分有序，尺度宜人，通风良好，宽大的中央走廊容纳了很多社交活动。徜徉其间，老师敬业，学生有礼。大幅度拆建或者加建未必适宜。土木石向东自然接续行列式楼宇，但予以细腻变化，脱离或延伸，扭动或转折，使得新建筑如同从旧结构中有机长出，它们联合新增连廊，围合出尺度相近，气氛不同的庭院。类似的处理也出现在小品设置上，它们像屈米的小装置（Folie），异于旧物，但都含蓄地各司其职，引导入口的人流。

如果将土木石比喻为在花园中嫁接，那么北京的直向建筑则在营造花园的围墙与重重步道。人民小学用地为工厂迁移后堆置土方的用地，土丘上榕树已长至一二十米高，成为一

图 8　红岭中学室内空间
图 9　景龙小学走廊
图 10　景龙小学鸟瞰
图 11　景龙小学 U 形庭
院外观

片宝贵的小树林。由于人工种植的缘故，榕树林品种单一，遮天蔽日。董功选择了占地面积最小的垂直集中型建筑体量，建筑被布置于周边，三面围合场地，运动场被抬升，不仅要保留住这片森林，也努力维持着原有地形。建筑体量连续的水平线条，与周围密布的点式楼宇形成张力，营造出住宅、街道、校舍层层包裹着的校园。粗壮的混凝土结构，暗红的顶棚以及细腻的斜面垂吊遮阳成为人工造物的背景，树木通过阳光、气流和四季产生变化，"小森林"会成为学生们具体而美好的记忆。红岭中学（石厦校区）新建筑与旧建筑并置，人民小学新建筑与树林并置。当这两处新的场所为社区呈现了场所的历史，周遭城市肌理的无意识下的混沌与勾皱，反倒变得十分奇怪。

## 时间

　　来自各类时期、风格迥异的事物放在一个地方将会创造出时间异托邦。学校中的图书馆便是一例，它"积累一切的想法，建立一个总的档案，将所有时间、所有时代、所有形式、所有品味都放在一个地方的意愿，构建一个所有时间的地方"。时间在这里被剪辑、收集与压缩。城市中的博物馆与美术馆，将风格迥异、形态不同的物体共存一室。这是更大的"时间异托邦"。

　　深圳的一十一建筑设计（以下简称"一十一"）为新沙小学周边设置了沿街首层骑楼，然后用大平台覆盖了整个场地。在大平台上有 S 形楼宇，围合出南与北两个庭院。一个朝向校外城市，一个朝向校内操场。穿行在教学楼中的师生，可以交替看到校内、校外景色。

异托邦蓝图——"建筑联展"的内涵与"行动计划"的方略

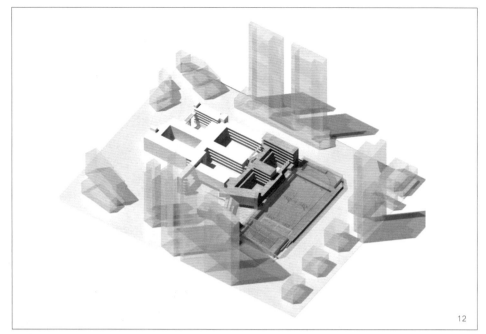

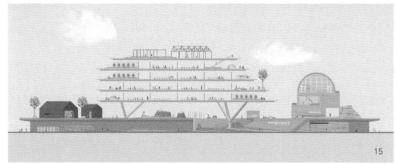
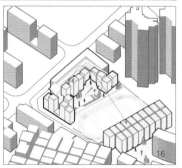

与非常建筑的景龙小学中标案的水平景象十分不同，建筑师希望新沙小学的师生下望平台上
的校园内部，因为那里有各种异质的元素："小屋平台"对村庄的映射，为层叠的基座拱卫
的"红堡"又坚硬又柔软；入口"山道"缩在楼宇下转角、缩微的天台"农场"对田野的隐喻；
茂密的绿森林却被连廊穿过，而起伏的"山丘"长满天窗"触角"；平台建筑和主题游乐场
息息相关，平台如同桌布提供背景，后者则将学校生活导向博览空间、主题公园，以打破学
习和游玩、驻留与旅行的界限。

一十一多样的主题游乐场介于书本与博物馆之间。其空间形态来自抽象与提取。它们缺乏博物馆的原真性与唯一性，但也省去了随之而来的脆弱性。汇集主题性元素的手段也常常见诸商业领域，例如中华民俗村、世界之窗、华为小镇。当孩子们在不同主题的空间穿梭探索，逐步发展出与主题契合的活动，二次元物体带来的布景假象方能被规避。

深圳的 WAU 建筑事务所的梅丽小学中标案没有引入外来的主题，吴林寿直接以大尺度的混凝土校舍录影周围的城中村，新校舍的尺度与肌理如同周围的镜像，只有通过禁欲的素混凝土以及流通的首层，人们才会体验到别样的原真性。

在衍生的福田贝赛思国际双语学校竞赛中，朱涛建筑工作室中标案使用了并置的古典空间语汇，以调节学生走班制下的空间差异体验，并最终以十分微小的差距险胜南沙原创刘珩领衔的优秀方案——更接近城市设计的一处理想校园空间。

北京的众造建筑设计（以下简称"众建筑"）对空间驱动学习的尝试，也提议为深圳红岭中学圆岭校区建造一个"微缩城市"。在三种手法中，"开放空间"包括了悬浮球场、凌空跑道与半圆剧场，"混合功能"则将深圳早期常见的工业建筑、城中村形态与现存教学楼混合，"集群形式"杂陈了大型块体、小型无清晰边界的块体，它们被楼梯、坡道捆绑在一起。这些块体呈现出一种功能至上、私搭乱建的无设计状态，改革开放最初 40 多年的时光在这里被剪辑、收集与压缩，"以此对抗过于追求整体效果的建筑形式"。众建筑想必钟情于爆火的文和友商铺，在速生的"微缩城市"里，环境提供了各种"时间"。五光十色的活动被激发，社群的自治与思考的自由受益于此。而在众建筑为深圳市少年宫的展览所做的展场设计中，脚手架结合透光网展板隐喻了施工工地与防护围网。除了对工程建设的隐喻，它也暗示了福柯的另一种时间："在其最流动、最短暂、最不稳定的方面，时间与节日模式中的时间有关。"

## 偏差

偏差异托邦是指将那些行为超出规范的个人予以安置的机构与场所，超出生理规范而产生的疾病与衰老，由医院、庇护所、休养所、墓地收容那些人。而超出社会规范产生的不端与犯罪，则由管教所、收容站乃至监狱容纳这些人群。收纳或是治疗这些个体，现代社会带来了区别于古典社会、功能更加细分的类型。

内在功能的冲突促使这一类型空间异托邦的出现。体育运动场占地庞大，又必不可少，规范对体育场的大小、朝向都有要求。中小学校在规划方面呈现两难：占据地面则无法布局高容积率，凌空又遮蔽下方，制造许多黑房间。竞赛如欲成功，需要优先解决这一难题。高密度所推动的三维空间思考呈现了利用偏差来营造不同的可能：运动场能够抬升吗？

上海高目建筑设计的福田中学参赛案、苏州九城都市建筑设计的人民小学参赛案将运动场抬至学校建筑中间高度，也作为裙房屋面。这样让田径场标高仍可保证相当的可达性，抬升的田径场屋盖下可设大空间设施或开敞空间。众建筑的红岭中学（园岭校区）参赛案试图在田径场中开洞，WAU 的梅丽小学原址改扩建方案则将跑道形状变形。运动场的功能能否

异托邦蓝图——"建筑联展"的内涵与"行动计划"的方略

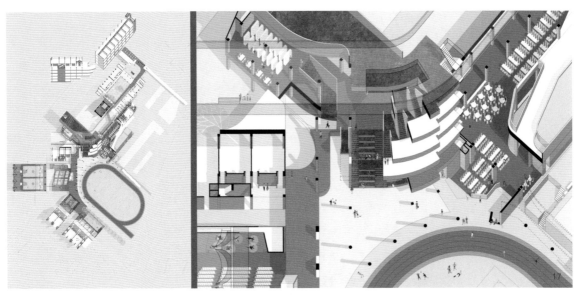

图 17 福田贝赛思国际
双语学校方案轴测图
图 18 深圳红岭中学圆
岭校区集群形式

被分开？能否分散布置？直向建筑把运动场地分解，将 200 米跑道提升至 3 层，中间本来按惯例做球场的地方留给了树木。

福田中学是深圳经济特区内规模最大的高级中学之一，要求在占地 41 461 平方米的原校址上通过重新的校园设计实现学位规模向 3000 人的扩充，同时增加 3000 名学生的住宿空间，升级成为一所拥有 60 个行政班的全寄宿制学校。校内建筑面积也将由 33 656 平方米增至 10 万平方米。400 米跑道操场是福田中学体育教育的核心设施，也是周边 2000 米范围内唯一的标准田径场。超大的目标总建筑量使得除田径场外，建筑用地上的容积率达到 3.87，是普通中学的 2~3 倍。基地北、东、南三面高层紧贴环绕，处于一个非常复杂而高密度的城市环境，场地西侧一路之隔为福田中心公园。考虑到已有城市肌理东高西低的天际线，北京 reMIX 临界工作室（以下简称"临界"）将主要建筑体量沿东侧布置，维持了田径场靠西布置的格局，操场抬升至一层高逆时针扭转 15°，在场地西南侧形成放大的入口广场和更加宜人开放的共享城市界面。设计者将田径场作为校园场所精神核心来设计：结合提升的操场和看台，塑造有仪式感的空间体验，形成一个类似古希腊剧场的高度向心的校园空间。

为避免对北侧医院病房楼造成日照遮挡，临界将高层的宿舍体量靠南侧布置，而更水平向的教学区居于北侧。轻薄的建筑体型呈南北向线性布置。平行交织并面向田径场微折的教学楼巧妙吸纳了不规则的用地红线所造成的一系列边角空间，使整个校园环境成为建筑景观密不可分的有机整体。精确的日照模拟分析引导教学楼坡屋面进一步采取高低错落的体型变化，不仅保证所有普通教室及各学科教室完全满足规范的日照要求，同时形成连绵起伏的天际线，创造出一系列空间体验各异的屋顶花园。这种多层地面式垂直校园体系是在高强度开发的情况下保证校园空间品质的重要策略。通过系列空中连廊、架空层、屋面花园构成丰富多元又尺度宜人的校园空间体验，方案最终形成了处于 30~40 米标高的屋面平台、20~25 米标高的空中活动圈和 5~9 米标高的操场与裙房屋面三个主要层次。

外部极度复杂的限制使得福田中学被称为此次九所学校中的"高密度之王"，它正好契合了临界工作室所需要的临界压力（动力），她们以候补选手身份勇夺桂冠，更裂变出偏差的异托邦。年轻女建筑师陈忱在展览论坛上讲道："我对文化建筑反没那么大的兴趣。我们感兴趣的是学校的密度。真实的生活就是学生困在里面。我们做寄宿学校，他/她的 24 小时、3 年或者 6 年的时间，能被建筑师每一个动作、每一个细节深刻影响到。这是特别让我们感动的，所以学校才是我们特热爱的一种类型。"


危机


即使在今天，在被现代社会称为"原始"的社会中，仍存在着一种异托邦的危机形式。这些地方是留给那些特别的人的：处于风险状态的个人——处在月经期的妇女、临盆的产妇、垂危的老人家等。危机异托邦往往是一处专用的、孤立的空间。例如远离房屋的旱厕、"经期小屋"（Menstruation hut，或尼泊尔的朝泊蒂 [Chhaupadi]），田边、墓旁的产房。这一地方禁止别人入内，也被禁忌所包裹。

福柯叙述了在另一些情况下，当个人处于需要渡过的危机状态，例如经历成年迷茫的青少年、需要寻找解脱的成年人，他们享有一些特权，成为甚至神圣的空间的占领者。在藏区闭关修行的人，会找到一个合适的居住地，然后将自己关起来，少则几个月，多则几十年，和外界的联系仅依靠极少的供养维系。福柯将危机的异质性描述为"保留给处于危机状态的个人，这些个人与他们所生活的社会和人类环境有关"。

福柯还认为危机中的异质性正不断从现代社会中消失。原因在于 20 世纪的医学与心理学的去魅，以及科学与技术带来的各式各样的用品与支援手段，危机的形式从而被之前所产生的偏差异托邦所替代。

当人们被一往无前的进步与发展带到 2020 年，狡猾多变的病毒带来瘟疫流行，无处不在的危机重新开启了空间的隔离：从方舱到 ICU，酒店、居家都成了"经期小屋"。任何日

异托邦蓝图——"建筑联展"的内涵与"行动计划"的方略

常场所可能在下一小时转变成为危机的异托邦空间。随之而来的是广泛的禁忌：从种族到社群，从旅行到贸易。

从这个角度再回望 2018 年以梅丽腾挪学校为代表的三间腾挪学校，它们不只是一次技术实践，它们引人注目的地方在于对巨大危机的真实响应。腾挪模式解决的也不只是几间学校的迁置问题。大湾区都市发展极为快速，人口由周边流入流出，仅由市场经济调节，城市定向吸纳年轻人口来刺激城市竞争力。这需要政府高效地进行公共空间生产与调配。但城市财政依赖土地，公共项目指标受到抑制，密度设定、空间规划围绕于此，却没有任何底线、阻力的对冲，这导致规划失效很快。但公共资源的使用需要多部门的评价与认可，决策复杂且缓慢。两者的冲突直接反映为公共设施供应长期不足。

在迫切的时间压力下，香港的元远建筑科技公司与河南嘉合集成模块房屋公司建成了禁得住全面考验的梅丽腾挪学校，所有人都看到了巨大危机被缓解的路径。梅丽腾挪学校理性的、工业化的观感偏离传统学校很远，但相对于危机它已不再重要。它裸露皮骨的内饰需要教师、家长去适应，但可以立即启用的无毒承诺变得压倒一切。梅丽腾挪学校带来了随后落成于龙华与罗湖的四间腾挪学校。看上去典雅、纤弱的梁柱尽管在视觉上让访问者担心，但消失的物质对学习空间、活动空间的释放又让人欣然接受。

作为危机异托邦形式，梅丽腾挪学校碰巧占据了繁华商业广场旁的空地，一面是高层大厦，另一面是办公与农民工板房。如果这块土地不是仅剩的选择，那它起始便是规划管理者独孤一剑的押宝：以衔接断裂的一座"桥"来揭示断裂的存在，以一个危机的解决去提醒危机的根源，以技术成就来彰显官僚体系所缺失的远见与担当。

图 19 福田中学扭转的操场
图 20 福田中学连绵起伏的建筑天际线

科层制

现代官僚体系又称科层制（bureaucracy），它在现代民族国家的塑造中必不可少。充分发展的官僚制带来组织管理严密的职能系统，以专业分工、层级体制以及依法行政，将社会行动建立在功能效率关系上，以保障社会组织最大限度地获取经济效益。组织管理的官僚制体现了社会生活的理性化。德国社会学家马克斯·韦伯（Maximilian Karl Emil Weber）认为这是现代社会不可避免的"命运"。

图 21 梅丽腾挪学校：
轻量学校占据商业中心
空地

一方面科层制使人们的行动逐渐淡化为对价值理想和意识形态的追求，专注功能效率；
另一方面系统量才用人、永业化倾向、非人性化的特点，又无情地剥削了人的个性自由，使
现代社会深深地卷入了以手段支配目的和取代目的的过程。当人类陷入理性牢笼，整个社会
也将变成非人格化的庞大机器，卡夫卡的《城堡》描绘了个体自由深受其害的场景。

策展委员会主席、香港中文大学与东南大学国际化师范学院顾大庆教授曾讲述他作为专
家在深圳的评选经验："深圳的设计项目通过政府的招标平台选人，一种是盲抽的专家，进
门以后把手机收掉，这些专家可能相当一部分人不做设计，坐在电脑前做方案，最后选一家
公司，当中还不准交谈，这是一种很极端的方式……另外还有一种还可以的方式，也是盲抽
专家，之前不知道项目场地是什么，选了以后，假定大家很认真选，选完以后你跟这件事情
就没有关系了。"这些都是科层制十分日常的场景。以至于另一策展人、深圳最为知名的都
市实践的孟岩说："因为我看到了深圳太多的校园，我们公司在深圳今年是第 20 年，我们
很少做校园，为什么不做呢？有人问，我说没得做了，没有创造性的空间了，所有都是按部
就班的逻辑去推演出来这样的东西，我觉得没有太大的空间。"

在这个背景下，周红玫想到的策略是另起炉灶，利用联展的方式打破选建筑师的机械方
式。在不同的文章中，她总结了这些经验：一是方案精简提交。简案成果只包括 10 张 A3
尺寸图纸的简册，演示文件鼓励简洁量体模型。通过提倡专业性的图纸表述，竞赛要求设计
师注重复杂问题的清晰解决策略：集中讨论城市关系，注重城市设计策略，具体平、立、剖
图以表达清楚为主要诉求。通过审阅专业性的图纸表述，委员会不仅筛选出更优秀的专业设
计者，也向设计界传递核心价值。二是方案历时评议。个别项目经历多阶段评审。而入选方
案建筑师进行方案深化发展时，需要结合策展委员会的意见，并广泛听取利益相关方建议。
过程中策展委员会联合有关部门及使用方再评议，避免了常规评标"一评了之"、实施"大
打折扣"的现象，也保障高品质设计落地。三是第一名中标。评审第一名获得本项目的方案
设计任务。这弘扬建筑学专业公信力和公共价值观，联展因此成为优秀建筑师理想的着陆点。
尽管后期因此还出现诸多纷争，但大多数主创建筑师的设计权未再被撼动。

两类成果证明了上述方式的成功。一是提交方案具备高水准，中标方案精彩纷呈。策展委员曾群建筑师感慨："实际上是不计成本的投入。"顾大庆教授总结道："……这些建筑师在项目中的投入远远超出我们对工程项目的期待……我们本来不应该得到这些设计，是他们巨大付出才有这些成果。"二是对设计界的新锐力量的选拔。如一十一、土木石、施正等无名事务所。陈忱率领的 reMIX 临界工作室更是奇迹，她们作为候补参与最复杂、面积最大的校园，击败了特别有名的建筑师前辈与大事务所得到项目设计权，本身成为非常励志的传奇。

周红玫在完成竞赛组织后，也调往市规划局。表面上看，"新校园行动计划"似乎是她个人赢了战斗、却输了战役的战争。孟岩在论坛上感慨："我用了一个词'遗产'，当时周榕非常尖锐地指出怎么叫'遗产'，说刚生怎么有点这样的感觉，说应该叫'种子'，新校园的'种子'。我说'遗产'，当时我其实是带着一种略有悲观的情绪，这个'遗产'指的是，到底这个新校园是一个快闪，是一个快速聚集、快速消散的事件还是一个新常态，还是真的会变成一种'遗产'？"


## 后科层组织

科层制其实也非静态。学者查尔斯·海克契（Charles Heckscher）1994 年提出了后科层组织模型（The Post-Bureaucratic Model/paradigm），作为行政机关修正韦伯式官僚组织的参考。他提到权威的形成来自组织成员间制度性对话和沟通，而非依照权威、法规和传统进行决定。一旦形成组织，目标是强调使命感和高度的认同。再经由资讯的流通与分享，个人目标和组织使命达成一致。组织内的分工采取跨功能、跨层级的方式进行，作业的流程非依据线性，讲求公开及参与的程序。实际工作中，需要强调弹性的原则而非固定的法规，人员可在基本行动原则下，发挥创意解决不同的问题，更能按照问题实际情况弹性运用和处理。决策者还需要对变革存有预期心理，针对复杂且易变的环境，思考如何即时且有效解决未来问题。

后科层组织模型核心目标是走向服务导向与消费者导向，"纳税人"的称谓背后指向公共产品的消费者。具体的政府需要具有公共产品的消费者所需要的能力，这一能力需要方便使用者，动态地捕捉需求，甚至提供竞争性的价值。这一管理组织模型对于商业发达、经济外向、资讯流通的地区而言，十分合理正常，例如中国香港、台湾地区的专业部门或多或少采用这种处理事务的方法，原因是新生代官僚的推动或者受到公众压力。威权统治下的新加坡政府专业部门，也是如此变革，以丰富对民生福利十分重要的组屋建设。而在商业不发达、经济不外向的内地非省会城市，这种模式还比较少见，甚至受到习惯于个人专断、缺乏学习能力或眼界的官僚的抵制。

联展策划人周红玫女士在经年累月的科层工作中，凭借她的专业精神与技巧，下意识地契合了这一组织模型，也影响了围绕在她周边的工作伙伴。她的理想主义色彩帮助界定了个人目标和组织使命。她对深圳城市建设的长期奉献联合了志同道合的伙伴官员、各级领导与用户甲方，并帮助整合了复杂的内部行政决策与沟通。她与海归设计师、独立建筑师的良好关系使她得到了有益的技术情报。她的社会敏感度使她能从多个社群收获反馈，也能利用自带流量施加嬉笑怒骂的强大媒体影响力。

当强大的、具备广泛认受性的专业委员会围绕集群项目得以组建，一个异托邦蓝图的战役模型已经升级：孤独的行政司令授权"总参谋部"，后者又如同"议会"般为其加持。她与他们联合树立了公信力，足以召唤各方优秀建筑师，也敢于在与政府首脑的各种对话中立威。在教育建筑这一范畴，在通过建筑增强教育、在通过创新增强城市核心竞争力的大背景下，没有哪个行政决策者会无视这股力量而不走向它所引导的方向——带着乌托邦面纱的异托邦营造。"这次行动计划涉及政府不同机构的事权交互，在依法行政、守土有责与开拓思路解决问题之间碰到了很多问题。比如说习以为常与改革创新的纠结，夹杂着撞南墙的无奈释放诚意和各方智慧的韧性，好在大家选择了共同推进深化改革。"策展委员朱荣远总结道。当历时公开选拔以及来自专业委员会的多维度评估帮助筛选出各项目的主建筑师，最终实现她所向往的理想——以学术影响、实战建树、历史评价来论英雄，便指日可待了。

后科层组织下人员流动频繁。即使在周红玫女士完成竞赛组织、离开福田管理局之后，她仍然可以通过对政府内部行政资源的影响与研究资源的调配，推动 2020 年年尾声势浩大的深圳"福田新校园行动计划——'8+1'建筑联展"，向公众呈现出一幅行政、研究、设计、媒体的全景联动。而对她与团队的绩效评价已经远远脱离刻板的职务内容，而呈现为以典型个人为代表的团队贡献，以及将会写入历史的、完整的事功价值。


兴邦


2020 年秋季，新校园行动计划最初的几座中型学校相继落成。石厦小学由香港的王维仁建筑设计研究工作室担纲，设计以多样形式的户外空间贯穿垂直的功能划分，来面对面积需求、层高和场地限制的挑战。中层的教学空间从基本的班级单元开始结合走廊共享空间形成班群。上层是连续屋顶坡道和台阶，可以容纳花圃、菜地、草地。下层地面穿廊和挑空联系礼堂、游泳、体育，由下沉院落和天窗提供充足的自然采光。四个院落种植四棵大树，树下平台大台阶形成学习活动空间，它们层层升高，利用绿色将人群引向高层，也改善庭院微气候。设计着重建筑与自然交错穿插的剖面关系，开放的地面和连续的屋顶草坡，保证了每个相叠的功能组团都有充足的户外空间，创造出立体庭院和穿插的户外活动。校园在多层高密度的建筑体量内，创造了更合宜的、小型的空间尺度，让学生与院落、草地、大树一起成长。

新洲小学由广州东意建筑设计（以下简称"东意"），该校园原有田径场为东西向布置，并不符合规范。东意建筑的方案认为尊重原校园环境关系，比硬性遵循规范更重要，选择延续东西向的做法，延续校园记忆的同时减少扰动城中村现有格局。最终这座偏差的异托邦战胜了"局内设计"和"大正建筑"的方案，后者都严格遵循现行规范，将新田径场转为南北向。设计基于城市设计的立场嵌入城中村的肌理，校园建筑在东西两侧紧邻街道，南侧则紧贴街道以南住宅的噪声退让线。楼宇关系追随着校园的空间特征，由宽大的活动连廊划分出

图 22 石厦小学剖面中的
庭院与树木

东西两个开合有致的庭院。平层活动空间则通过连廊形成环流式交通系统，以服务学生的课间行为。二层有较大的架空层，连接至运动场地，为低年级学生提供足够的戏耍空间；三层结合图书馆屋面与宽大连廊组织活动场地；四层在兴趣教室之间形成多个活动庭园，以适应高年级活动及兴趣学习的多样化选择；南翼六层专业教室平层对应北翼的屋顶农场，设有植物园地、户外教室、立体花架廊及农园小屋等丰富的课外学习场地。廊道、平台、小庭院与功能体量互动，构成了竖向叠加的庭院空间。

　　源计划设计建造的深圳红岭实验小学颠覆了既有学校的僵化模式和呆板形象，呈现出生动、丰富的校园空间和纯粹而又贴切的校园美学品质。红岭实验小学是一个相当复杂而精巧的生态级的空间结构。设计者几乎在设计学校的各个层面均作出了探索。学习单元采用鼓形平面，展现出比传统矩形学习单元更大的灵活性与自由度，利于多样化的教学模式。每对单元可以通过开闭连接部的灵活隔断满足合班和分班等不同空间需要。课室连接后产生折曲线与自由曲线，栏杆之间形成富有活力的半户外活动场地。建筑师针对深圳所在的亚热带气候构想了 E 字形水平楼层平面，鼓形教学单元成对组合，避免课室过长联排，阻隔自然通风。每层 12 间课室分 3 列共 6 对布置。教学建筑几乎满铺可以建设的用地，建筑分为东西高度不同的两个半区，平面上以两个镜像的 E 字形连接。主教学建筑的四、五层分别为课外教室和教师办公室，而上面屋顶是学校的园艺农场。运动场下方中部是可容纳 300 人的小礼堂，悬挂于镶嵌在地景乐园中的半户外泳池。西半区利用学习单元之间所必需的间距创造出两个曲线形边界的"山谷"庭院。庭院延体至地下一层，结合边坡绿化，为地下一层的文体设施和餐厅空间争取充足的采光和自然通"山谷"庭院、上下错动的水平层板、疏松的细胞组织以及有机的绿化植入系统均是项目中回应高密度和亚热带的南方气候的建造策略。而红岭实验小学的结果揭示了高密度城市里公共设施的空间范式的理想：秩序井然却又自然自在。建成物如同小型城市，场所仿佛自然景观。

　　主创建筑师们以系统的方法和娴熟的技巧，尤其在与现行规范兼容的情况下作出突破，使三所小学均呈现城区高密度环境下校园的全新原型，此时，行政决策层以及社会大众无疑看到了建筑师的惊人创造力和建筑学的更大潜力。三所小学的合谋已经指向了互为支持，各有所异的群体世界。伍端在《时代建筑》评论文章中用"逃逸"来呈现设计对自由天性的释放，策展委员黄居正说在里面生活学习的儿童一定会有不一样的人生。周榕教授用"生态级"来描绘这一杰作。它的内部制造了亦真亦幻、一言难尽的世界。作为真实，它拥有具体的材料性，色彩丰富，量体清晰，诱人触摸，它反映受力，它易于理解，导向十分自然，学生、教师、家长各得其所。作为幻觉，它又有远超物质的剩余：光影、气氛与想象。它的光影曼妙，充满变化，人工材料所指向的块体又来源于大自然，它产生了远大于家、也大于城乃至国的邦的世界（《周礼注》"大曰邦、小曰国"）。

## 异托城邦

从旁观者角度，人们乐于探讨这次行动是否是一个乌托邦，是否是一次快闪，是否能够持续，一系列新的技术手段是否会促使行政当局更加倾向于以土地GDP为核心的决策模式？参与者已非要首先探讨的问题。既然世界都是异托邦，各处只有程度上的差别。需要理清的是塑造异托邦的显性力量与隐蔽力量，进而讨论异托邦何由此而生。

新校园行动计划发生在深圳，除了本地建筑师，很多项目由广州、北京与香港的建筑师赢得了设计权。在很多人的心中，大湾区俨然是时代中心。不久之前，这里不但不是中心，还恰恰是边疆，是前线。岭南古称岭外、岭表。所谓"表"也就是"外"的意思。这是站在中原地区的地理位置来看岭南。

岭南中心广州具备悠久的文化历史背景，云集了各种各样的居民，地理上的优势给她带来物质经济的起飞以及思想观念的相对开放，成为中国通往世界的"南大门"。明清时期它是中国唯一对外贸易港，史称"一口通商"。1842年清政府在鸦片战争中战败，签订《南京条约》，开通广州等五处为通商口岸。香港岛被割让给英国后辟为自由港，逐渐代替广州成为货物的集散地。

在随后的150年间，香港以另一种城市模型为依据被建构，英国的殖民国影响在香港街头巷尾都留有痕迹。在地理及人口方面，香港不及广州的大和多，但是它对于中国的现代化进程，贡献极为特殊。从早期自由港、贸易中转地，到20世纪中叶的难民避难所、稀缺物资的走私港，到改革开放后的商业输出、资金提供池，再到金融、科教中心、自由行目的地，它是广州之后中国南部与世界的接口。直至今日，它仍在提供异质价值观与不同制度共存的想象。

深圳在40多年前作为中国改革开放前沿的经济特区，是根据一种"经济特区"的理想被组建的："对深圳有一个定义，只是中央意图的一个特殊城市，从过去香港回归为了执行特殊任务让这个地区有别于内地的城市，所以会在当中起一个特别的作用。"朱荣远介绍说。从蛇口口岸出发，以"时间就是金钱、效率就是生命"为既定目标，调动了来自全国各地的劳动力，40多年的建设成果红红火火，这是一种惊人的成就，也是一种异化的现实——她有历史、文化，但古城被逼仄于大厦之间，原住民习用的宝安也被陌生的深圳取代。如今她已成为一种"城市"的模型：作为中国特色社会主义先行示范区。

这样三个超级的大都市相距咫尺，却无一不是异托邦城市。异端来源于时间，来源于危机，或来源于并置/并峙。异托邦城市在现代化过程中扮演经济中心现象越明显，越需要去审视中心与边疆的相对概念以及这种概念的迁徙。

23

24

图 23 新洲小学二层架
空平台衔接运动场
图 24 红岭实验小学下
沉庭院

近代以前是王权统治，地理界线并不明显，边疆往往指一个核心文化影响的边缘区域。"中国"核心文化影响区主要指汉族聚居的以中原地区为文化辐射中心的农耕文明区。古代当都城在河南中原地区的时候，今天的北京地区是被视为边疆的。可是当北京为都城的时候，陕西及其管辖区域也被视为"边疆"了。清朝在参考元朝的疆域版图的基础上建立，"边疆"指代今天的东北、甘肃、新疆、云南、贵州（陆疆），也包括福建、广东（海疆）。1840年以后，民族主义驱动王朝让位于多民族的国家概念。由此，"边疆"成为民族主义的话语。近代异族的入侵，在失去大量疆土后，"边疆"议题背后暗藏着巨大实践推动力——一种带有被迫与屈辱的自我重构过程。

在西方现代性的裹挟下，中国的"边疆"语境发生了质的变化。在前近代，"边疆"概念泛指"蛮荒之地"，民族国家框架下的"边疆"则转换成了有明确边界的、国家领土内的边疆。当关于"民族国家"的话语体系在多民族国家内部建立起来，进行边疆建设的努力便一直在增强，因为界定边疆便是对"何为中心"的话语争夺。陆疆的中印边界以对峙形式呈现，海疆的大湾区则用强力的城建与科创方式彰显。在深圳的中国特色社会主义先行示范区确立之时，"福田新校园行动计划——'8+1'建筑联展"能够开展，无疑是深圳巩固实力、开拓影响力的重要举措。朱荣远明确地说："这次'8+1'联展是深圳改革创新精神难得的薪火相传的事例。如果没有这样破常规的事，深圳先行示范就是一句空话。"

除了民族国家层面的边疆的物质营造，还有一个空间需要建构，即社会主体认识上的边疆——不同群体、个体对边疆的认知。这种认知不但需要自我确认，更需要他者确认，因而是十分动态的。如果问中国年轻人，广东、浙江、香港、澳门是不是边疆呢？普遍的回答会是否定，它们都早已是极具吸引力的产业或文化中心了。"中国人是挺敏感的，突然看到一盏灯，就趋之若鹜来到这儿，敢于来到深圳的是有情怀、有责任的人。"朱荣远感慨道。人们在生存与死亡之间的渡航，总要以这样或那样的形式结社集会，在异殊之间，找寻共同，进而亲近与协作。而为下一代建立安身立命之所，尤其需要这样一种组织，它介乎于完全私人的家庭与无孔不入的国家机器之间，涉及组织，涉及技艺，涉及目的，更涉及共同价值。

与美好的乌托邦想象不同，人类营造史包含着苦难的总结。香港新界新围村有一份写于1937年的立村文献，记载了战乱横生的时代，不同姓氏不同家乡的人逃难于此，互相扶持。当时香港新界原居民对外来者不无敌意，可见新围村的成立并非要建立乌托邦，而是在既有的"正常秩序"之中形成一处异托邦。广州曾是中原士大夫的流人贬官之所，香港过去是让逃亡者有一线生机的避难城邦。就像新围村文献的存在，"福田新校园行动计划——'8+1'建筑联展"以展览的形式组织设计，是要提醒以后的世代，毋忘异托邦蓝图制定的初衷。在"福田新校园行动计划"的规模营造之际，每个参与者都携艺而来。在各种交织轨迹之间相遇，人群中的种种矛盾、差异，令营造充满了冲突与戏剧。朱荣远委员在论坛上谈到："聚集这么一群人之后，在这里做了这些事情，然后就在中国传统与深圳现代之间产生了冲突，我曾经比喻为：从北方来到南方叫南征，形成了共同价值观再北上——称之为南征北战。"

1984年6月29日上午，福柯的师友在医院为其举办了遗体告别仪式，福柯的学生哲学家吉尔·德勒兹（Gilles Deleuze）宣读了悼文，其中一段话选自福柯最后的著作《快感的享用》（*L'Usage des plaisirs*）："在人生中，如果人们进一步观察和思考，有些时候就绝

异托邦蓝图——"建筑联展"的内涵与"行动计划"的方略

对需要提出这样的问题：了解人能否采取与自己原有的思维方式不同的方式思考，能否采取与自己原有观察方式不同的方式感知……今天的哲学——我是指哲学活动——如果不是思想对自己的批判工作，那又是什么呢？如果它不是致力于认识如何及在多大程度上能够以不同的方式思维，而是证明已经知道的东西，那么它有什么意义呢？"

2021 年 1 月 25 日完稿于香港大埔锦石新村

注释：

1.《养蛊之城——深圳经济的真相》，参见 https://m.gelonghui.com/p/58502.
2. 2020 年 10 月 10 日央视《对话》节目访谈
3.《深圳高密度校园设计："边界内突围"》，朱涛工作室，参见 https://www.zhutaostudio.com/spaceaction/shenzhen-newcampus/.

尾篇

《走向新校园》图书编委会　编著

# 走向新校园

福田新校园行动计划 8+1建筑联展

实践案例

同济大学出版社·上海

**总策划：**
周红玫

**策展委员：**
顾大庆
黄居正
孟岩
朱荣远
王维仁
朱竞翔
曾群

**主办：**
深圳市规划和自然资源局福田管理局

**协办：**
福田区发展和改革局
福田区教育局
福田区建筑工务署
福田区住房和建设局
深圳市少年宫
中建科技集团有限公司

## 目 录

# 8+1 前奏

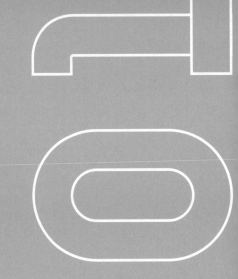

# 红岭实验小学

## O-office Architects | 源计划建筑师事务所

**项目名称：**红岭实验小学
**建筑设计：**O-office Architects | 源计划建筑师事务所
**主持建筑师：**何健翔、蒋滢
**设计团队：**董京宇、陈晓霖、吴一飞、张婉怡、王玥、
黄城强、曾维、何文康、蔡乐欢、彭伟森、何振中
**代建方：**深圳市万科房地产有限公司
**结构顾问：**广州容柏生建筑结构设计事务所
**结构机电设计：**申都设计集团有限公司深圳分公司
**幕墙设计：**广州诺科建筑幕墙技术有限公司
**景观植物：**广州尚点园林景观设计有限公司
**标识设计：**广州哲外艺术设计有限公司
**照明设计：**深圳市光艺规划设计有限公司
**结构超限顾问：**深圳千典建筑与工程设计顾问有限公司
**施工方：**鹏城建筑

**业主：**深圳市福田区建筑工务署
**结构形式：**钢筋混凝土框架＋钢结构
**基地面积：**10 062 平方米
**建筑面积：**35 600 平方米
**设计时间：**2017 年 7 月—2018 年 6 月
**竣工时间：**2019 年 9 月
**图纸、分析图版权：**O-office Architects | 源计划建筑师
事务所
**摄影：**张超、吴嗣铭、黄城强

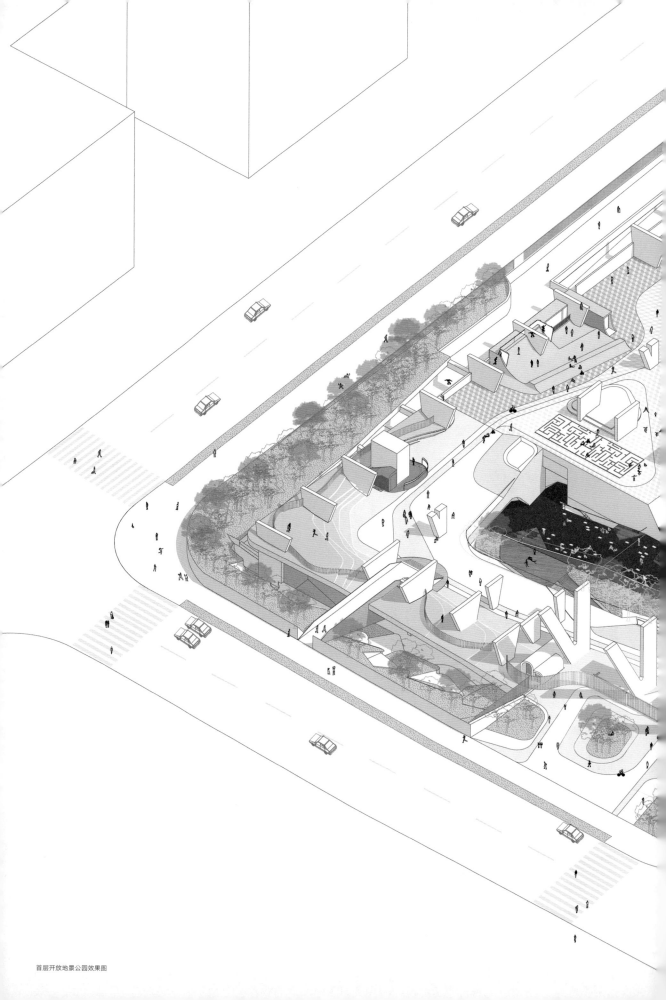

首层开放地景公园效果图

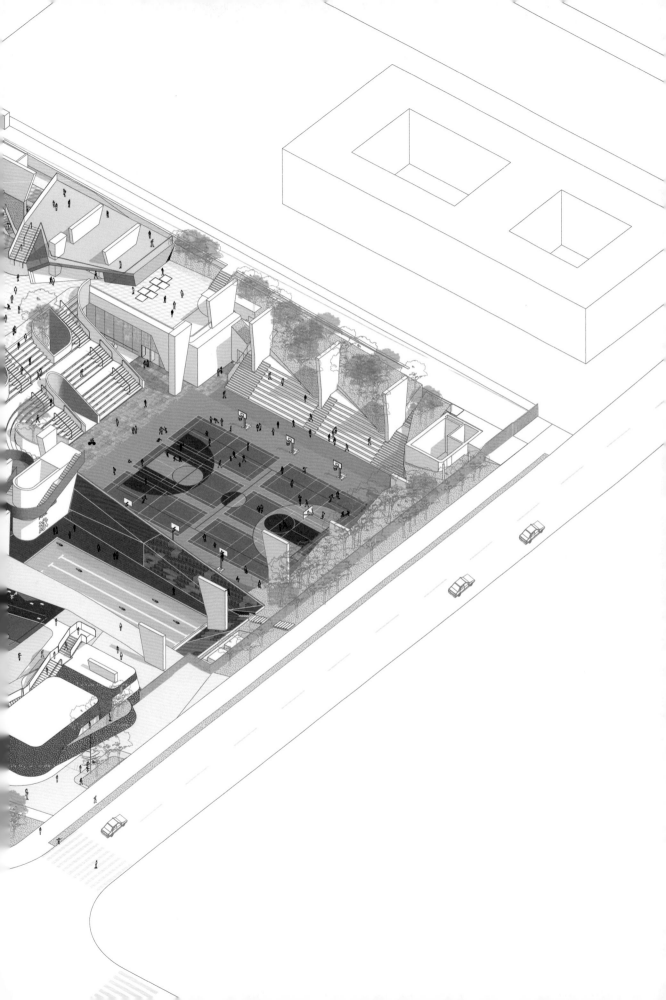

十年仿佛一瞬间，原本不太存在的"深圳"迅速崛起，成为了中国大陆最南端的巨型都市。城市已不是记忆中的街道和市井，建筑也不是当年的砖墙灰瓦。人口、资本、物质的巨大流动堆积起我们眼前的超级景观，原本山海之间的小渔村成了建造物的海洋。

童年已经消逝。都市的汪洋中似乎已经没有了儿时自由自在的玩耍和嬉戏的空间，伴随着的是无穷尽的虚拟信息、机械的知识比赛和无时不在的机构化监管。教育场所的建造也如同我们的住宅一样成为商品化生产的要素和环节，早已失去其真实的本源。

因此，红岭实验小学的目标无法仅限于建造一所有足够的面积和设施的学校，更是要建设一个真正属于儿童的微型城市，一座富有想象力的都市庭园，一片自由自在、可以抵御和消解商品化生产的景观城市方舟。绿色、探索、游历兼具启发性、充足的活动和交往密度、开放与围合、水平与生长，这些将成为"绿色方舟"的关键词。

从城市道路标高进入校园地面的架空"公园"，"方舟城市"分为向上和向下的双向生长。"公园"是连接校园和城市的休憩和过渡空间，由下沉地景构建的各种体育活动空间组成。向上是一座包含所有日常教学、户外活动和办公的功能空间的城市化综合体，由东、西两幢不同高度、不同结构形式的建筑体相扣而成。东侧建筑为整体两层、局部三层的大跨度钢混结构体，顶面为200米跑道的田径场，西侧为六层高、E形平面的主教学楼，两者相扣围合成两个三维立体山谷庭园，屋顶是植物园和校园小农场。楼层和建筑体之间以绿化缓梯和连廊相互连接。

架空层往下则是一个人造的半自然下沉地景所组织的各种文体和生活综合体，与上部"城市"形成立体城市关系。南侧的下沉庭园组织了图书阅览室、美术、音乐、舞蹈等艺术课室。北侧下沉庭园则是户外小剧场和风雨球场的融合，户外剧场阶梯背后隐藏着餐厅和小型多功能运动场地。所有半地下空间均有直接和间接的下沉边庭园提供自然采光通风。下沉校园空间之下是停车和设备层。

为了缓解日趋严峻的城市用地和学位紧缺的问题，深圳市，尤其是福田区加大了普通中小学的建造密度。以红岭实验小学为例，原本24班小学的建设用地经过两次的增容后扩充至36班，且深圳规定的每生平均的校舍面积高于国家

规范要求。因此，新建中小学校的容积率普遍在2.0以上，教育部门和学校对教育模式创新的诉求，给深圳未来校园设计提出全新的任务和挑战。红岭实验小学作为"福田新校园8+1行动计划"的先行者，在设计和建造两方面为"新校园行动"的全面探索揭开序幕。

常规的高密度学校策略

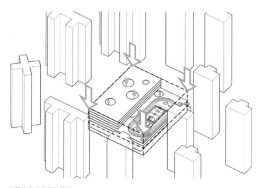

水平的高密度学校策略

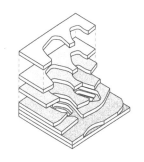

安托山采石山体与新校园山体形态意向

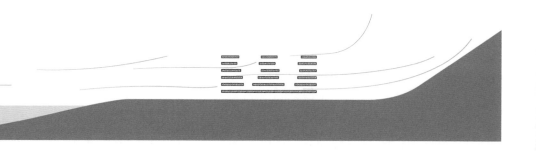

海风吹拂

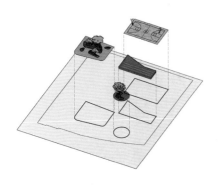

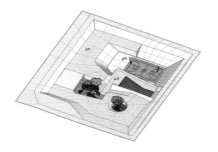

首层地景生成

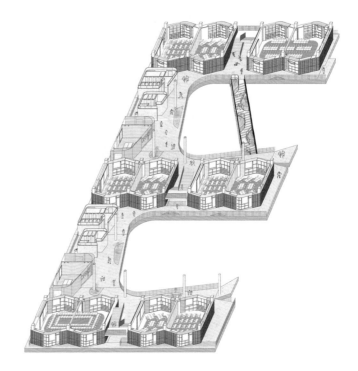

E 形教学楼层

成对的鼓形学习单元为互动式混合式教学提供多种可能性

南立面全景（摄影：张超）

中庭西侧朝自然景观开放（摄影：吴嗣铭）

交错咬合的半户外活动空间（摄影：吴嗣铭）

教室外自由延展的水平庭园（摄影：张超）

北中庭下部的户外剧场（摄影：张超）

　　　"8+1"前奏

半下沉户外剧场上方交错的绿廊（摄影：张超）

红岭实验小学

首层架空活动区嬉戏的孩子们（摄影：黄城强）

山谷庭院（摄影：黄城强）

东立面运动场下的社团活动空间（摄影：张超）

东立面运动场上水平错动的教学楼（摄影：张超）

"8+1" 前奏

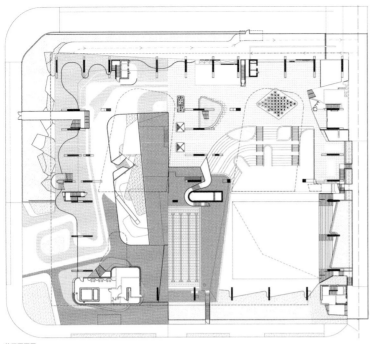

首层平面图

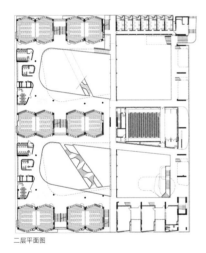

二层平面图

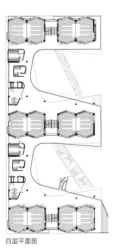

四层平面图

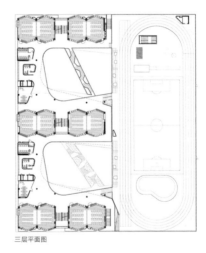

三层平面图

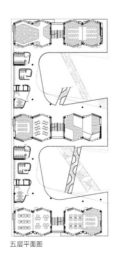

五层平面图

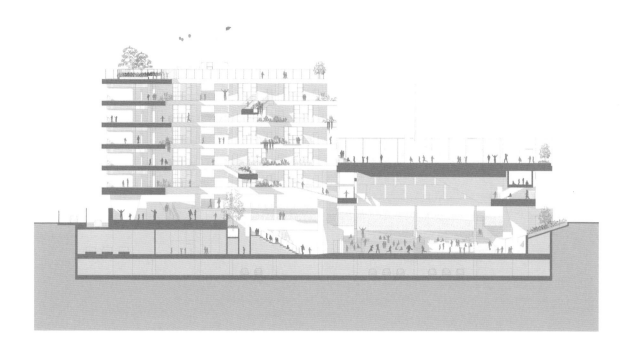

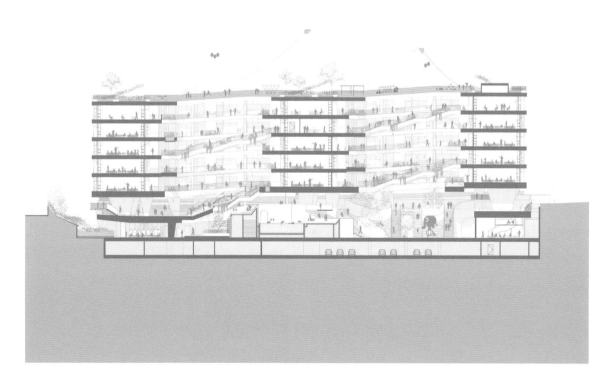

"8+1" 前奏

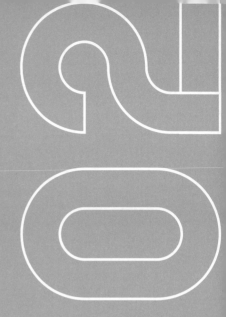

# 梅丽小学

## WAU 建筑事务所

**项目名称：**梅丽小学
**建筑设计：**WAU 建筑事务所
**主持设计师：**吴林寿、赵向莹
**设计团队：**李景洲、汤子昱、彭萌、詹捷欣、
Guillaume Helleu、张仕皓、张爱萍、马坤
**代建方：**深圳市天健（集团）股份有限公司
**合作单位：**中国建筑科学研究院有限公司、中国建筑技术集团有限公司
**施工方：**五矿二十三冶建设集团有限公司
**业主：**福田区教育局
**功能：**小学
**基地面积：**10 370 平方米
**总建筑面积：**31 028 平方米

**建筑覆盖率：**36%
**总容积率：**1.20
**层数：**地上 6 层，地下 2 层
**结构形式：**混凝土框架结构
**设计时间：**2017 年
**竣工时间：**2021 年 9 月
**图纸、分析图版权：**WAU 建筑事务所
**摄影：**马明华、郭靖

鸟瞰（摄影：马明华）

本项目位于深圳市福田区上梅林社区，福田区梅林街道。周边空间类型为典型的深圳城中村，作为中国城乡二元论土地政策下产生的特殊城市肌理，在中国城市化进程中呈现其独特的魅力：一个高密度下复合、充满活力的社区。地块周边的城中村肌理给我们很大的启示，我们希望校园能把体量分散，用同样的肌理回应场地，形成空隙改善校园微气候。

建筑整体采用村落式的布局，形成丰富的肌理，以班级为单元形成组团式的空间单元体，单元体之间以廊道（楼梯）相通，更加强化村落单元的独立性与立面层次。单元体之间置入庭院，增强内部竖向通风的同时提供更加开放、舒适、贴近自然的走廊空间。建筑主体选用清水混凝土外墙。

室内设计延续建筑设计理念，通过嵌入式木质隔墙置入休息坐凳和柜体，增加学生和隔墙空间的互动，创造第三空间，模糊室内外边界。

## 空间策略

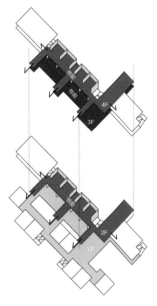

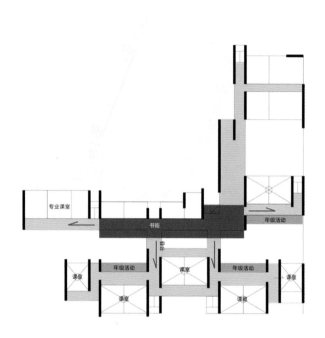

梅丽小学的一个重要办学理念为书香校园。
空间上对应着村落的主街，整合图书馆及读书角形成一个开放的组织空间。穿过片墙的书街"书巷"，到达每个年级相对独立的"年级活动场地"。
空间上形成条理、主次分明的组织形式。

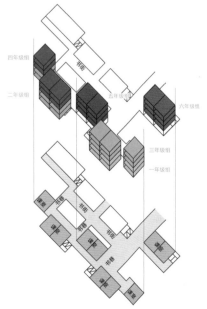

普通课室年级分布示意图

传统普通课室与走廊关系。
高效但无法形成课室归属感，同时过道与课室有一定干扰。

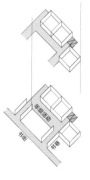

书街通过书巷进到年级组的领域。
可形成以小组团的具有归属感的场地，结合标识，让空间进一步具有辨别度。
每年级6班，二层以夹层的感觉出现，通过内部楼梯，方便到达年级活动场地。

年级单元组织示意图

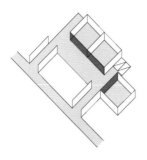

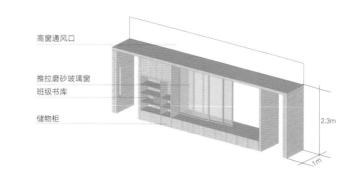

高窗通风口

推拉磨砂玻璃窗

班级书库

储物柜

2.3m

1m

课室外的空间不再是纯粹的交通空间，我们希望让课室内外的界线变得模糊，可以开展灵活的教学实验。

传统上分隔课室与走廊的墙体，变成联系课室内外的媒介，这里有玩耍的空间，有读书角的空间。移动玻璃关闭后可保证其传统教学诉求；打开时形成一个演讲舞台，亦可变成一个合班使用状态……

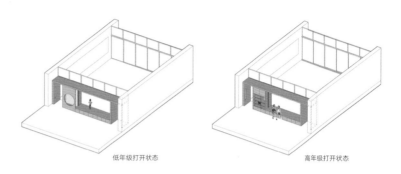

低年级打开状态　　　　　　　　高年级打开状态

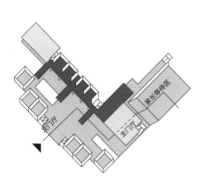

主门厅及家长等待区，回应村落的入口广场，我们希望这里能扩大家长等待区，形成一个社区的聚会空间，也是校园特色教育的展示空间。

次入口设置，我们现场调研发现很多学生家位于城中村，选项 1 最为便捷，并可能形成家长等待区。选项 2 可以为远期保留，作为城中村拆迁后的次入口。

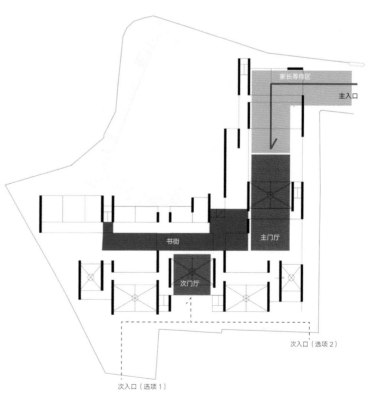

书街1（摄影：郭靖）

课室组团（摄影：马明华）

"8+1" 前奏

书街 2（摄影：郭靖）

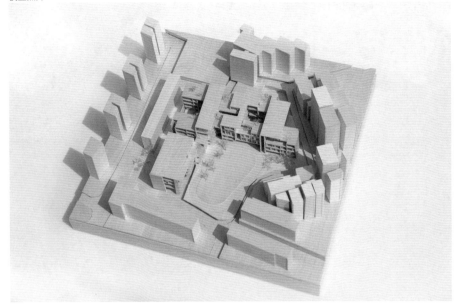

与城中村的关系（摄影：马明华）

"8+1"前奏

总平面图

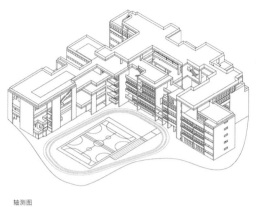

轴测图

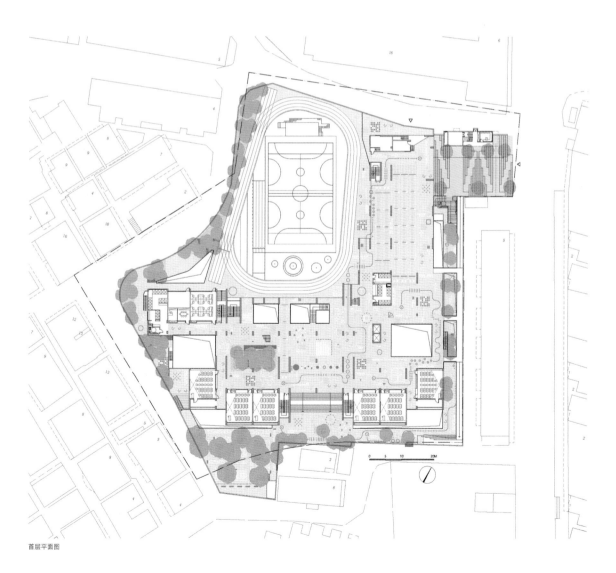

首层平面图

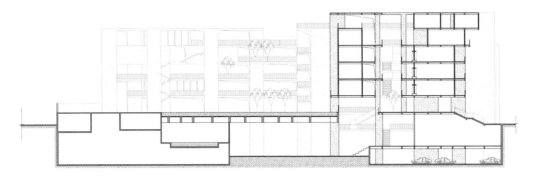

剖面图 1

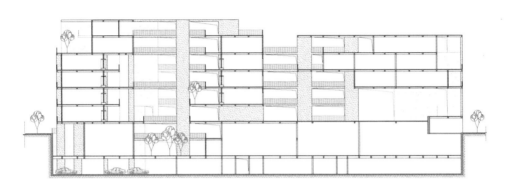

剖面图 2

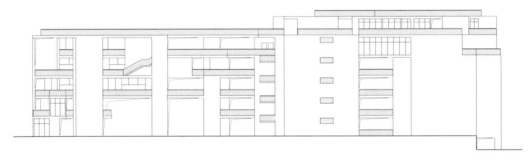

西立面图

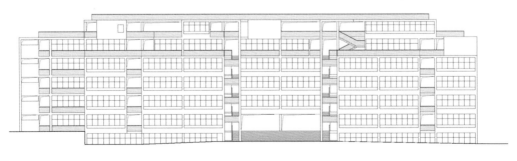

南立面图

"8+1" 前奏

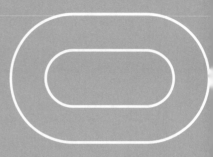

# 石厦小学

## 王维仁
## 建筑设计研究室

项目名称：石厦小学
建筑设计：王维仁建筑设计研究室
主持建筑师：王维仁
设计团队：王维仁、钱健石（设计负责）；林晓钰、刘
凯旋、明玉洁、洪伟梁（方案）；胡静、许芳雪、黄薇、
王雪利（建筑施工图）；陈跃（室内施工图）、王磊、
陆瑾华、许红丽（结构）；王健、盛泉尾（电气）；章
飞昔（给排水）；包晓光（暖通）
施工图合作方：深圳市和域城建筑设计有限公司
代建方：深圳市天健（集团）股份有限公司
施工方：五矿二十三冶建设集团有限公司
业主：深圳市福田区石厦学校

基地面积：11 679 平方米
建筑面积：34 110 平方米
材料：陶土红砖、预制水磨石、现浇水磨石等
设计时间：2018 年
竣工时间：2020 年
摄影：张超、王维仁建筑设计研究室

鸟瞰视角下的屋顶草坡（摄影：王维仁建筑设计研究室）

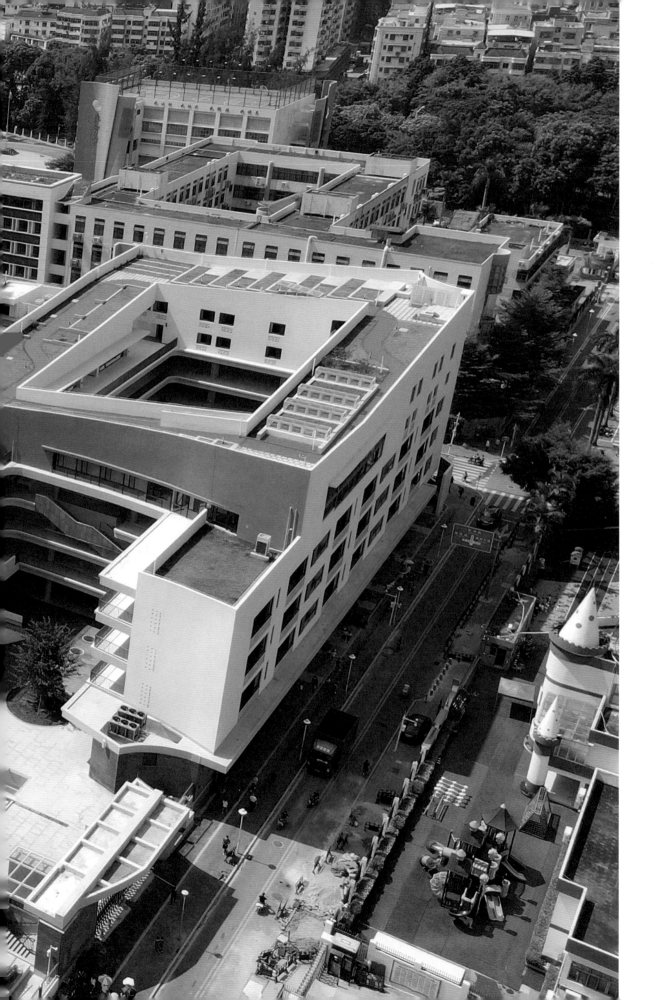

## 四棵大树草坡的立体院落

石厦小学设计的挑战，是如何在多层高密度的条件下，维系一个合宜的空间尺度，调控建筑与自然的交错，让小孩与院落、大树与草地一起成长。

面对面积需求、层高和场地限制的挑战，以多种形式的户外空间贯穿垂直的功能划分，上层为行政办公，中层为教学组团，下层为公共功能。中层的教学空间从基本的班级单元出发，结合走廊共享空间形成班群。三个楼层组团叠加，低年级靠近操场，高年级靠近天台。上层是连续屋顶坡道和台阶，可以容纳花围菜地、草地广场、剧场跑道。下层地面穿廊和挑空联系地下一层的礼堂、乐器室、图书馆、游泳馆以及体育馆。地面院落与架高廊道、开口和天窗为地下提供充足的自然采光。

在校园四个院落种植四棵大树，把绿色带到更高的楼层，树下平台或大台阶形成学习与活动空间，也带来遮阴以改善微气候。校园设计着重建筑与自然交错穿插的剖面关系，开放地面和连续屋顶保证了每个相叠的功能组团都有充足的户外空间，创造出立体庭院和穿插的户外活动空间，成为深圳新一代的高密度垂直复合校园原型。

**立体校园**

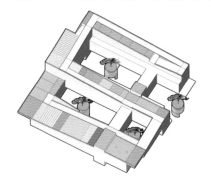

五层、六层：屋顶花园，教师办公

体量发展

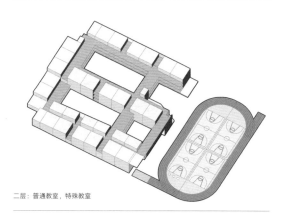

二层：普通教室，特殊教室

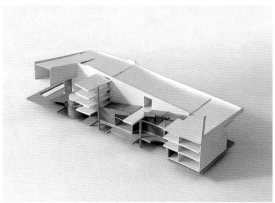

剖面空间

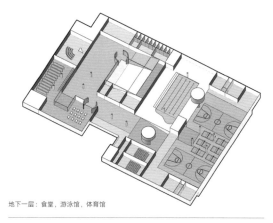

地下一层：食堂，游泳馆，体育馆

垂直院落

教学院落（摄影：张超）

操场与建筑体量（摄影：张超）

大树、楼梯与院落（摄影：王维仁建筑设计研究室）

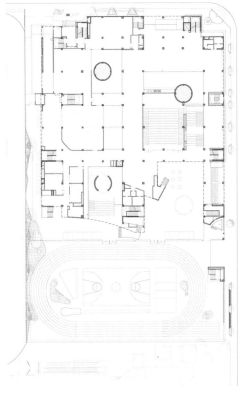

总平面图

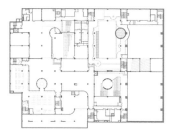

负一层平面图

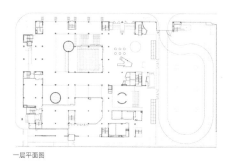

一层平面图

三层平面图

图书阅览空间（摄影：张超）

侧窗框景与阅览空间（摄影：张超）

五层平面图

"8+1" 前奏

台阶与坡道（摄影：张超）

台阶院落（摄影：张超）

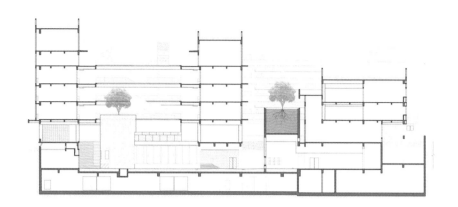

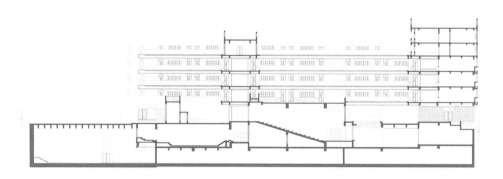

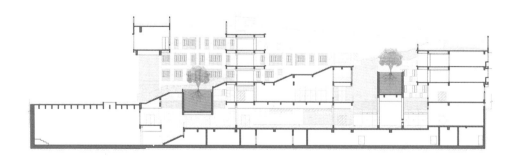

8+1建
筑
联展

入选
方案

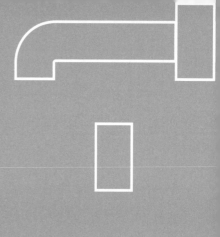

# 新沙
# 小学

一十一建筑

**项目名称：**新沙小学
**建筑设计：**一十一建筑
**主持建筑师：**谢菁、藤森亮
**项目建筑师：**罗明钢
**设计团队：**许森茂、周子豪、张晓骏、何奕君、蔡梓莹、
袁玉林
**建设单位：**福田区教育局
**代建方：**深圳市万科城市建设管理有限公司
**施工图合作方：**深圳市天华建筑设计有限公司
**景观设计：**一十一建筑 +GND 设计集团
**室内设计：**一十一建筑 + 深圳界内界外设计有限公司
**施工方：**深圳市鹏城建设工程有限公司

**总建筑面积：**约 3.7 万平方米
**总用地面积：**11 328 平方米
**规模：**36 班（另配 5 间机动教室）
**设计时间：**2018—2019 年
**施工时间：**2018—2021 年
**摄影：**张超、ACF 域图视觉

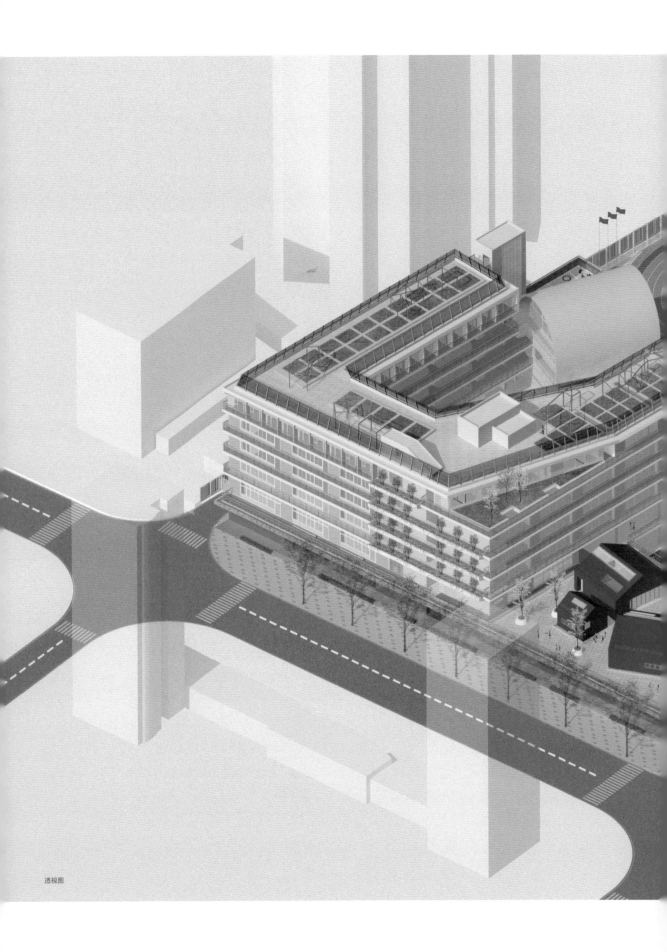

透视图

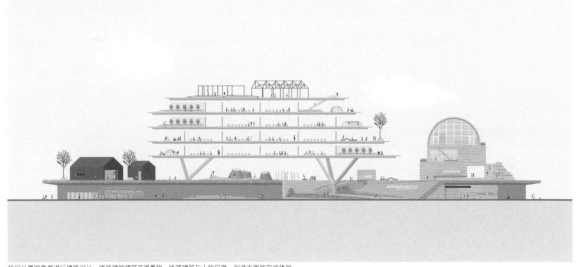

我们从景观角度进行建筑设计，使坚硬的建筑变得柔软，协调建筑与人的尺度，创造丰富的空间体验

## 打开盒子

学校是教育理想的物质体现。为探索新型校园，我们在设计过程中重新思考现代教育理念，以及学校和社区的联系。课堂学的知识是和周围一切事物、当今社会相关联的，因此教室和学校不应该是封闭的"盒子"。新的教育环境应该鼓励不同的人与人的交流，多样的空间与人的交流，多种的自然环境与人的交流。我们的新校园设计，通过边界模糊、内容丰富的流动空间，鼓励孩子们运用想象力开展各种活动。其中有两个空间策略：平台建筑和主题游乐场。

## 平台建筑（1）

为了重建学校和社区邻里间的关系，我们决定避免使用围墙。因为围墙是隔离内外的元素，给人消极排外的感觉。我们用大平台覆盖整个场地，并沿街设骑楼，重新定义了一种与城市交流的校园边界。在大平台上有 S 形教学楼，围合出南北两个庭院，一个朝向校外城市，一个朝向校内操场。穿行在教学楼中的师生，可以交替看到校内外景色，体验到自身所处的学校和地区的在地感。

## 平台建筑（2）

普通教室的设计，试图消除传统教室盒子的封闭感，成为平台上的一个个区域，向走廊和阳台延伸。新建学校的窗台往往高过 1.2 米，小学生就算是站着也不容易看到窗外景色。通过设计阳台，我们可以将窗台压低，使教室有更大的开口与室外相连；新沙小学的普通教室窗台只有 0.5 米高，一年级小学生即使坐在座位上也能看到窗外的阳台和远处的都市景观。

## 主题游乐场

孩子是天生的探索家，他们喜欢自由自在地利用空间来创造游戏，并在游戏中学习。如果学校是各种教室盒子的简单排列，确实不够有趣；如果校园的构成是为了强调教育的权威和规则的严格，那将无法适应未来。我们为学校设计了多样的"主题游乐场"空间，而这些主题，不是通过商业化的主题性装饰，而是通过空间形态设计来获得，孩子们在不同主题的空间里自由地开展与之相关的活动；在新沙小学的校园里，有茂密的绿森林、曲折的浮桥、迷宫般的巷弄、起伏的山丘、坚硬的圆顶城堡、入口山道、天台农场等。我们从景观角度进行建筑设计，使坚硬的建筑变得柔软，协调建筑与人的尺度，创造丰富的空间体验。

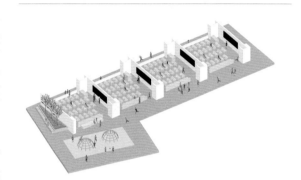

平台建筑：普通教室的设计，试图消除传统教室盒子的封闭感，成为平台上的一个个区域，向走廊和阳台延伸

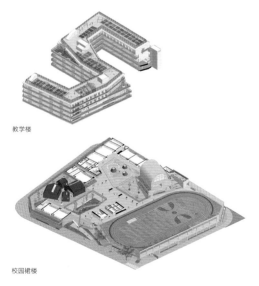

教学楼

校园裙楼

我们为学校设计了多样的"主题游乐场"空间，供孩子们自由地开展与主题空间相关的活动

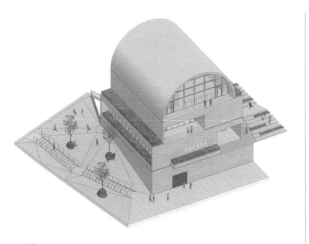

红堡
文体综合楼建筑内有音乐教室、器乐教室、舞蹈教室等专业教室

小屋平台
这是巷弄空间，实践活动教室和陶艺室散布在平台上，可结合平台使用

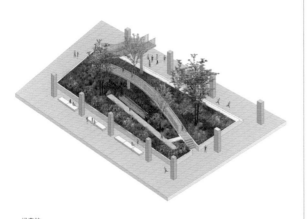

绿森林
首层南庭院正对着图书馆，一圈回廊围绕着宁静的自然

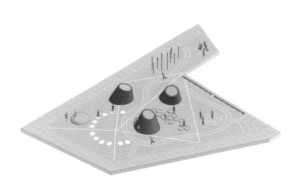

三角山丘
地形起伏，孩子们可以自由奔跑玩耍

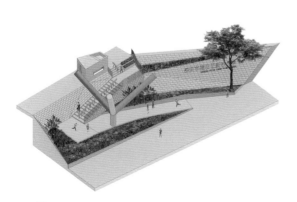

入口山道
二层的校园主入口通过特色景观坡道欢迎来上学的孩子

天台农场
屋顶上的农场，每个班分到一块责任田

鸟瞰（摄影：张超）

三角山丘和锥形天窗（摄影：张超）

教室平台（摄影：张超）

"红堡"顶层的舞蹈教室（摄影：ACF 域图视觉）

南院"绿森林"（摄影：张超）

"入口山道"（摄影：张超）

骑楼街景（摄影：张超）

景观小品（摄影：张超）

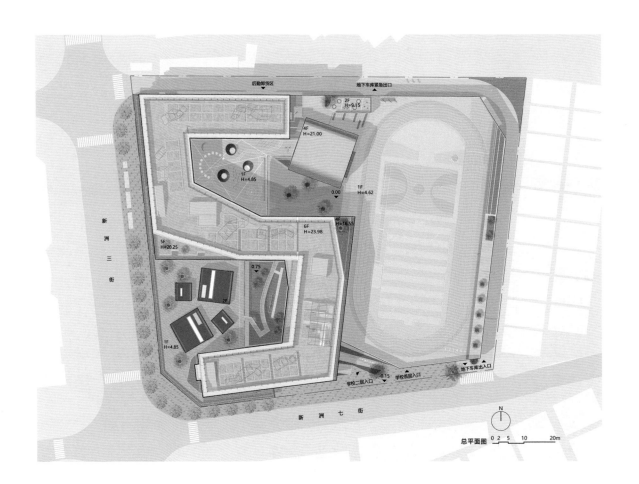

后勤卸货区　　　地下车库紧急出口

2F
H=9.15

4F
H=21.00

1F
H=4.85

0.00

1F
H=4.62

4F
H=16.55

6F
H=23.98

5F
H=20.25

0.75

2F

1F
H=4.85

新 洲 三 街

新 洲 七 街

学校二层入口　　学校首层入口　　-0.15　　地下车库出入口

N

总平面图

0　2　5　10　　　20m

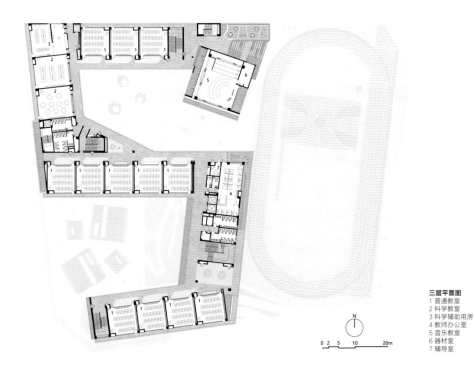

N

三层平面图
1 普通教室
2 科学教室
3 科学辅助用房
4 教师办公室
5 音乐教室
6 器材室
7 辅导室

0　2　5　10　　　20m

"8+1" 建筑联展

骑楼剖面图
为了重建学校和社区邻里之间的关系，我们决定避免使用围墙

骑楼立面图
我们用大平台覆盖整个场地，并沿街设骑楼，重新定义了一种与城市交流的校园边界

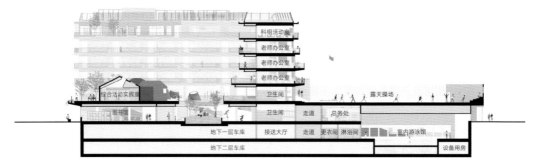

剖面图 1

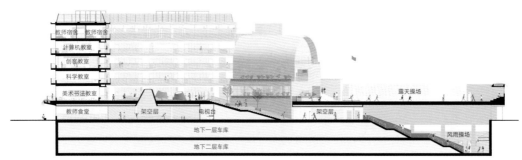

剖面图 2

南立面图

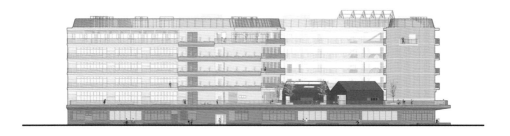

西立面图

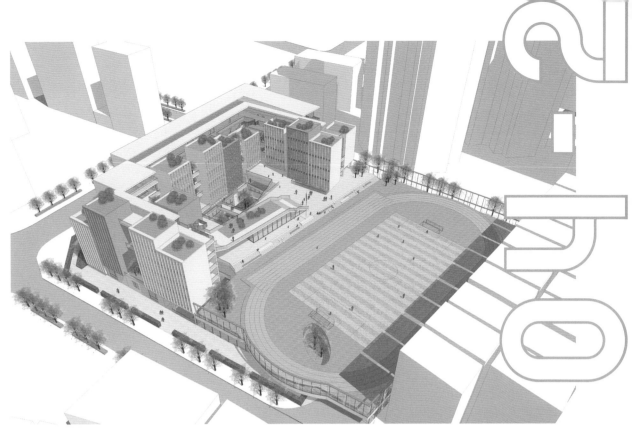

# 新沙小学

## 库博
## 建筑设计事务所（立方设计）

**项目名称：**新沙小学
**建筑设计：**库博建筑设计事务所（立方设计）
**设计团队：**邱慧康、李鑫、姬国威、孔晓莉、谢聪、
谢飞飞、马俊贤
**主体结构：**框剪结构
**主要材料：**铝型材、清水混凝土

**基地面积：**11 328 平方米
**建筑面积：**34 000 平方米
**规模：**36 个班，1800 个学位
**设计时间：**2018 年 3 月

新沙小学位于新洲三街东侧，新洲七街北侧。我们放弃了粗暴的"纯粹"，选择创新和积极地回应旧有肌理，与周边环境和谐共生。将"新"和"旧"、"整"和"碎"、"历史"和"现代"进行"裂变"和"缝合"，让建筑承载更多的人文意义，感受历史，感受现代。建筑之间形成的"冷巷"可以提供天然的纳凉场所，引入自然风，改善校园微气候。同时，将二层架空，架空层适当隔离了二层以上的教学办公区与二层以下部分的公共服务空间。下方的公共教学资源，例如篮球馆、游泳馆、图书馆等公共设施将在课后及节假日向社会开放，作为社区中心，为城市植入积极的公共空间。

庭院效果图

**流线分析**

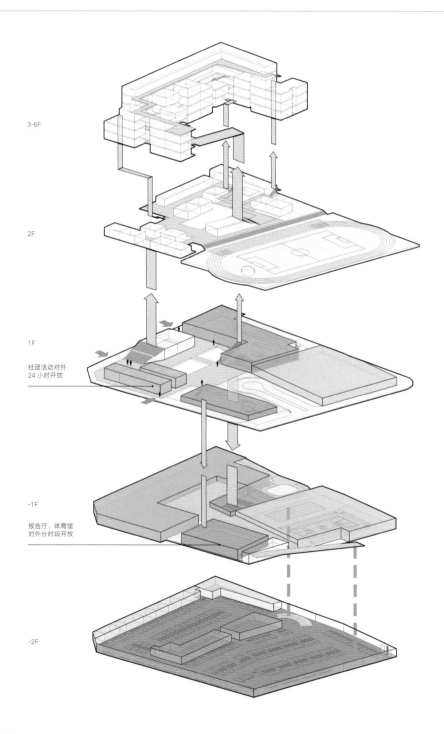

3-6F

2F

1F

社团活动对外
24 小时开放

-1F

报告厅、体育馆
对外分时段开放

-2F

新沙小学

一期可建设用地

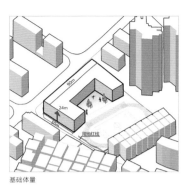

基础体量

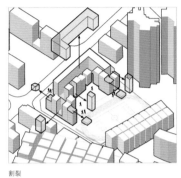

割裂

连接与缝合

旧城——肌理

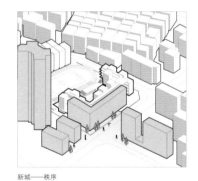

新城——秩序

二层活动平台

分期建设

首层平面图

二层平面图

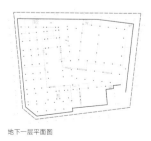

地下一层平面图

四层平面图

新沙小学

"8+1"建筑联展

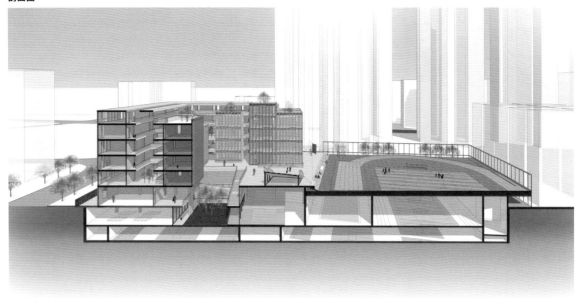

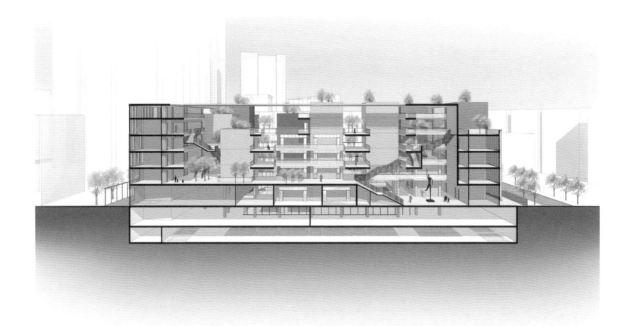

"8+1"建筑联展

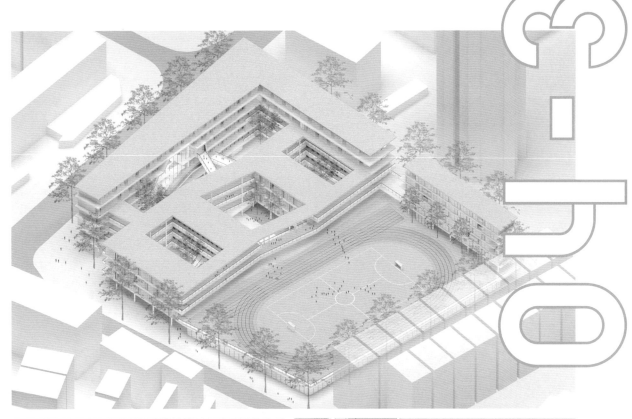

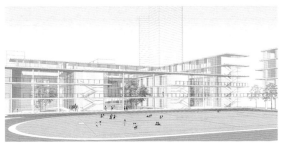

# 新沙小学

## GL STUDIO/ 深圳大学
## 建筑设计研究院有限公司

**项目名称：**新沙小学
**建筑设计：**GL STUDIO/ 深圳大学建筑设计研究院有限公司
**主持建筑师：**龚维敏
**设计团队：**龚维敏、梁茵、张赫、赖文威、郑方舟、杨柳青、张鹏、刘鑫、冀安琪、周腾飞、张晓薇、黎阳、王天逸、宋宝林、谢颖强、李福荣、邱思婷、刘一郎、韦愫予
**结构体系：**钢筋混凝土结构 ＋ "拱桥" 式结构（运动场下部大跨度空间）

**建筑材料：**白色金属竖向管帘、木饰板、玻璃砖墙、白色清水混凝土
**基地面积：**11 327.18 平方米
**总建筑面积：**34 350 平方米
**计容面积：**17 700 平方米
**不计容面积：**16 650 平方米
**容积率：**1.56
**设计时间：**2018 年 3 月

新沙小学位于高密度城市区域，东、南侧为城中村，环境杂乱拥挤，整排约 27 米高的城中村建筑紧贴校园东侧围墙；西、北侧为新住宅区，相对安静、宽敞。校园外西、南两面被十余米高的街道行道树所包围。

新建校园设计对于这样的环境条件有真实的回应：将主体建筑放在西侧，避东侧的"城中村墙"，并沿内种植成片树木，改善环境品质，校园主入口从原来的南侧移至环境较好的西侧街道，利用街道树木作为建筑的外部屏障与遮阳方式。

小学是学习的场所，更是精神的园地，校园环境对儿童的气质、秉性有潜移默化的影响。设计希望在喧闹杂乱的环境中以纯粹的建筑语言，营造自由活跃、宁静脱俗的"净土"。

孩子们在校园中度过从儿童到少年的六年时光，校园是成长记忆的重要组成。本设计中，连续流动空间的图书馆，结合拱桥结构的礼堂、风雨操场、游泳馆，半开敞的活动长廊都有鲜明的场所特点，成为记忆的载体。

以年级班教室围合成的"书院"提供了校园生活的记忆坐标：每个年级六个班，形成 U 形平面布局，竖直叠放形成三层高的院子，每个院子植一棵大树；每天的校园生活被"书院"所标注；六年中，六次升级、换班，都与一个院子、一个楼层相对应，长大的过程被清晰的空间转换所标识。

## 分析图

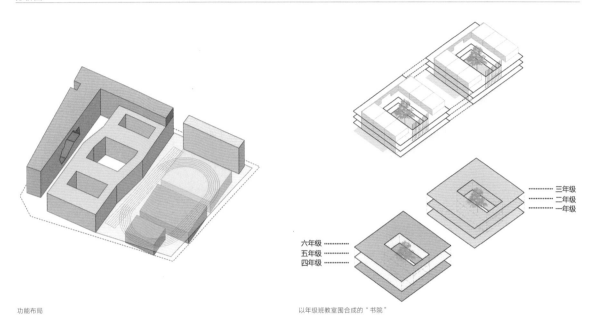

功能布局

以年级班教室围合成的"书院"

········· 三年级
········· 二年级
········· 一年级

六年级 ·········
五年级 ·········
四年级 ·········

## 效果图

图书馆内部空间

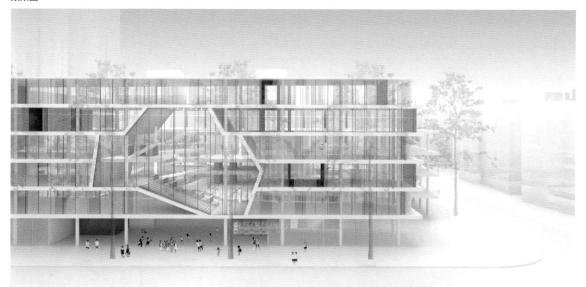

校园西侧沿街立面

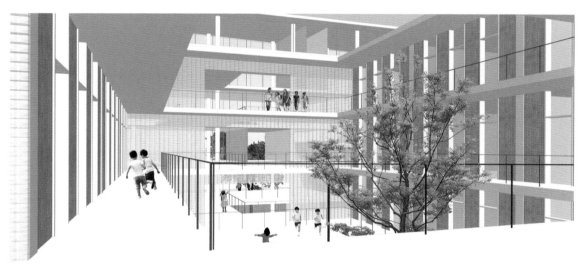

"书院"内部

下沉庭院

　新沙小学

"书院"入口

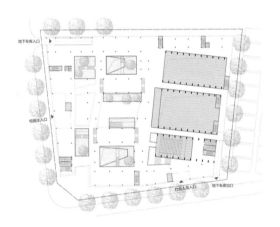

首层平面图

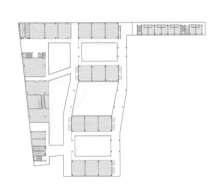

三层平面图

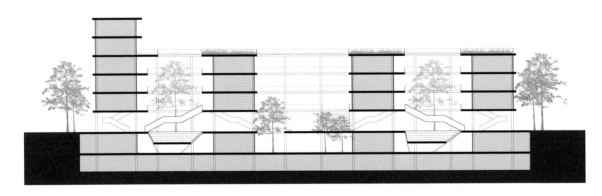

剖面图

"8+1"建筑联展

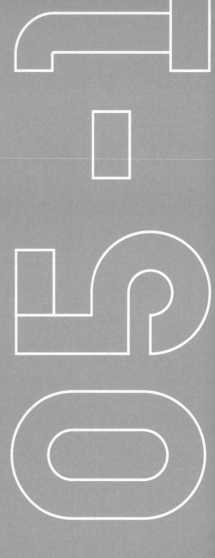

# 新洲
小学

## 东意建筑

**项目名称：** 新洲小学
**建筑设计：** 东意建筑
**主持建筑师：** 肖毅强、肖毅志、邹艳婷
**设计团队：** 杨远景、陈培笑、郑泽旭、洪宇东、隋佳音、
杨宗祥、何亚洁、唐帅、马智超
**代建方：** 深圳市万科城市建设管理有限公司
**施工单位：** 中建三局
**施工图合作方：** 深圳市天华建筑设计有限公司、GND
设计集团、深圳界内界外设计有限公司

**材料：** 白色涂料、铝合金穿孔板、现浇水磨石
**结构：** 钢筋混凝土框架结构、局部钢结构
**基地面积：** 10 633 平方米
**建筑面积：** 38 030 平方米
**设计时间：** 2018 年 3 月
**施工时间：** 2018 年 8 月动工，2020 年 9 月交付
**摄影：** 陈维忠（绿风建筑摄影）

沿街外观

新洲小学

## 亲近自然的高密度校园

新洲小学是在具有 30 多年历史的原小学原址重建，规模 36 班，建筑面积由原校舍的 14 800 平方米增容至 38 000 平方米，容积率达到 2.7。建筑师希望打破环境质量和建筑容量的二元对立，提出"叠园"概念，旨在解决原有学校容量不足、活动场地缺乏、城市交通冲突等问题，创造亲近自然的高密度校园，探索在高密度城市建成区内的高容量学校新模式。

设计回应了高密度环境建成区的场所属性，采用了与原教学楼类同的双庭院的布局组织空间，尊重社区邻里关系和庭院空间生活的集体记忆；遵循开放校园的设计原则，提供校园设施社区共享的多种可能性，也很好地消减了学校上、放学时段给城区交通带来的压力。

设计回归关注真实的使用者"小学生"，首先通过对教育模式与儿童身心健康成长要素的研究作出空间应对策略。通过垂直设计创建立体化的公共活动场地，将体育场馆置于地下一层，通过下沉边坡绿化带来自然通风采光；环形跑道和运动场设于体育场馆屋面，与二层架空连成开阔的活动场地；西庭院绿化大台阶把负一层、首层、二层的公共活动区连接起来，使传统意义上的首层架空得以延展。往上各层穿插各种活动平台，创造课间活动空间及室内外互动的多样化教学可能性，不同活动平台也对应不同年龄"小学生"自由活动的需求。同时通过立体的绿化系统把自然引入建筑各层。

立足对亚热带湿热气候和学校声学环境的科学研究，利用生态设计方法，从空间布局、建筑形态、立面细节到建筑技术设计去寻求解决策略。建筑的气候舒适性设计、降噪措施和立体绿化体系成为设计的主要着力点。

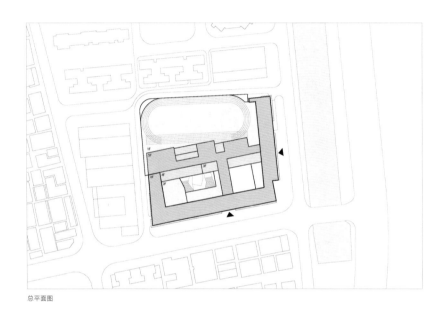

总平面图

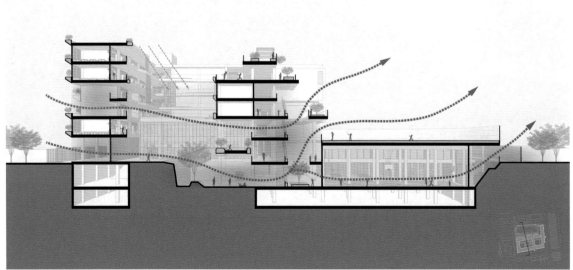

气候空间通风示意图

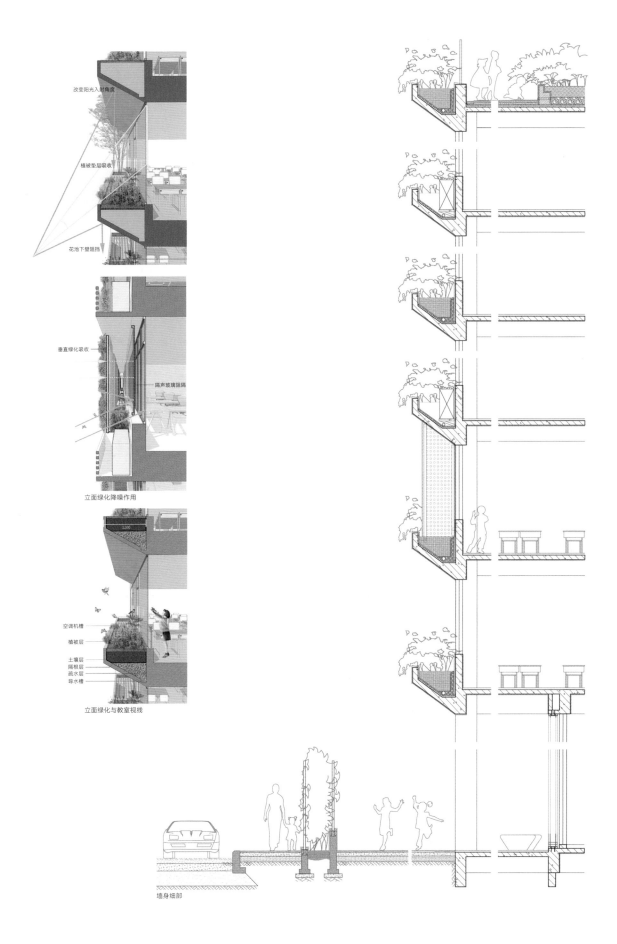

改变阳光入射角度

植被垫层吸收

花池下壁阻挡

垂直绿化吸收

隔声玻璃阻隔

立面绿化降噪作用

空调机槽
植被层
土壤层
隔根层
疏水层
导水槽

立面绿化与教室视线

墙身细部

走廊风景与城市天际线

立面花池与遮阳降噪构件

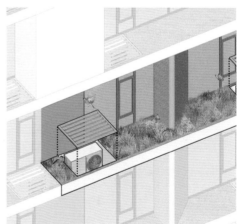

立面通风、隔声、绿化系统整合

沿河东立面

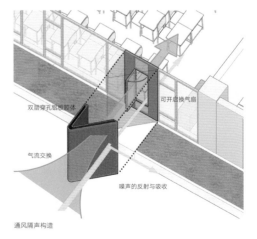

双层穿孔铝板腔体

可开启换气扇

气流交换

噪声的反射与吸收

通风隔声构造

抬升至二层的体育场，下部架空空间与周边街区环境相衔接

二层操场

庭院

地下一层庭院

屋顶舞台

屋顶花园

"8+1"建筑联展

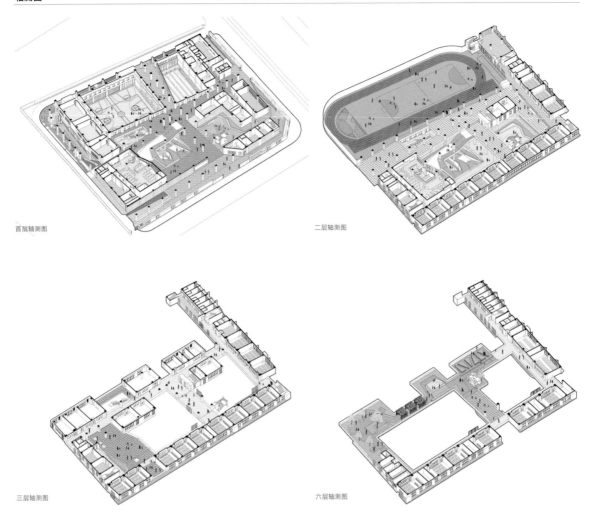

首层轴测图

二层轴测图

三层轴测图

六层轴测图

**平面图**

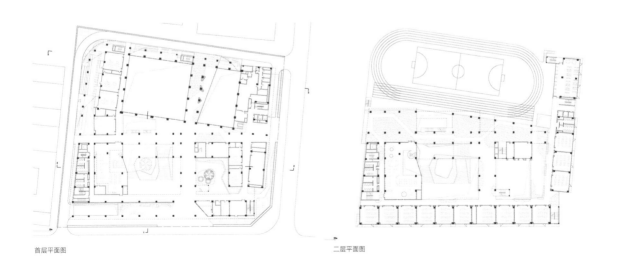

首层平面图

二层平面图

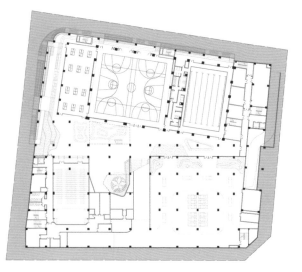

地下一层平面图

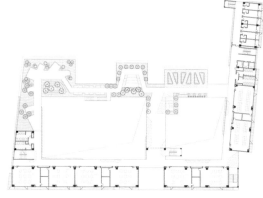

六层平面图

**剖面图**

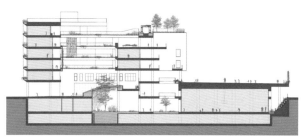

1-1 剖面图

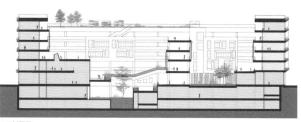

2-2 剖面图

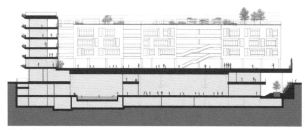

3-3 剖面图

# 新洲
# 小学

## 大正建筑

入围
方案

**项目名称：** 新洲小学
**建筑设计：** 大正建筑
**主持建筑师：** 李硕
**设计团队：** 李乐、李金航、贾珍珍
**基地面积：** 10 568.6 平方米
**占地面积：** 7000 平方米
**建筑面积：** 26 002 平方米
**结构形式：** 钢筋混凝土框架，局部钢结构
**建筑层数：** 学校 4 层 /5 层

**主要用途：** 36 班小学
**主要用材：** 涂料、实心铝板、铝型材、平板玻璃、清水混凝土
**设计时间：** 2018 年 3 月

新洲小学位于福田区新洲九街2号，是一所36个班的全日制小学。我们提出"融合校园"的设计理念，将社区空间融入校园空间，将学校公共空间共享给社区，所以我们在考虑建筑形态的时候将学校功能分成上下两部分，上部为校园独立使用的功能，下部为向社区开放的功能。向社区开放的公共功能通过架空层串联起来，校园教学功能通过U形体量围合起来，既能保证功能流线便利，又能为学校营造出独立私密的空间。校园的使用可以根据时间分为两个模式：周一到周五白天是封闭的校园模式，周六到周日及夜间是开放的校园模式；更大程度地实现社区共享的理念。学校操场原为东西向布置，新方案调整为南北向，且置于场地西侧，由于用地紧张，运动场整体抬高一层，篮球场和游泳馆布置在运动场下方；教学功能的主体建筑呈U形布局，南北两边的体量是教室，东侧体量为办公及行政，宿舍面对运动场布置。

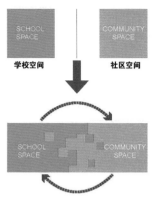

功能分析

**分析图**

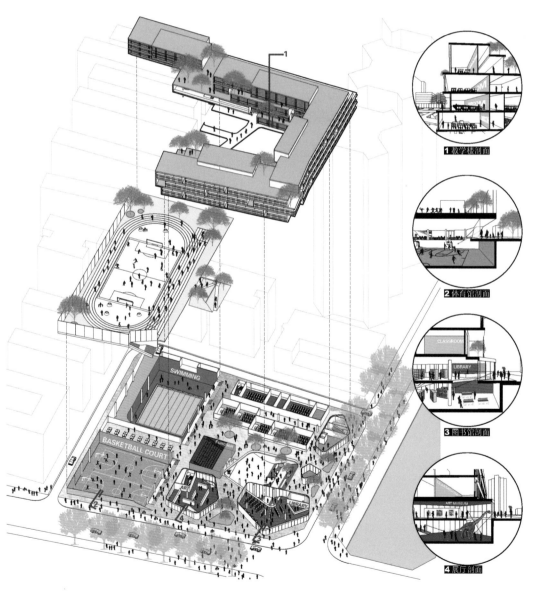

1 教学楼剖面

2 体育馆剖面

3 图书馆剖面

4 展厅剖面

公共开放空间

操场人视

操场内庭院人视

图书馆透视

新洲小学

**封闭校园模式 | 星期一至星期五**

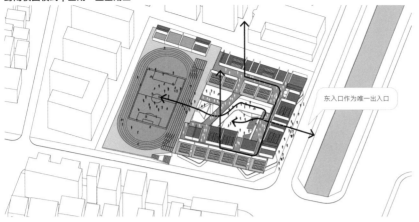

东入口作为唯一出入口

**开放校园模式 | 星期六、星期日、夜间**

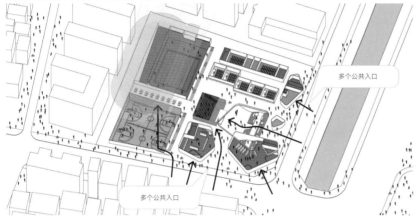

多个公共入口

多个公共入口

**剖透视图**

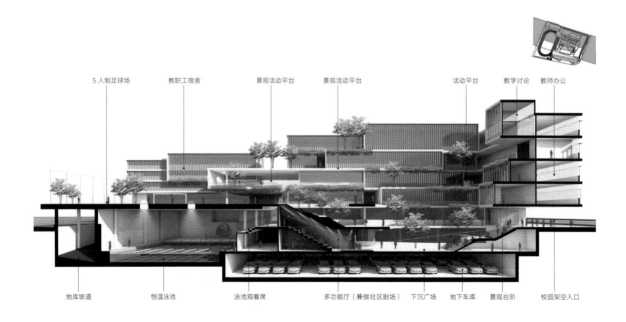

5人制足球场　　教职工宿舍　　景观活动平台　　景观活动平台　　　　活动平台　　教学讨论　教师办公

地库坡道　　　恒温泳池　　　泳池观看席　　多功能厅（兼做社区剧场）　下沉广场　地下车库　景观台阶　校园架空入口

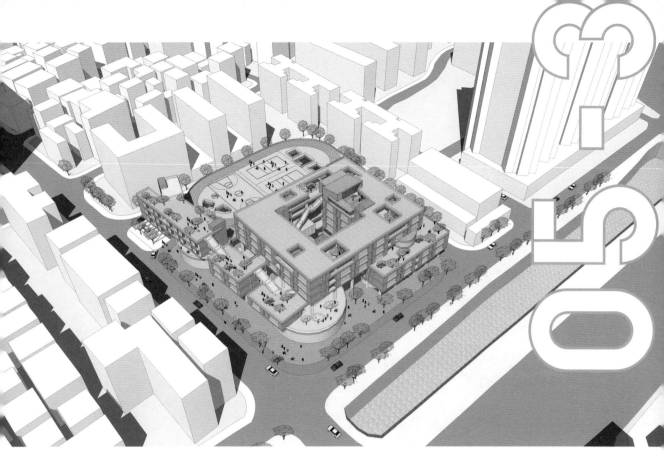

# 新洲小学

## 局内设计

入围
方案

**项目名称：**新洲小学
**建筑设计：**局内设计
**主持建筑师：**张之杨
**设计团队：**何嘉伟、张乾、李黛馥
**结构：**框架结构、框架 - 剪力墙结构、钢结构
**材料：**清水混凝土、砖、钢、玻璃

**基地面积：**10 568.57 平方米
**建筑面积：**19 303.21 平方米
**设计时间：**2018 年 3 月

新洲小学位于福田区新洲九街北侧，新洲南路西侧。东临新洲河，南面是新洲村，西侧与现状菜市场连接，北面是比较老旧的住宅小区，用地面积 10 568.57 平方米，用地条件十分局促。设计要求建一所 36 班全日制小学以解决目前校区老旧、学位紧缺的问题。拟建总建筑面积 20 000 平方米，容积率 1.89，远大于 0.8 的常规限定，因此如何有效解决高密度校园的使用问题成了本设计的关键。

我们的措施是，首先将原东西向的运动场调整为南北向，并置于场地的西侧以减弱西面相对嘈杂的城市环境对教学的影响，同时将其抬高到二层平台，将下部空间释放出来，集中布置风雨操场与游泳馆，形成半开敞空间的同时可获得良好的自然通风与采光。

教学楼被集中安排在场地的东侧，形成"回"字形内院结构，临近南侧的街墙设计为退台的形式，以回应对面城中村小型建筑的体量与尺度。再通过变化的连廊设计，将教学空间串联，同时与不同楼层的教学楼屋顶相连，在有限的场地内为学生提供更多的活动空间。

功能布局方面，我们将全校共用的功能设施，例如图书馆、报告厅、风雨操场、游泳馆、食堂、舞蹈和音乐教室、绘画教室等，全部布置在临近地面的首层与地下一层，最大限度地利用校园的内向空间，促进师生之间的互动与交流。这种布置方式也有利于在周末将这些公用设施与社区共享，方便管理。

**功能拆解图**

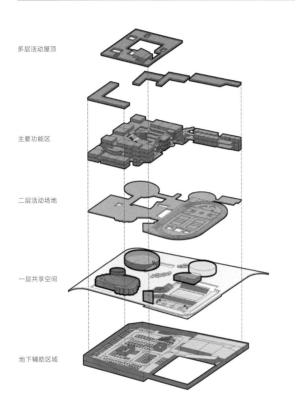

多层活动屋顶

主要功能区

二层活动场地

一层共享空间

地下辅助区域

原校区界面：防御性

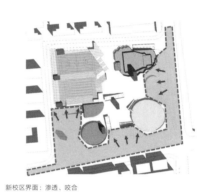

新校区界面：渗透、咬合

**方案生成**

1.高密度下该如何与周边和谐相处

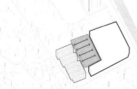

2.退让西侧高楼，四面建筑围合出公共操场空间

3.退让北侧幼儿园，形成长方形园子

4.挖空形成中庭，保留原有建筑空间记忆

5.四周压低，创造多层次丰富屋顶平台，拓展活动空间

6.底层公共体块打散，形成丰富地面空间，营造共享界面

街景效果图

**模型照片**

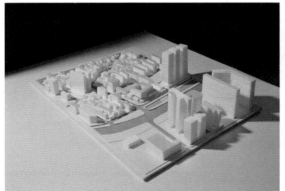

**平面图**

地下一层平面图

首层平面图

二层平面图

　新洲小学

庭院效果图

**剖面图**

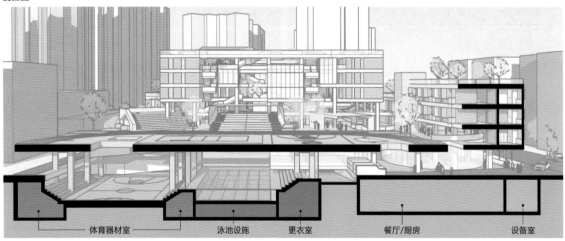

体育器材室　　　　泳池设施　　　更衣室　　　　餐厅/厨房　　　　设备室

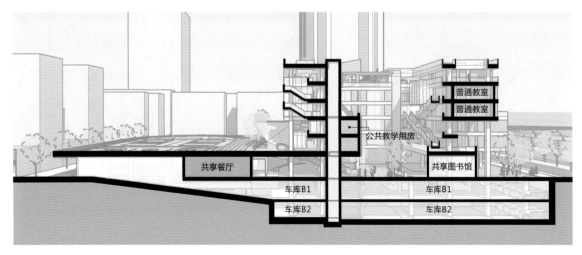

普通教室
普通教室
公共教学用房
共享餐厅　　　　　　　　　　共享图书馆
车库B1　　　　车库B1
车库B2　　　　车库B2

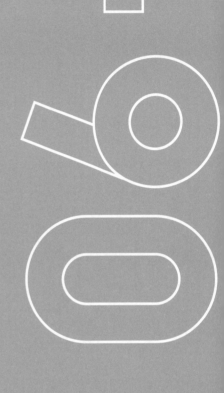

# 景龙
小学

## 非常建筑

**项目名称：**景龙小学
**建筑设计：**非常建筑
**主持建筑师：**张永和、鲁力佳
**设计团队：**梁小宁、黄舒怡、柳超
**合作设计：**广东省建筑设计研究院
**结构形式：**钢筋混凝土框架结构
**业主：**深圳市福田区教育局

**建筑面积：**31 630 平方米
**层数：**地上 6 层，地下 2 层
**设计时间：**2018 年 3 月
**竣工时间：**2021 年

鸟瞰效果图

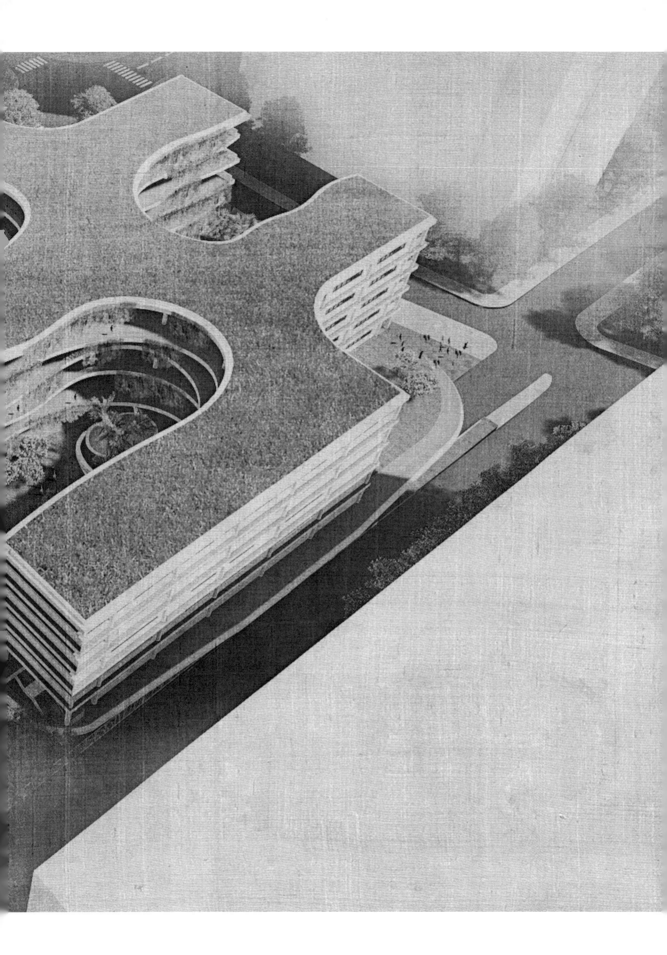

主入口

半室外学习空间

体育馆

"8+1"建筑联展

游泳馆

**挑战**

今天，城市的密度大大高于以往，并仍在不断增加。高密度环境下的小学与从前低密度环境下小学的主要差异是什么呢？密度的增加必然会导致学校建筑高度的增加，这意味着学生前往地面进行户外空间活动的几率会相应降低。鉴于室外活动对孩子的成长至关重要，我们在做学校设计时便聚焦于解决此问题。

**基地**

景龙小学位于深圳市中心福田区，占地面积本来就偏紧张，四周被高层住宅楼环绕。由于学校共有 36 个班级，校舍设计必须高达 6 层。对于高年级学生来说，要在课间休息 10 分钟的时间里下到地面活动几乎是不可能的。

**解决方案**

既然学生下楼不方便，能不能将户外空间带到各楼层上去？于是在我们的设计中，在每一层的中心位置都出现了一个本质上属于户外的区域：这个空间有上层的楼板为屋顶，但没有墙体的围合。它像一个风雨操场，任何天气状况下，同学们都可以在这里锻炼、活动、玩耍；它还是一个开放的教室，老师们可以在这里授课、演示，同学们也可以在此自习、讨论。这个场所使学生无需下楼也可以拥有户外体验，还为学生走出教室进行班级之间的交流创造了机会。因此，这一系列没有被单一功能定义的半室外建筑空间恰恰构成了学校的社区中心的微型广场。

**功能组织分析图**

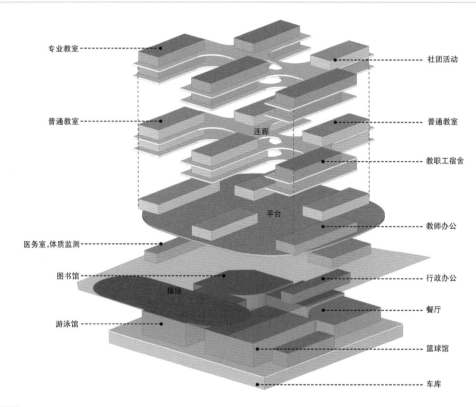

专业教室
普通教室
连廊
平台
医务室,体质监测
图书馆
操场
游泳馆

社团活动
普通教室
教职工宿舍
教师办公
行政办公
餐厅
篮球馆
车库

**剖透视图**

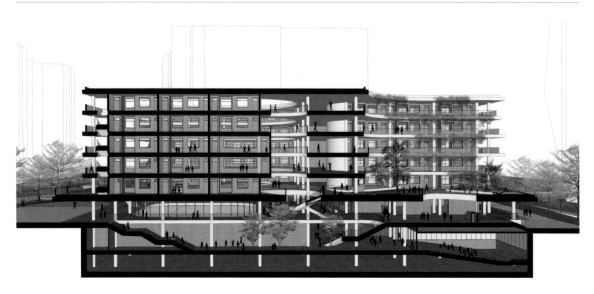

北立面效果图

**剖面图**

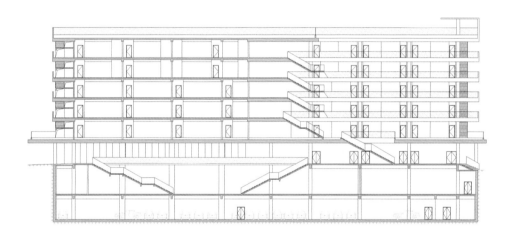

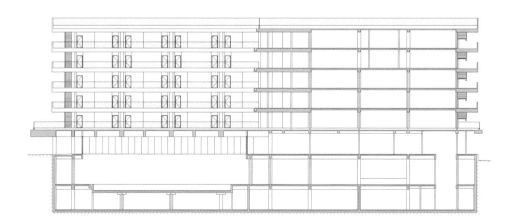

二层活动平台效果图

## 平面图

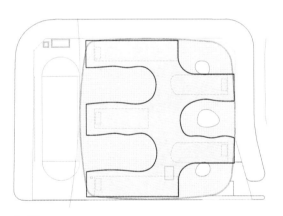

总平面图

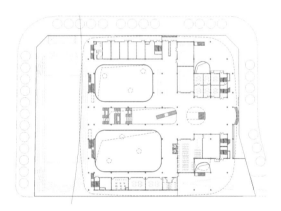

首层平面图

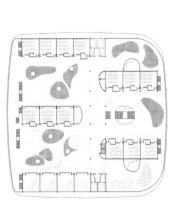

二层平面图

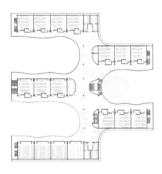

三层平面图

# 景龙
# 小学

**入围
方案**

## 朱培栋 +GLA 建筑设计

**项目名称：**景龙小学
**建筑设计：**朱培栋 +GLA 建筑设计
**主持建筑师：**朱培栋
**设计团队：**叶俊、楼璐蓓、饶峥、李镇潇、杨晋、
戴芸芳
**建筑材料：**玻璃砖、铝板、质感涂料

**建筑结构：**框架结构 + 桁架结构
**基地面积：**10 537 平方米
**建筑面积：**32 090 平方米
**设计时间：**2018 年 3 月

福田景龙小学位于深圳市福田区景田东路 35 号,始建于 1995 年,由于存在严重的安全隐患,政府决定对景龙小学进行整体拆建,新建一个 36 班规模的新型校园。小学用地面积 10 537 平方米,计划建设 22 000 平方米,用地西侧为地铁边线,地铁边线 20 米以内不宜建设。

竞赛阶段,通过对项目城市背景的分析,我们制定了高密度背景下面向未来的校园空间建构和场地空间使用模式创新的设计切入点。

为了实现这一社区共享型的未来学校理念,我们提出"没有围墙的学校"的概念,通过结构的转换将操场抬升至二层屋面,从而充分释放出地面层的平面空间价值,在解决校园出入口功能和垂直交通接口的同时,为校园学生与社区居民提供可以分时共享的场地。将传统的教育模式与封闭的社区资源进行重新整合,让孩子们与社区相互促进,共同成长。教学功能部分的中庭空间,从地下二层到地上五层呈沙漏状,构成整个校园的空间核心,并承担垂直交通与生态通风等功能。

同时,用桁架结构转换和抬升操场,不仅释放出公共空间,同时也解决了因为避让地铁线而面临的用地面积损失问题,这也是高密度背景下对于复杂结构形式的一种探索和尝试。

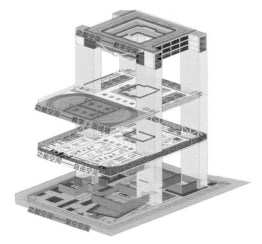

结构分析,垂直交通体系与结构合二为一,串联水平向的自由空间

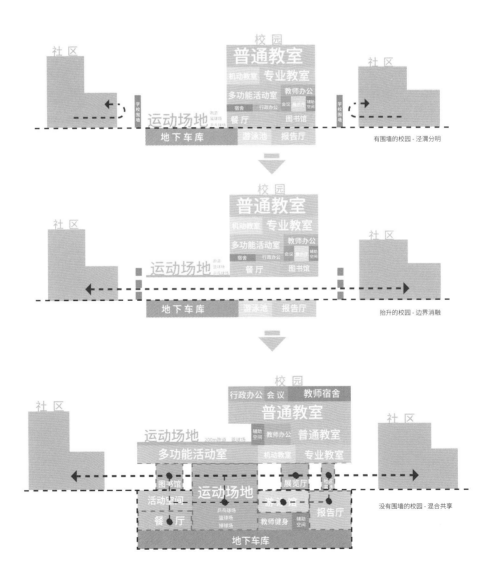

功能梳理,剖面重构,实现没有围墙与社区共享的新型校园

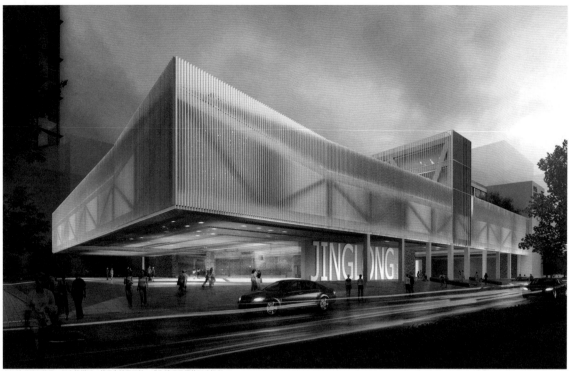
夜间社区使用情景，师生放学后，首层向社区开放，成为社区居民的活动场所

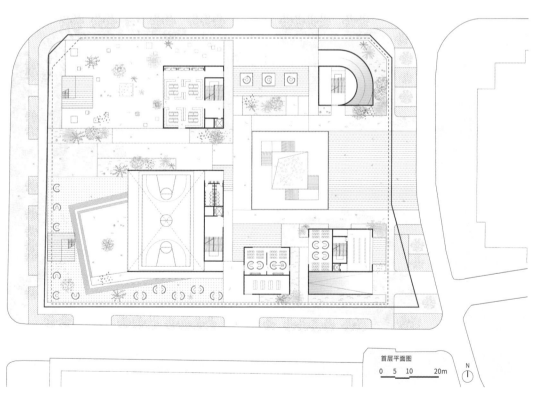
首层平面图

景龙小学

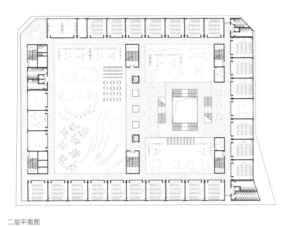

二层平面图

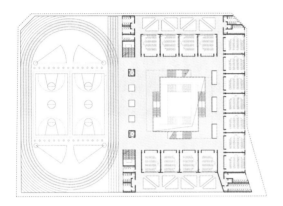

三层平面图

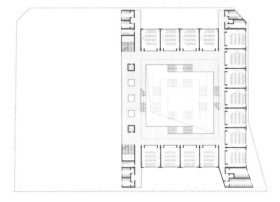

四层平面图

**剖透视图**

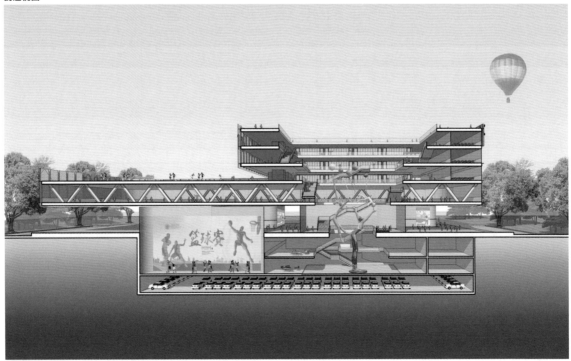

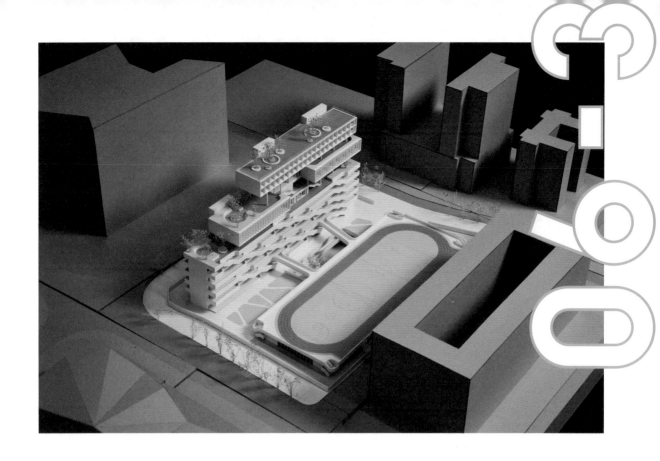

# 景龙
# 小学

## 本构建筑事务所

**项目名称：**景龙小学
**建筑设计：**本构建筑事务所
**主持建筑师：**相南
**设计团队：**秦川、高山
**建筑结构：**钢筋混凝土结构

**用地面积：**9000 平方米
**地上建筑面积：**11 000 平方米
**设计时间：**2018 年 3 月

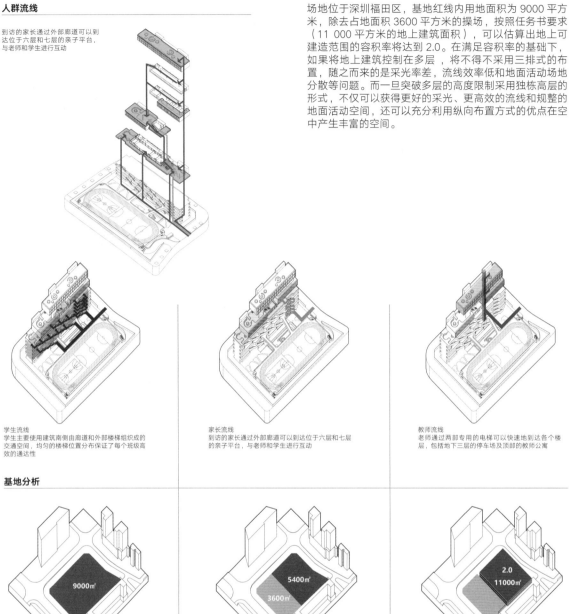

**人群流线**

到访的家长通过外部廊道可以到
达位于六层和七层的亲子平台，
与老师和学生进行互动

场地位于深圳福田区，基地红线内用地面积为 9000 平方
米，除去占地面积 3600 平方米的操场，按照任务书要求
（11 000 平方米的地上建筑面积），可以估算出地上可
建造范围的容积率将达到 2.0。在满足容积率的基础下，
如果将地上建筑控制在多层，将不得不采用三排式的布
置，随之而来的是采光率差，流线效率低和地面活动场地
分散等问题。而一旦突破多层的高度限制采用独栋高层的
形式，不仅可以获得更好的采光、更高效的流线和规整的
地面活动空间，还可以充分利用纵向布置方式的优点在空
中产生丰富的空间。

学生流线
学生主要使用建筑南侧由廊道和外部楼梯组织成的
交通空间，均匀的楼梯位置分布保证了每个班级高
效的通达性

家长流线
到访的家长通过外部廊道可以到达位于六层和七层
的亲子平台，与老师和学生进行互动

教师流线
老师通过两部专用的电梯可以快速到达各个楼
层，包括地下三层的停车场及顶部的教师公寓

**基地分析**

9000㎡

5400㎡
3600㎡

2.0
11000㎡

基地红线内建筑面积为 9000 平方米，除去占地面积 3600 平方米的操场，可以估算出满足任务书需求（11 000 平方米的地上建筑面积）的前提下，地上可建造范围的容积率将达到 2.0

**方案生成**

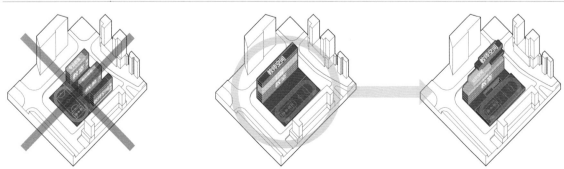

在目前容积率的基础上，将地上建筑控制在多层的条件下将不得不采用三排式的布置，随之而来的是采光率差，流线效率低和地面活动场地分散等问题。而突破多层的高度限制采用独栋高层的形式，
不但可以获得更好的采光、更高效的流线和规整的地面活动空间，还可以充分利用纵向的布置方式在空中产生丰富的空间

效果图

剖透视图

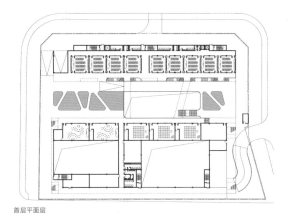

首层平面层

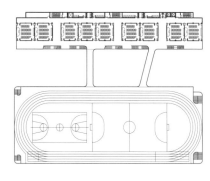

二层平面图

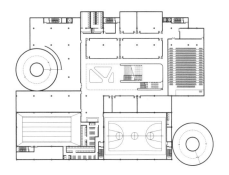

地下一层平面图

地下二层平面图

剖面图

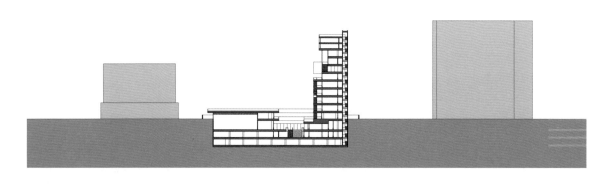

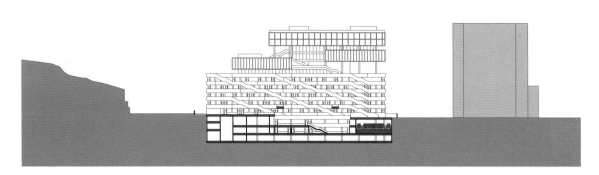

"8+1"建筑联展

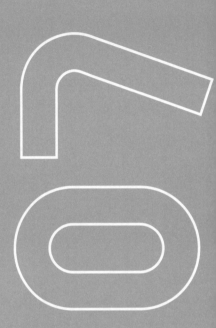

# 福田机关
# 二幼

## 施正
## 建筑师设计有限公司

**项目名称：**福田区机关第二幼儿园（福华新村园）
**建筑设计：**施正建筑师设计有限公司
**主持建筑师：**陈维正、施琪珊、徐思敏
**设计团队：**杨清珮、谭竣键、高靖瑶
**代建方：**深圳市建筑科学研究院股份有限公司
**施工图合作方：**深圳市东大国际工程设计有限公司
**施工图设计负责人：**韦真
**各专业负责人：**潘立（建筑）、杨璜（结构）、周帅（水）、何洋（电）、贺娟（空调）、贺小荣（景观）、汤建（内装）
**施工单位：**联建建设工程有限公司
**建设单位：**深圳市福田区教育局

**材料：**室外（外墙：墙面油漆、铝窗、仿木铝格栅；地板：室外塑木、室外无缝软地铺垫、水磨石地面）；室内（墙身：墙面油漆、马赛克瓷砖、铝板吊顶天花；地板：橡木实木地板、防滑瓷砖、亚麻油毡地板）。
**结构：**混凝土及钢结构
**基地面积：**3939 平方米
**建筑面积：**5100 平方米
**设计时间：**2018 年 3 月—2018 年 4 月
**施工时间：**2019 年 6 月—2020 年 11 月

鸟瞰效果图

"8+1"建筑联展

大平台效果图

小庭院游乐区效果图

幼儿园入口效果图

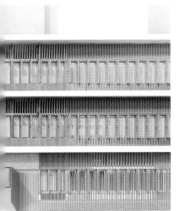

大树庭院效果图

1

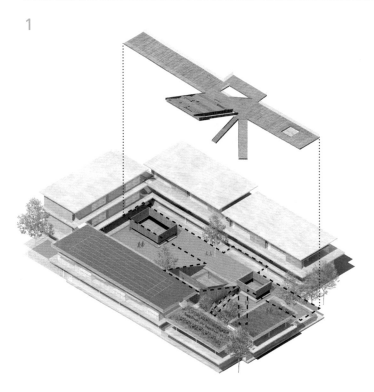

大平台作为第二地面联系整个校园

2

基地被高楼包围，并有三颗大榕树值得保留

3

开放四个街角，创造中央庭院

4

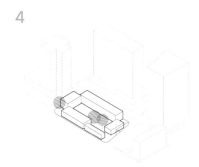

挪移建筑体量，尽量保留现有树木及三棵大榕树

5

插入大平台作为第二地面连系整个校园

新建福田机关二幼的设计概念，在于让幼儿从自然的互动和探索中学习，在建筑的趣味中发挥想象，表达"幼儿园是孩子成长乐园"的理念。

幼儿园基地位于深圳福田区福华新村居住小区内，四周高楼密布，为了应对这样的高密度城市环境，新建教学楼在尊重幼儿园设计规范和甲方需求的基础上，强调建筑趣味性及建筑与大自然的融合。建筑以庭院式布置，原有三棵榕树也被融入设计中，营造出一个向内的、亲密的天地。设计所创造的绿色园林将成为社区肌理中的一片重要绿化空间。

利用地面架空和屋面作为户外活动区域，包括游乐区、操场、种植区等。园内原有的树木包括三棵大榕树被纳入设计，让户外能够成为幼儿自由穿越及自我探索的学习空间，学生能在学习的过程中与自然环境进行互动。

庭院之中插入大平台作为第二地面，连接整个校园，成为供幼儿活动探索的、连接不同高度的活动层。广阔的平台没有限定孩子该如何使用，设计通过创造各种尺度的空间，让孩子自由探索、冒险、发现。

大平台分割出的大庭院作为活动操场，小庭院作为榕树下的绳网游乐区；大平台的楼梯可作为班级表演的小舞台，楼梯下部也为孩子提供了有遮蔽的户外活动场所。一层局部架空的形式配合大平台的连接，为孩子创造了更好的活动氛围和更高的校园连通性。所有教学用房设置在二层及三层，便于教室采光通风。

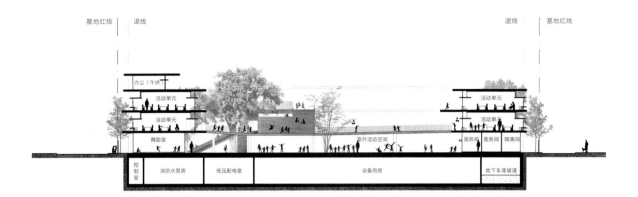

横剖面图

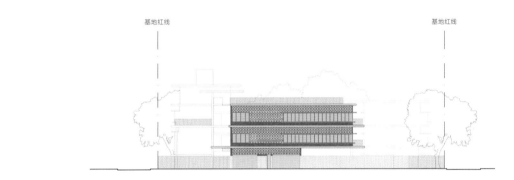

南立面图

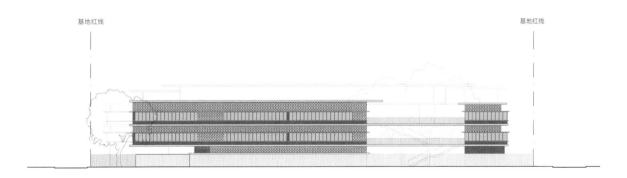

东立面图

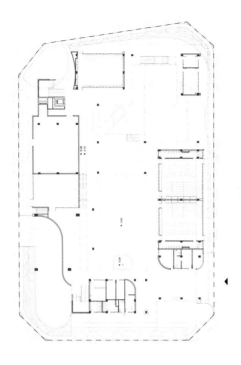

首层平面图

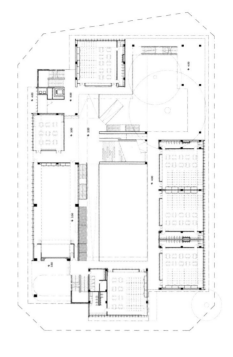

二层平面图

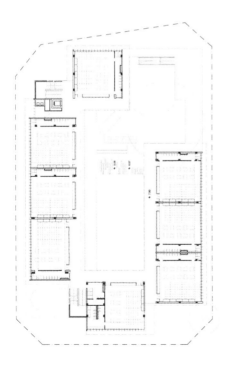

三层平面图

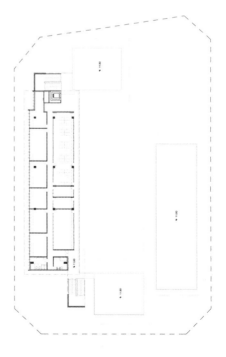

四层平面图

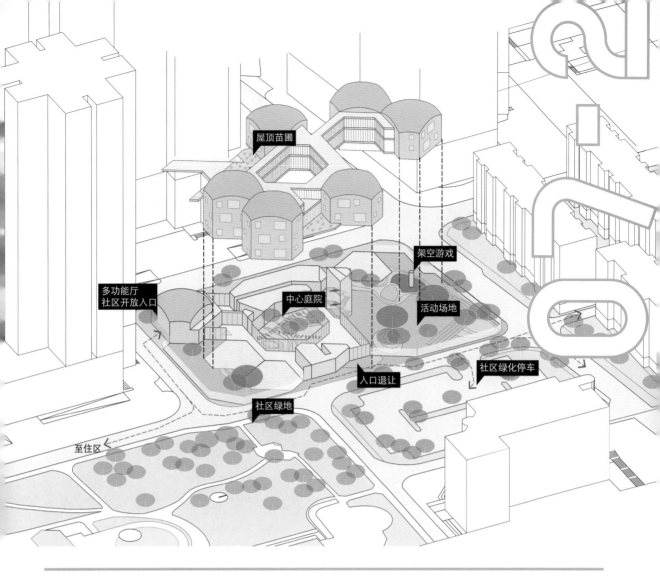

屋顶苗圃

多功能厅
社区开放入口

中心庭院

架空游戏

活动场地

入口退让

社区绿化停车

社区绿地

至住区

# 福田机关
# 二幼

## 刘宇扬建筑事务所

**入围
方案**

**项目名称：**福田区机关第二幼儿园（福华新村园）
**建筑设计：**刘宇扬建筑事务所
**主持建筑师：**刘宇扬
**项目主管 / 项目建筑师：**吴从宝
**设计团队：**邹莹、陈微伊、姚瑶
**设计范围：**建筑、室内、场地景观
**建设单位：**福田新校园行动计划组委会

**结构类型：**钢筋混凝土框架结构
**主要材料：**太空灰钛锌板、象牙白陶管格栅、彩色质感
涂料、森林绿钛锌板、抹茶绿陶土板、半透光玻璃砖
**基地面积：**3940 平方米
**建筑面积：**4960 平方米
**设计时间：**2018 年 3 月

**多元锚固 渗透连接**

　　面对周边复杂紧张的城市环境，为了改变现有幼儿园与周边社区割裂的状态，我们选择 7 个几何特征的体量"锚固"于场地之中，建筑首层外墙与围墙、上部建筑体量形成多维进退界面，园内景观与东侧绿地形成渗透，各个入口处退让空间也可作为社区居民路过停留之处。厨房、仓库等辅助功能置于地下以释放出更多地上空间，同时利用局部架空、屋顶露台，提供更多活动空间，活动场地环绕基地内所保留的大榕树，形塑孩子们的记忆，也是社区的记忆。

**启蒙几何 玩耍边界**

　　以边长 2.6 米的等边三角形为模数网，功能模块依照网络组织成单元原型，多边形的内部空间与庭院、分班场地、运动场等丰富多变的几何平面组合有机分布于场地各处，孩子们好似在"启蒙几何"中去探寻每一个独特的"玩耍边界"。

**微型城市 自然温度**

　　对幼儿来说一座建筑就是一座城市，选用森林绿、抹茶绿、太空灰等自然色彩，陶土板、钛锌板、半透光玻璃砖等质感各异的材料，以层次丰富而有温度的幼儿园氛围，给城市与社区带来一份清新。

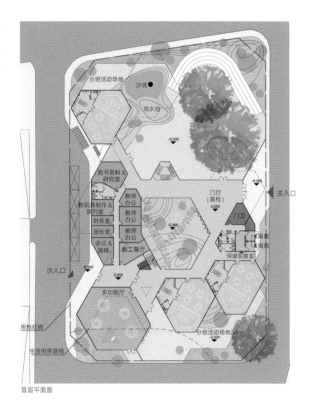

首层平面图

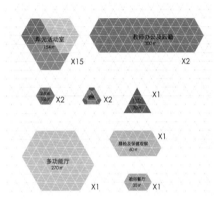

功能分区

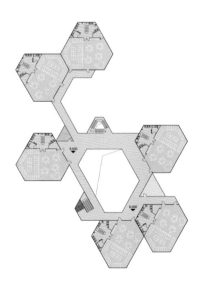

二层平面图

三层平面图

**模型照片**

**效果图**

鸟瞰

入口广场

**效果图**

庭院局部，教师餐厅外

入口活动场地

活动室

室内首层

内庭院

**剖面图**

"8+1"建筑联展

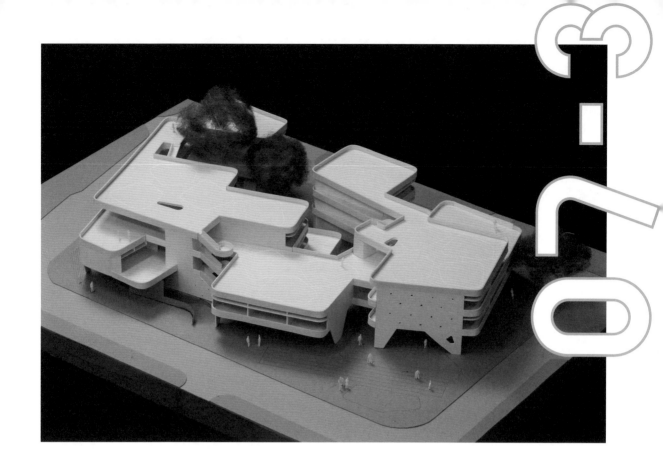

# 福田机关
# 二幼

**入围
方案**

## 直造建筑事务所

**项目名称：**福田区机关第二幼儿园（福华新村园）
**建筑设计：**直造建筑事务所
**主持建筑师：**水雁飞、苏亦奇
**设计团队：**何海波、邓丹、徐翰骅
**用地面积：**3938.7 平方米
**建筑面积：**4950.4 平方米
**基底面积：**1661.9 平方米

**绿地面积：**1306.3 平方米
**材料：**钢筋混凝土
**结构：**剪力墙
**设计时间：**2018 年 3 月

该项目位于福华新村居住小区内,在拆除现存幼儿园楼体后,项目拟设计 15 班全日制幼儿园。基地西边、南边以及西南角被三栋高层包围,基地内现有三棵大榕树,需尊重原有地貌。

周边高密度住区造成奇怪的日照轮廓和有限的可用位置等一系列的条件限制成为了我们最初的线索。因此,如何更好地争取日照、保留现场树木,如何合理地考虑深圳地区夏季的降温、避暑等一系列问题,亦成为我们设计的核心。建筑底层架空,提供给幼儿更多的活动空间,亦可使用现存植被。整个设计环绕榕树展开,为二三层的建筑空间提供和自然的垂直互动。基地面积有限,将需要满足日照的活动场地上移,同时顺应深圳亚热带气候将楼层逐阶退让,退台形式的屋顶作为活动场地。

本设计基于场地高密度、低日照以及亚热带气候等因素,通过屋面活动场地,灵活的平面布置,底层架空等方式,回应基地问题的同时亦产生了更多样化的空间。以探索适合幼儿发展的教育环境。最终,消解了一种由普通幼儿园所带来的过于制度化(institutionalization)的表达。

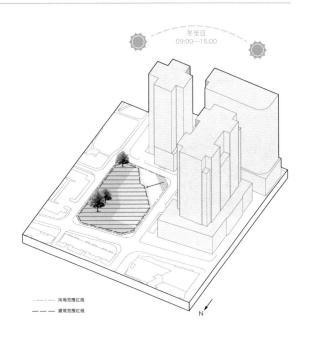

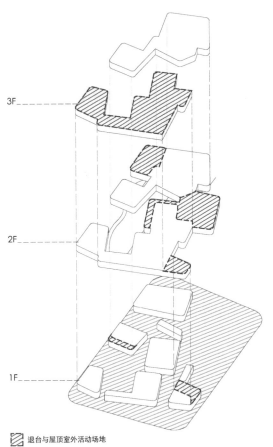

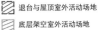

3F

2F

1F

退台与屋顶室外活动场地

底层架空室外活动场地

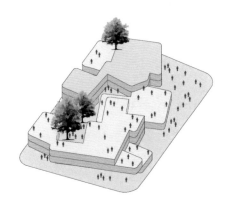

用地范围红线

建筑范围红线

N

### 日照规范限制与建筑用地范围

基地西边、南边及西南角都为高层建筑,西南角在冬至日09:00—15:00 时间段只能满足 1 小时日照。将不满足日照要求的西南角作为户外活动场地,建筑外轮廓线向内退让。

### 气候条件与基地内自然条件

深圳属南亚热带季风气候,长夏短冬,日照充足,气温较高,雨量充沛。基地东北角及东南角现存三棵大榕树,极具保护价值。

### 建筑形式与活动场地

建筑底层架空,提供给幼儿更多的活动空间。基地面积有限,将需要满足日照的活动场地上移,同时顺应深圳亚热带气候将楼层逐阶退让,屋顶作为退台活动场地。

### 植被形式与垂直互动

建筑底层部分架空,可使用到先存植被,同时建筑环绕榕树展开,为二、三层的建筑空间提供和自然的垂直互动。

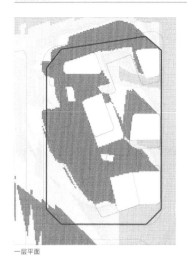
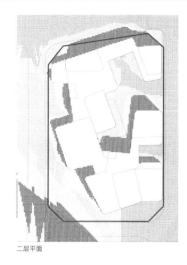
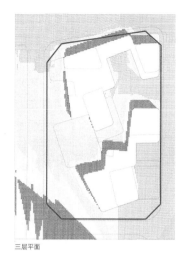

一层平面　　　　　　　　　二层平面　　　　　　　　　三层平面

**平面图**

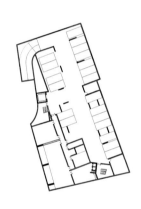

地下一层平面图

首层平面图

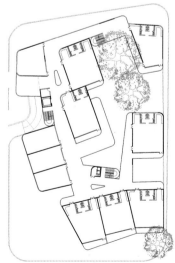

二层平面图

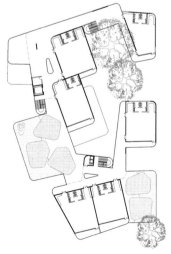

三层平面图

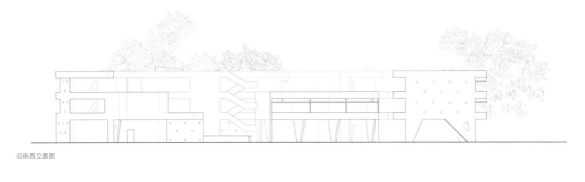

沿街西立面图

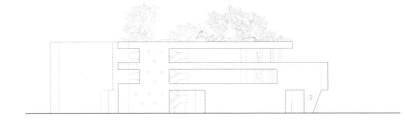

北立面图

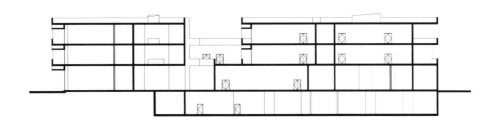

剖面图

0    5m    10m        20m

**模型照片**

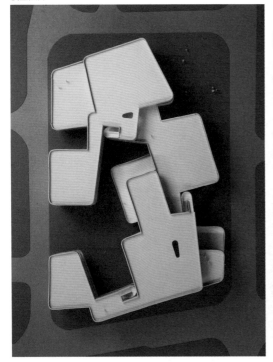

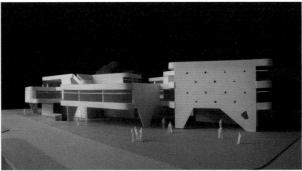

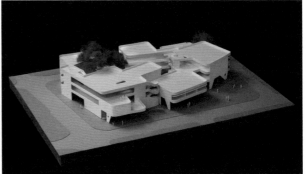

# 人民小学

## 直向建筑

**项目名称**：人民小学
**建筑 / 室内 / 景观设计**：直向建筑
**主持建筑师**：董功
**项目建筑师**：冯超颖、陈周杰
**项目成员**：陈功、陶巍、赵亮亮、马小凯、管世鹏、高
雨滴、赖建希、李想、刘世达、艾心、覃琛
**合作设计院**：华阳国际设计集团
**合作设计院项目建筑师**：谌贻涛
**合作设计院建筑师**：梁茵、熊玮、林兴、李鹏程
**结构设计**：徐宇鸣、吴亚平、肖政健、刘名
**机电设计**：陈娟、张晶、周天养、谢振、宋靖、钟展文、
雷亚雄、苏东坡、王会兵、林佩怡、王业铭、李贝贝
**室内设计**：李建华、谢吉龙
**绿建设计**：林子滔
**景观设计**：陈欢敏、叶向前、施惠霞

**支护设计单位**：建研地基基础工程有限责任公司
**幕墙设计单位**：深圳市盈科幕墙设计咨询有限公司
**灯光设计单位**：深圳市自然光环境艺术有限公司
**标识设计单位**：上谷创意设计（深圳）有限公司
**业主**：福田区建筑工务署
**结构类型**：框架剪力墙结构
**建筑材料**：清水混凝土、超高性能混凝土（UHPC）、
水磨石、钢、金属网、玻璃
**建筑面积**：29 061.80 平方米（地上 25 301.17 平方米，
地下 3760.63 平方米）
**占地面积**：5613.57 平方米
**用地面积**：9550.83 平方米
**设计时间**：2018 年 3 月 – 2020 年 12 月
**施工时间**：2021 年 1 月至今

从跑道下方看向森林

从主入口看向森林

从户外平台看向架空跑道

"8+1"建筑联展

从跑道看向森林

从户外平台透过室外楼梯看向森林

东立面街景

从室外楼梯看向跑道

从户外走廊看向室外楼梯

户外平台

从户外走廊看向跑道

## 拥有一片"小森林"的校园——深圳福田区人民小学

人民小学位于深圳市中心福田区核心地带，周围楼宇密布，场地上现有一片茂密的"小森林"。走进林子，抬头向上看，相触的树冠像是连绵的伞盖。二十多年前，这里是一片低矮的工业厂房，由于城市建设的需求，工厂迁移，土地被用来堆置土方。如今，土丘上人工种植的榕树已长至一二十米高，成为城市中心一片宝贵的小型森林。

直向建筑作为人民小学项目竞赛阶段第一名入选，提出了最大化保留场地原有森林、地形的策略，尝试以垂直立体校园的方式来探讨高密度城市空间背景下的新校园建筑类型的建构与空间创新。

在我们看来，这片位于城市脉络中的森林映射着深圳几十年城市化进程的历史记忆。从某种意义上来讲，一定程度上保护住这片森林，将有益于实现城市空间发展的连续性。同时，我们相信，拥有这片"小森林"的校园将成为一种具备特殊品质的教育场所类型。阳光、风和四季等自然元素能够在这里被更生动地感知，这些都将成为学生们童年学习生活具体而美好的记忆。

在设计开始阶段，我们面临的挑战是如何在南北高差近5米、面积有限且榕树密布的场地内完成一所36班小学的设计任务。由于希望在场地中央最大化保留这片"小森林"，所以传统小学设计中的梳形平面格局在这里并不适用。经过一系列对比推敲，我们选择了占地面积最小的垂直集中型建筑体量，采取三面围合的总平布局方式。为了减小新建筑介入对原始场地条件的干扰，教室被沿边设置，围绕"小森林"

在东、南、北三个方向展开。垂直运动场地系统将传统校园中的大尺度的体育空间分散设置在屋顶和半地下。运动跑道被架起，仅有结构部件落地。跑道与"小森林"相互嵌套，学生将漫步或奔跑于树冠形成的伞盖之下。

我们希望这个建筑能够充分适应深圳当地气候条件，呈现出一种南方特有的气质。因此，我们在集约型建筑的体量里设置了一个尺度相当的半户外公共平台，它提供了完善的避雨、防晒、通风等功能，成为承载校园公共生活的重要场所。半户外平台在校园的不同位置与跑道相连，跑道上的师生能够透过平台上的开口看向城市景象，城市街道上的人们又能望向校园内的小森林。水平向设置的公共平台、跑道、连廊与垂直向分布的体育、交通空间系统并置、连接，构成一个完整的立体校园活动空间系统。

在建筑立面上，我们设置了一层外挂预制混凝土遮阳板。作为广泛应用的节能手段，外遮阳能够有效抵御深圳当地强烈的直射光对教室的热辐射，避免过高太阳高度角的直射光进入室内，在保证教室及公共活动空间景观视野的同时创造出柔和的自然光环境。

我们相信，空间也是教育的一种方式。这所拥有一片森林的校园，会与即将在这里度过6年小学生活的孩子们，以及深圳这座城市在未来发生一种更为积极的联系。

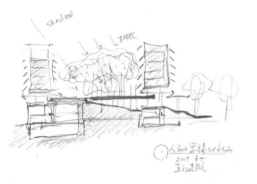

草图1

草图2

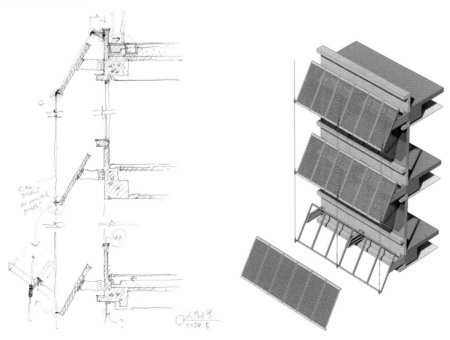

墙身草图

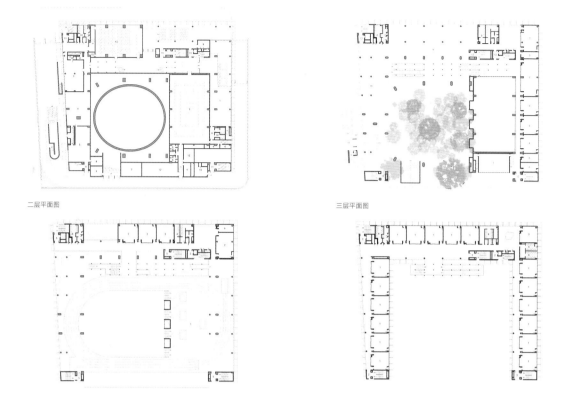

二层平面图

三层平面图

四层平面图

五层平面图

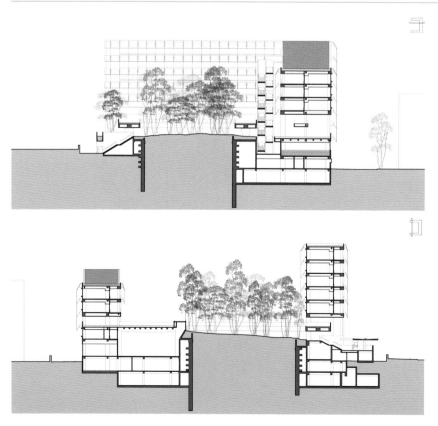

"8+1"建筑联展

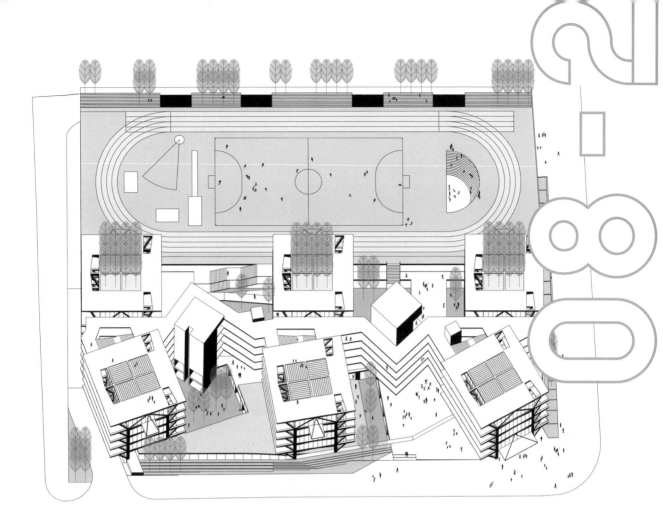

# 人民 小学

## 朱涛建筑 工作室

入围 方案

**项目名称：**人民小学
**建筑设计：**朱涛建筑工作室
**主持建筑师：**朱涛
**设计团队：**梁庆祥、夏乐伟、蔡湘棣、苏立国
**用地面积：**9498.5 平方米
**建筑面积：**20 164 平方米

**设计时间：**2018 年 3 月

学校源于树

## 地景再造

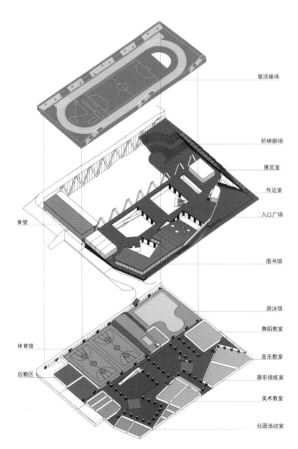

屋顶操场

阶梯剧场

展览室

传达室

食堂

入口广场

图书馆

游泳馆

舞蹈教室

体育馆

音乐教室

后勤区

器乐排练室

美术教室

社团活动室

新校舍基座囊括各种公共设计，取代山丘后，成为新地景

人民小学基地为一凸起山丘，其上密布约两百棵十年树龄的垂叶榕。我们提议将这片树林移植到附近闲置的公共绿地中，为社区贡献一片树林，也便于在基地上建设高密度校园。

学校建筑的基座取代山丘，囊括各种与社区互动、共享的公共设施，成为新地景。基座下部配以庭园与回廊，塑造庭园漫步的空间体验。

基座上托起数座各显独特身份、秩序和场地特征的塔楼——教室塔、办公塔、电梯塔、卫生间塔等——"十塔成林"。师生在塔楼间行走，如穿越山林。

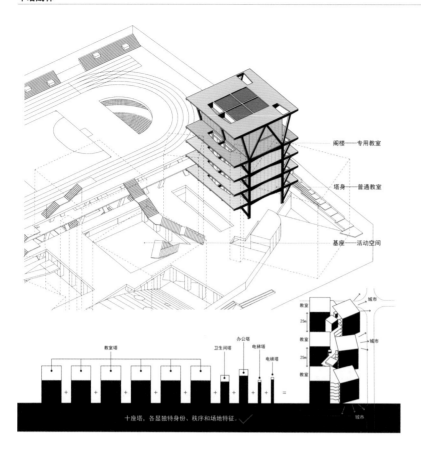

阁楼——专用教室

塔身——普通教室

基座——活动空间

教室塔

卫生间塔
办公塔
电梯塔
电梯塔

十座塔，各显独特身份、秩序和场地特征

城市
教室
教室
教室
城市
城市

城市

**支持教改**

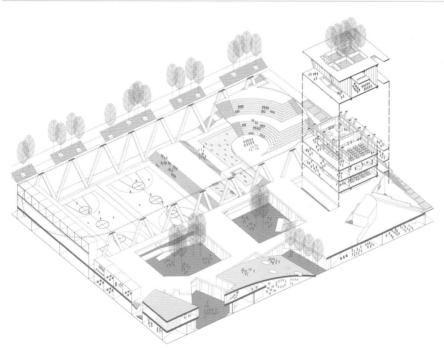

■ 基座是"社会"（society）——走课教室、场景学习空间，体育、集会、社交场所……
■ 塔身是"家"（house）——标准教室，德育和归属感的培育基地
■ 塔顶是"阁楼"（attic）——特殊教室、梦想天堂

**遮阳、通风的建筑结构，辅以植物隔层，以一座崭新的"绿色校园"，回应曾经的"绿色山丘"：十年育树，百年育人**

## 平面图

地下一层平面图

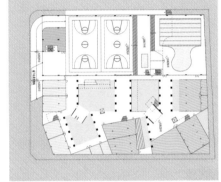

首层平面图

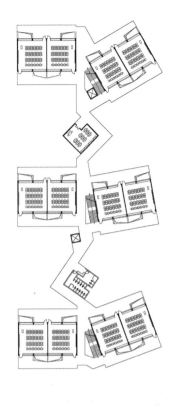

二至四层平面图

## 剖面图

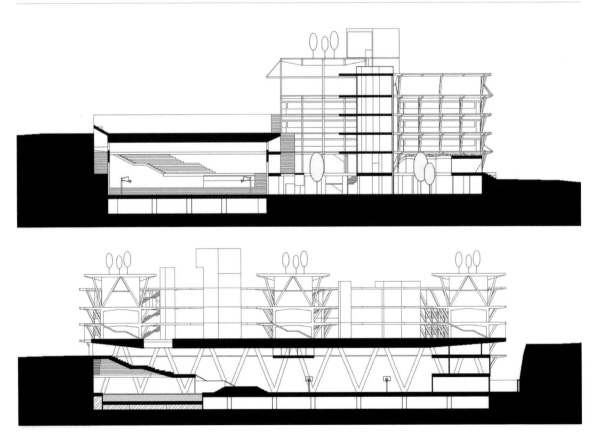

120　　　　"8+1"建筑联展

# 人民小学

## 苏州九城都市建筑设计有限公司

**入围方案**

**项目名称：**人民小学
**建筑设计：**苏州九城都市建筑设计有限公司
**主持建筑师：**张应鹏、王凡
**结构：**框架结构

**材料：**超高性能混凝土（UHPC）
**基地面积：**9498 平方米
**设计时间：**2018 年 3 月

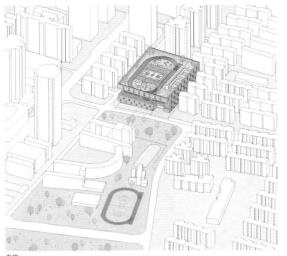
鸟瞰

深圳市福田区人民小学项目总用地 9498 平方米，规模为 36 班，地上建筑面积 22 000 平方米。在高密度的城市空间下，如何建设品质良好的学校建筑，是这个项目的首要命题。在此基础上，我们试图建设一座包含教学互动、游戏交往、运动休闲、展示陈列综合的"文化体育活动中心"。校园底部核心活动区是一个平缓的大台阶，平时为学生提供了休闲与活动的场所，当学校举办大型公共活动时，即变成开放式报告厅，在有限的面积中继续发挥最大的空间使用效率。餐厅布置在学校北主入口东侧，不仅满足学生就餐需要，也在非就餐时间作为学校的多功能教室，当家长接送孩子的时候，餐厅又成为了家长等候、休息、互相交流的场所，在有限的面积中发挥最大的空间使用效率。普通教室东侧是一条宽 2.4 米的走廊，便于普通教室课间临时的就近活动。屋顶运动公园和北侧的耀华实验学校在共同形成高密度城市中心的开放空间的同时解决东侧直射阳光的遮阳问题。外立面金属格栅可种植绿色藤蔓植物，让绿植与学生亲密接触，使高密度的校区呈现绿意盎然的表情。

效果图：北侧主入口门厅往南的通高天光走廊

## 生成分析图

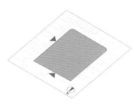

**01 场地位置与边界**
场地北侧及东侧为城市道路，结合北侧及东侧的城市道路开设校园的主次入口

**02 基本体育运动场地**
200 米标准跑道占据了 42% 的场地，即使将篮球场与排球场布置在跑道中间，剩余用地也相当局促

**03 教学用房**
无法满足教学空间与运动场地之间 25 米的隔声间距

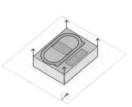

**04 抬高运动场地**
200 米标准跑道、篮球场、排球场和足球场设计在屋顶

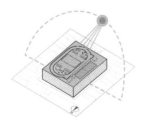

**05 采光**
主要教学用房沿建筑周边布置，保证最大限度的采光需要。中间部分通过顶部圆形和长方形天窗，将光线层层引入内部与底层

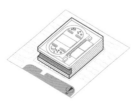

**06 呼应场地**
打开北侧立面，形成开放的活动平台，呼应北侧的城市绿化公园

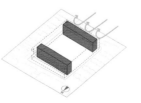

**07 教学用房南北向布置**
标准教室南北向排布无法满足现有 36 班的普通教室加 3 个预留教室的基本空间长度，且深圳市的主导风向为南风，南北排布不利于建筑通风

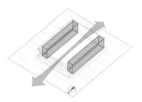

**08 教学用房东西向布置**
东西向布置满足 36 班的普通教室加 3 个预留教室的基本空间长度，且让南北空间通透，更利于通风

效果图：北侧入口门厅看五层通高的退台空间，顶部光线倾泻而下

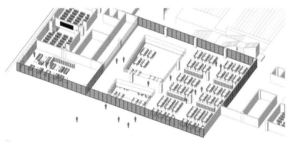

餐厅布置在学校北主入口东侧，不仅满足学生就餐需要，也是非就餐时间学校的多功能教室，当家长接送孩子的时候，餐厅又成为家长等候、休息、互相交流的场所，在有限的面积中发挥最大的空间使用效率

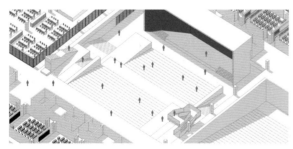

校园底部核心活动区是一个平缓的大台阶，平时为学生提供休闲与活动的场所，当学校展开大型公共活动时即变成开放式报告厅，在有限的面积中继续发挥最大的空间使用效率

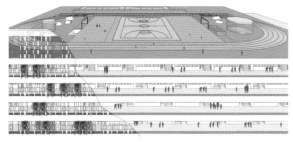

普通教室东侧是一条宽 2.4 米的走廊，便于普通教室课间临时的就近活动；也同时解决东侧直射阳光的遮阳问题，同时外立面金属格栅可种植绿色藤蔓植物，让学生与绿植亲密接触

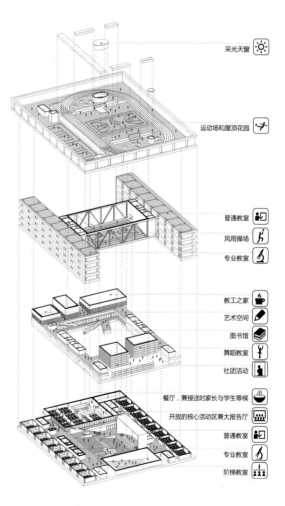

采光天窗

运动场和屋顶花园

普通教室
风雨操场
专业教室

教工之家
艺术空间
图书馆
舞蹈教室
社团活动

餐厅，兼接送时家长与学生等候
开放的核心活动区兼大报告厅
普通教室
专业教室
阶梯教室

效果图：从北侧主入口处向东南看核心区开放式报告厅

**剖透视图**

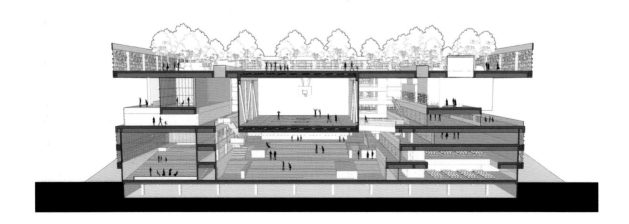

　　　"8+1"建筑联展

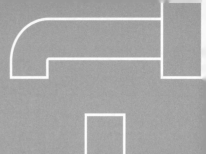

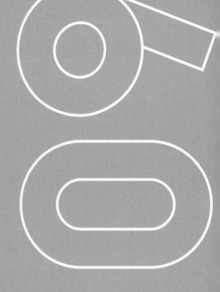

# 红岭中学
# 高中部

## O-office Architects | 源计划
## 建筑师事务所

**项目名称：**红岭中学高中部改扩建工程
**建筑设计：**O-office Architects | 源计划建筑师事务所
**主持建筑师：**何健翔、蒋滢
**设计团队：**董京宇、吴一飞、黄城强、何文康、张婉怡、
王玥、吴嗣铭
**代建方：**深圳市万科发展有限公司
**施工图合作方：**申都设计集团有限公司深圳分公司

**材料：**石笼墙、金属网、混凝土、玻璃、钢板
**结构：**钢筋混凝土框架结构，纵横钢桁架大跨空间结构
**建筑面积：**28 000 平方米
**设计时间：**2018 年 3 月
**施工时间：**2020 年 7 月—2021 年 8 月

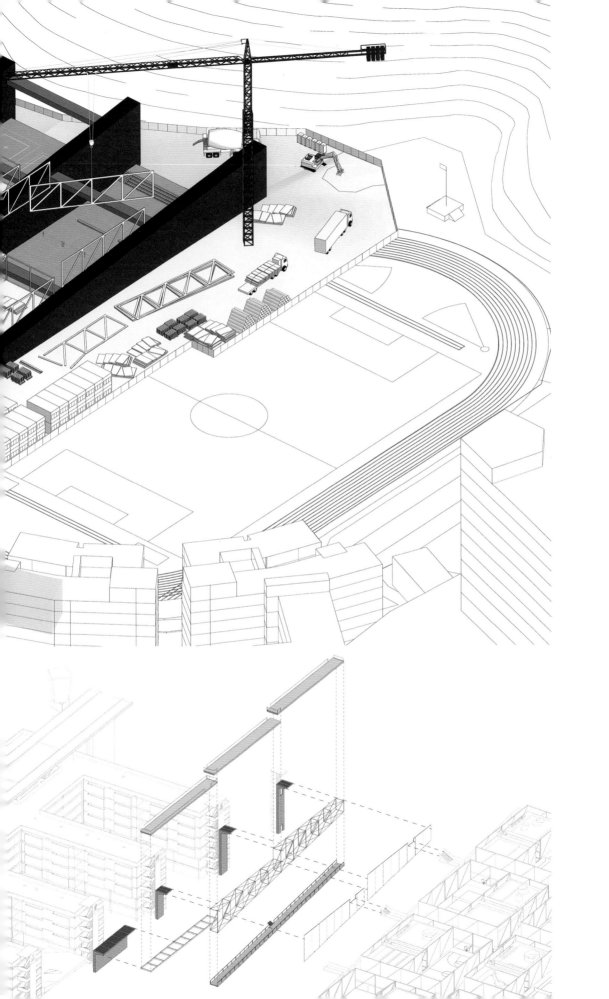

急速城市化使城市变成一个高度类同、自我复制的标准编码系统，学校也不例外。在快速增长的人口和教育需求的压力下，校园建设同样仰赖快速建造复制生产的模式，学校建筑被简化为"满足规范"的标准设计范式以及常规的建造生产。建筑，尤其是校园营造所应具备的人本精神和社会文化职能缺失。

我们将红岭中学高中部改扩建项目视为该校校园环境再造重生的重要机会。设计试图让校园与所处自然环境重新建立关联，通过植入全新的自然秩序、共生的空间逻辑，创造新校园空间和场所意义。因此，我们的设计目标是在利用校区现状可以利用的校园中心场地，构建一个提供更广泛文体育活动空间的综合场所的同时，重塑校园内部的联系、沟通和共享，促进人与自然交织共生，探索校园发展的都市化模式。

新的建设将对以往城市（化）扩张模式进行一定批判，设计的重点也将从单纯量的扩张转移至建造和基地环境中的本体问题，并从中引申出建筑和校园的精神品格、空间的多适性和灵活性等综合文化层面的思考。

**舞蹈模块轴测图**

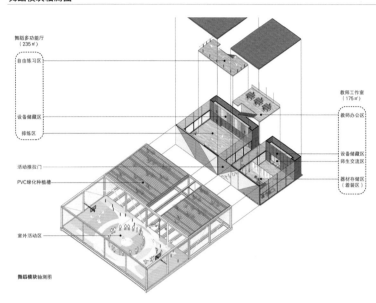

舞蹈模块轴测图

**轴测图**

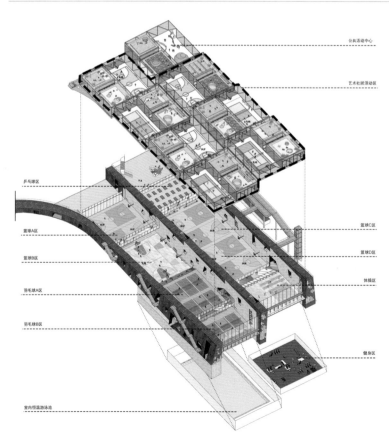

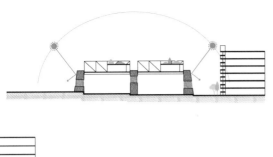

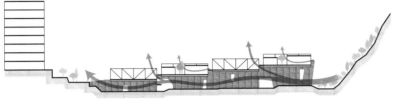

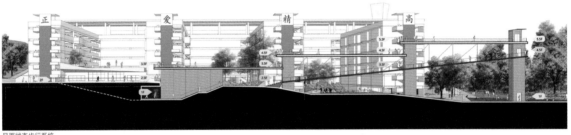

风雨状态步行系统

**剖面图**

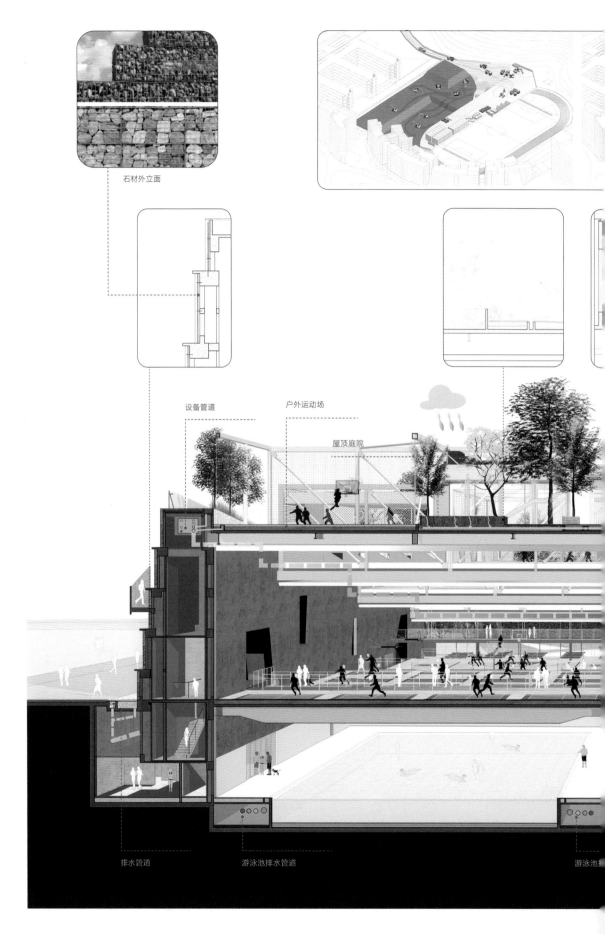

石材外立面

设备管道　户外运动场

屋顶庭院

排水管道　游泳池排水管道　游泳池

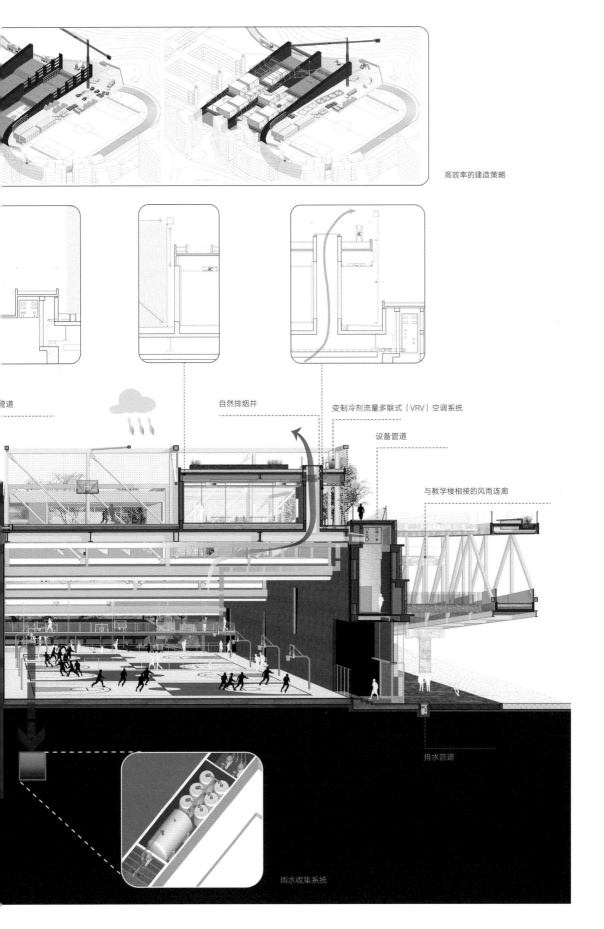

高效率的建造策略

管道

自然排烟井

变制冷剂流量多联式（VRV）空调系统

设备管道

与教学楼相接的风雨连廊

排水管道

雨水收集系统

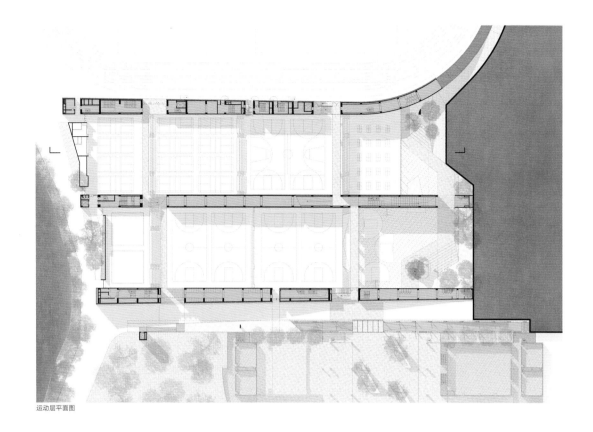

运动层平面图

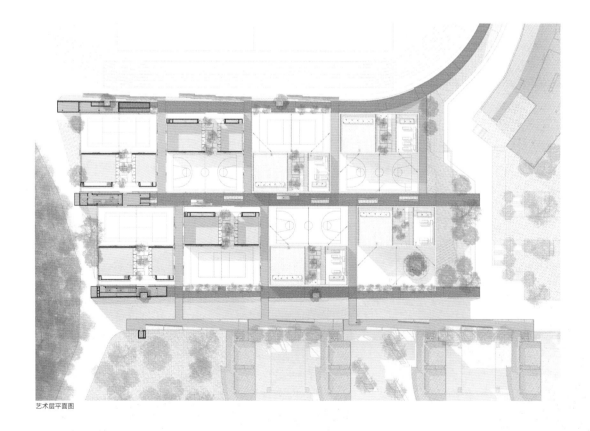

艺术层平面图

"8+1"建筑联展

# 红岭中学
# 高中部

入围
方案

## 空格建筑

**项目名称**：红岭中学高中部改扩建工程
**建筑设计**：空格建筑
**主持建筑师**：高亦陶、顾云端
**设计团队**：张一、利佳陵、周怡、郑鑫、明鸣、赵以恒、
李仲钰、倪伟践、张婧
**材料**：涂料、金属网

**结构**：空腹桁架
**基地面积**：9076.25 平方米
**建筑面积**：19 156 平方米
**设计时间**：2018 年 3 月

**背景**

深圳在城市快速发展中，出现了教育资源供需严重不平的情况。新的生育政策与教育理念也影响着家长和社会各界对教育的愿景。面对稀缺的土地资源和激增的教育需求，红岭中学高中部用地面积 89 971 平方米，总建筑面积约为 11 万平方米，有高中 54 个班（2700 个学位）。校方希望通过对原有风雨操场的改造及体育馆建筑的拆除，满足教改对走班制的使用要求，最大化地为师生提供公共活动空间，完善和补充原有建筑教学功能。基地位于校园中央地带（西侧宿舍生活区与东侧教学楼区域之间），紧邻体育场。新的体育建筑需要重新组织校园内部的交通动线，更有效地连接各个区域。

**从封闭性场馆到开放性场所**

设计的核心概念是希望体育空间不再以封闭的形式存在，试图将体育空间设想成一个开放的、与周边环境更为融合的场所。

紧邻基地西侧的是一个 400 米跑道操场。我们设计了一个高 22 米、长 135 米的超尺度大台阶面向操场。大台阶局部变大形成室外篮球场、排球场等户外场地。平台下方是室内羽毛球场、游泳馆及篮球馆等功能。尺度的变化使得这个大台阶不再是一个普通的观看比赛的看台，而是一个生活平台，一个能承载各项校园文化活动并促进学生交流的多功能空间，一个公共的、开放的运动场所。

**互动性**

大台阶层层跌落的建筑形式将各类体育场地、文化社团空间、休憩空间关联起来，体量相互渗透，产生基于视觉联系的心理感受，鼓励各个层级的交流：社团活动空间的学生可以直接看到羽毛球场，生活平台休息聊天的同学既可以看到前方篮球场的战况，也可看到平台下方羽毛球场的比赛，在跑道上运动的同学一边跑步一边可看到篮球场上的比赛；等等。

**灵活性**

大台阶所创造出的各个层级的平台，除了具备室外篮球场、排球场等体育功能外，还可以成为学生课间休憩、阅读、学习、举办活动、交流的文化生活平台。根据校园内各项活动、事件的需求，大台阶的功能可作出调整，比如在校园开放日作为每个班级的摊位，又或者在非体育活动时间给社团使用，举办电影放映、乐器练习、舞蹈彩排等等文化活动。大台阶不仅是一个体育场所，也是一个文化综合交流场所。

**环境关联**

整个建筑除了其内部空间相互关联之外，建筑与周边环境亦形成多层次联系。建筑位于校园里宿舍区与教学区的中间位置，大台阶下方形成两条东西向风雨走廊，增强学生来往两个片区的交通联系。两条走廊分别为 15 米和 8 米宽并设置了攀岩墙、跑道及展示墙，除了满足交通需求，也是运动、交流、展示空间。顶层面向教学楼方向设置数条连廊，方便学生直接到达大台阶上方。

建筑的东南角是校园里的一片花园，植被丰富。为了增加体育空间与该片花园的联系，我们在面向花园的一侧设置了休憩台阶及下沉庭院，一方面打开了原体育馆沿街面的封闭性，也增强了花园的观赏性，并将绿化空间带入体育空间里。

**结构与光影**

由于体育场地对大跨度空间的需求，结构形式采用大跨度空腹桁架。桁架的结构形式使得各级平台之间产生 700 毫米高的空隙，将光线有效引入台阶下部体育空间。一方面有利于自然采光与通风，另一方面结构与光线的相互关系折射出空间诗意性。

此次方案在公共性、开放性和灵活性方面的尝试，延续了我们在莱佛士幼儿园、1/2 体育场及过山车三个教育类项目上的思考与实验。虽然方案最后被评选为备选方案，略有遗憾，但建筑师高亦陶、顾云端希望借此项目持续研究校园建筑的空间议题。

**活动场景**

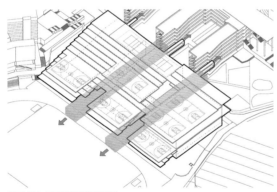

增加生活区、体育空间与教学楼的联系

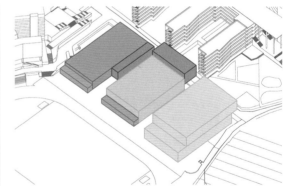

体育场馆体量堆叠；3 个室内练习、2 个室内比赛的篮球场，12 个羽毛球场，20 个乒乓球场

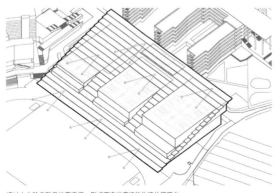

通过大台阶串联各体育空间，形成面向体育场的生活休闲平台

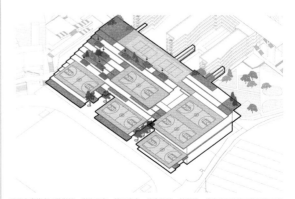

风雨走廊将高三教学楼、学生公寓、教工宿舍、体育场馆、教学楼、信息楼及改造后的报告厅联系起来

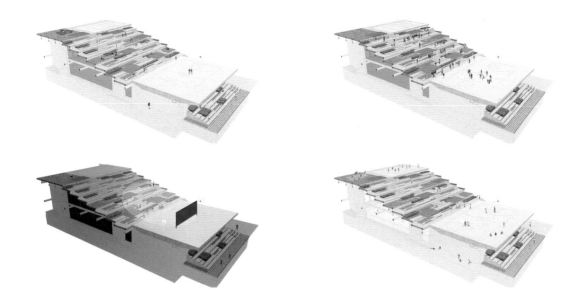

效果图

游泳池

羽毛球场

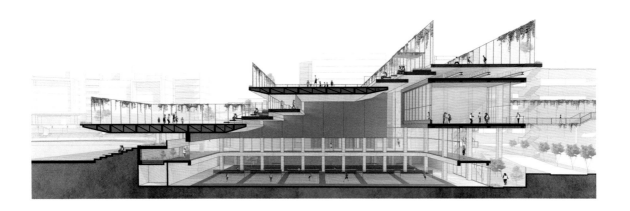

**平面图**

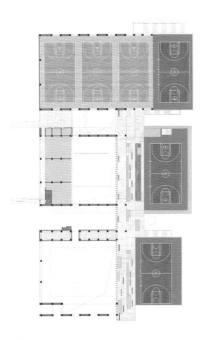

二层平面图

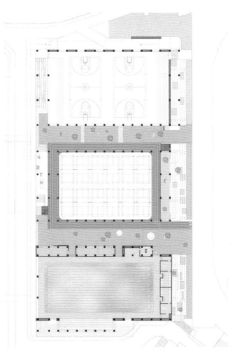

首层平面图

# 红岭中学
# 高中部

## 德空建筑

入围
方案

**项目名称：**红岭中学高中部改扩建工程
**建筑设计：**德空建筑
**主持建筑师：**刘一玮
**设计团队：**何骏麒、郑曼泽、刘志文
**结构顾问：**罗见闻

**建筑面积：**28 624 平方米（地上 19 304 平方米，地下 9320 平方米）
**设计时间：**2018 年 3 月

## 问题的提出

深圳红岭中学高中部位于一个山坳里，与城市隔绝。需要增加的功能面积很多，而项目用地却很小。建筑之间比较疏离，流线不连贯。

## 策略的提出

将校园连接成一个健康的社区，让空间成为师生互动的场所。

方案尝试将整个校园连接为一个社区。首先，拆除原有的风雨操场，然后，设定建筑高度不高于 24 米，避免校园中部过大过高的体量的出现。接下来，构建三层开放的平面，根据使用需要布置空间单元。创造丰富多样、非匀质的互动空间，形成相互连接的共享社区。从总平面可以看出宿舍区、本建筑和教学区连为一体。总的计容建筑面积为 19 034 平方米，地下车库和设备用房面积为 9320 平方米，可以停车 193 辆。

## 新的空间类型的产生

新的空间类型通过连续的场地、多层次的连接以及三维庭院空间来共同实现。

## 创新的结构

为了使各个空间层高更好地满足使用要求，需要严格控制结构本身的高度，通过把小空间集结成为水平结构夹层，形成了底层架空篮球场和顶部大型室内球场空间。夹在上下两个大空间中间的结构夹层受力是合理的，同时节约了建筑材料。所以这个项目的设计策略是结构优先于造型，剖面优先于平面。

## 空间与表皮

新建的社群空间是明亮的，空间单元之间的视线是交织的。比如，体操社团的学生可以看到音乐社团学生的活动，音乐社团的学生也可以看到篮球训练馆内学生在运动。然而，大面积玻璃会带来过多的阳光辐射，方案通过外廊和遮阳构件减少阳光的摄入。另外，在深圳这样的亚热带滨海气候条件下，引入穿堂风是很好的绿色设计策略。顶部的篮球馆东西外墙采用折叠门，高窗也是可以开启的，还安装了吊扇，以促使空气流动。

## 社区的建立

为了建设一个连接视线、鼓励互动的社区，安全性、灵活性和自组织性是设计考虑的三个重要方面。

安全性：

通透的落地玻璃消除了视线的死角，避免了校园暴力的发生，如果出现意外状况，也容易被发现。师生们之间的互相守望和关照，是健康社区的基础。

灵活性：

内部空间的灵活性以及空间使用的灵活性。在同一个空间内，活动也是多样的，比如篮球场馆内，有健身房、休闲区，外面还有室外羽毛球场。

自组织：

本建筑每一层都有大量的走廊、阳台、庭院等非正式空间，所占面积超过了正式的室内场馆和社群空间面积。设计方案希望为正在成长和发育的同学们创造放松的、属于个体的空间。通过同学们之间的互动，自发形成社群。

简言之，本方案打造了一个连接、互动、开放、多样的社区。

## 方案生成

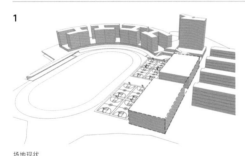

1

场地现状
风雨操场阻隔了教学区与生活区的联系

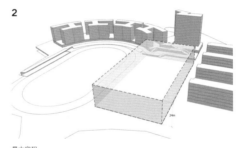

2

最大容积
新场馆高度控制在 24 米以内，避免高层建筑，也避免过大的建筑体量

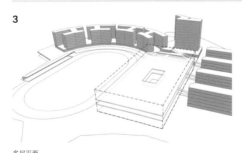

3

多层平面
构建多层活动场地，同时创造出场地的连续性

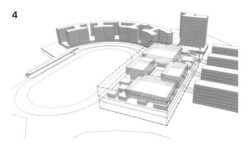

4

互动空间
在平面上布置丰富多样、非匀质的互动空间，打造出相互连接的共享社区

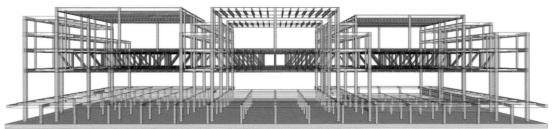

小空间集结而成的水平结构体，为底层架空和顶层大空间提供条件

## 平面图

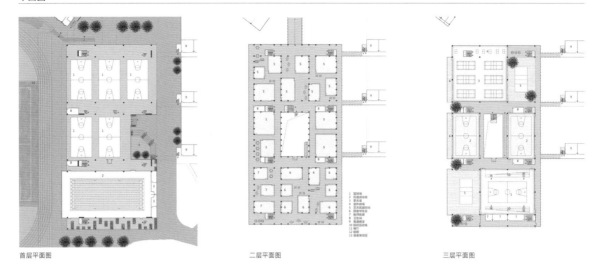

首层平面图                二层平面图                三层平面图

## 场地剖透视图

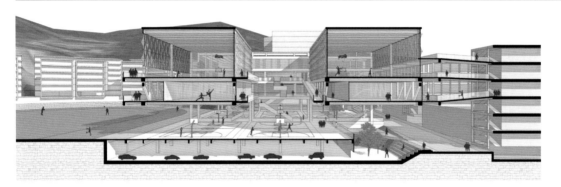

## 爆炸轴测图

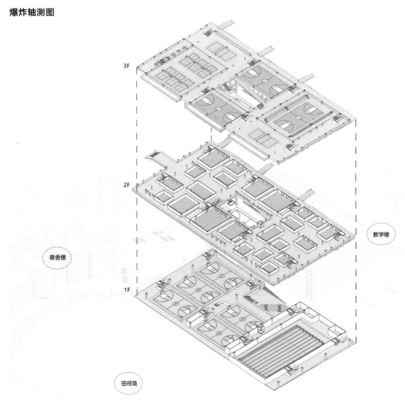

3F

2F

教学楼

宿舍楼

1F

田径场

"8+1"建筑联展

# 红岭中学石厦校区

## 土木石建筑设计事务所

**项目名称：**红岭中学石厦校区改扩建工程

**建筑设计：**土木石建筑设计事务所

**主持建筑师：**杨期力、邓文华、白岩

**总体设计团队：**王栋、樊李烨、王健、李放、周涛涛、李鹏飞、王祖梁、马丽娜、曾秋华、骆力、李雨倩、王思佳、袁亚楠、王琦、李政初、张景怡、王悦欣、李小旋、雷博云、翟飞

**代建方：**深圳市万科发展有限公司（深圳市万科城市建设管理有限公司）

喻强、郑枫、仝晓嵩、裴宝伦、王世莹、温莹钰、邓伟栋、韦兆红、谭了、薛瑞、闫涛、田泽鹏、张建华

**合作设计院：**北京中外建筑设计有限公司深圳分公司（项目经理：钟晓晖；建筑：李海峰、刘文杰、陈荣华、何国道、厉月芳；结构：韩东方、张辉、黎昌发、郑少群、刘洪明；给排水：王生桂、叶辑佳、邱子航；暖通：董长进、范思敏、贺美玲；电气：曾志明、周立明、段智勇）

**室内设计：**土木石建筑设计事务所 + 深圳市九度空间室内设计有限公司（孙巍、孙录斐、刘燕纯、梁叔雅、曾瑞林、黄丹、刘涛）

**景观设计：**土木石建筑设计事务所 + 深圳园策顾问设计有限公司（钟锋、李观珍、张迪、陈司锦、杨子禹、廖文星）

**幕墙设计：**深圳市朋格幕墙设计咨询有限公司（曾德淼、刘大志、郑小孟）

**标识设计：**深圳市本质环境标识有限公司（王宏瑜、钟晟、李光海、陈贤专、古龙娟、丁伟荣、李庆华）

**业主单位：**深圳市福田区教育局，深圳市福田区红岭中学（红岭教育集团）

**基地面积：**22 041 平方米

**总建筑面积：**42 177 平方米（新旧校区）

**原有建筑面积：**15 693 平方米（拆除前）

**拆除建筑面积：**1516 平方米

**新增建筑面积：**28 000 平方米

**建筑结构：**混凝土框架结构（教学楼及餐厅）、钢结构（体育馆）

**设计时间：**2018—2020 年

**施工时间：**2019 年 12 月开工，2022 年年底交付

通往田径操场的路径

东南角透视图

与城市自然过渡的绿植

报告厅市民入口

倾斜立面为城市街道留出空间

红岭中学石厦校区校园设计是在原有用地范围之内，保留西侧主体教学楼，对东侧的体育馆和运动场地进行拆除，并在拆除区域建设新的教学与运动空间。新建空间是对现有建筑教学功能的完善和补充，以满足未来共 36 个全日制班师生的学习和生活要求。本次设计的初衷，旨在探讨一种城市高密度环境下的创新校园空间的可能性。土木石将设计思考聚焦于四个方面：

一：加密重构——建筑密度的增加有可能促成空间的高效性和趣味性。

二：内部漫游——在延续原有校园的空间脉络的前提下，为校园注入新的活力。

三：边界柔化——新的校园能够回馈城市，成为能与社区共享的空间场所。

四：场所重塑——创造一个具有人文精神的记忆空间。

通过以上四点的深入探讨和研究，我们希望最终将校园塑造成一个可以供学生和老师自由活动、自由交流的创新学习生活场所。

校园新旧关系图

东广场效果图

## 广场般的复合入口空间场所
由建筑围合的入口空间是多条校园路径的交汇点。同时，半敞开的空中连廊，不同功能入口的叠加，以及被保留下来的大榕树，甚至是利用高差所做出来的台阶，都为这处场地带来了广场般的氛围。

## 自然中的自由学习场所：下沉庭院
下沉庭院既解决了负一层活动空间的通风采光问题，也将教学区与风雨操场进行了自然的连接。而由树木与台阶组合而成的阶梯状空间，也赋予了庭院交流学习的功能。

## 自然中的自由学习场所：空中教室
在保留原有树木的前提下，与交通连廊相结合的空中教室是一种在自然中自由学习的新空间。多个空中教室在不同高度上互相连接，形成一条通往屋顶花园的路径，这不仅增强了屋顶花园的可达性，也让学习空间蔓延到校园的每个角落。

## 与城市共享的运动休憩场所
校园东侧的田径操场和其下部的风雨操场如同高密度环境中的一个立体大庭院，它足够大，能包容城市中多样的运动休憩活动。这个大庭院通过一些空间路径的设计，让学生和周边居民在不同时间段达成空间的共享。

**空间氛围拆分图**

区域一
广场 互动 通达性
广场般的复合入口空间

区域二
自然 透明 学习性
自然中的自由学习空间（开敞空间）

区域三
统一 多元 专业性
自然中的自由学习空间（室内空间）

区域四
运动 共享 多样性
与城市共享的运动休闲场所

区域五
色彩 流动 趣味性
多重色彩的半地下共享空间

空中楼梯联系新旧建筑

保留下来的棕榈树

底层架空，为庭院带来更多的自然通风和休闲空间

自由教室

通往屋顶花园

下沉庭院新种的绿植

从下沉庭院通往风雨操场的路径

自由空中教室效果图

## 立面图

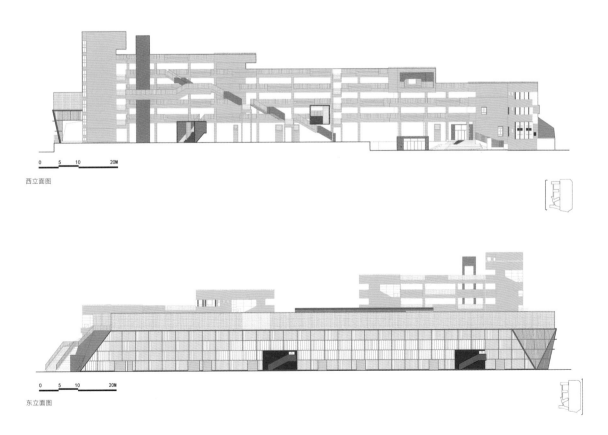

0  5  10  20M

西立面图

0  5  10  20M

东立面图

篮球馆

图书馆

报告厅南厅

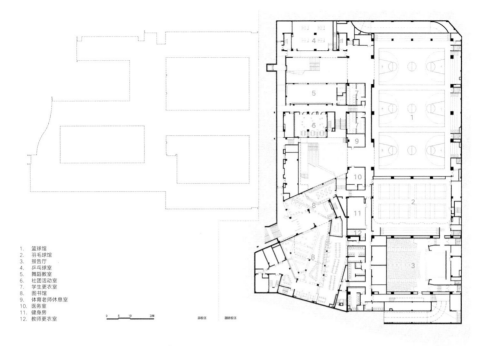

1. 篮球馆
2. 羽毛球馆
3. 报告厅
4. 乒乓球室
5. 舞蹈教室
6. 社团活动室
7. 学生更衣室
8. 图书馆
9. 体育老师休息室
10. 医务室
11. 健身房
12. 教师更衣室

半地下室平面图

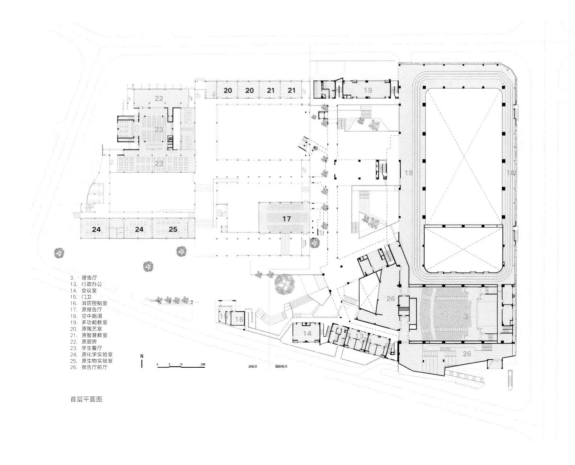

3. 报告厅
13. 行政办公
14. 会议室
15. 门卫
16. 消防控制室
17. 原报告厅
18. 空中跑道
19. 多功能教室
20. 原陶艺室
21. 原智慧教室
22. 原厨房
23. 学生餐厅
24. 原化学实验室
25. 原生物实验室
26. 报告厅前厅

N

首层平面图

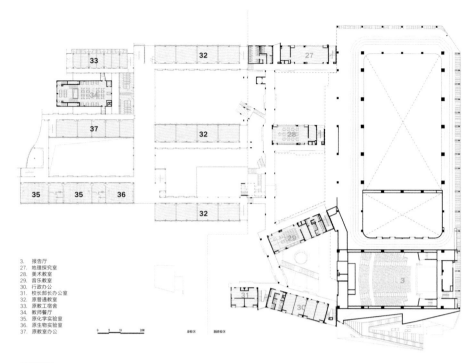

3. 报告厅
27. 地理探究室
28. 美术教室
29. 音乐教室
30. 行政办公
31. 校长部长办公室
32. 原普通教室
33. 原教工宿舍
34. 教师餐厅
35. 原化学实验室
36. 原生物实验室
37. 原教室办公

二层平面图

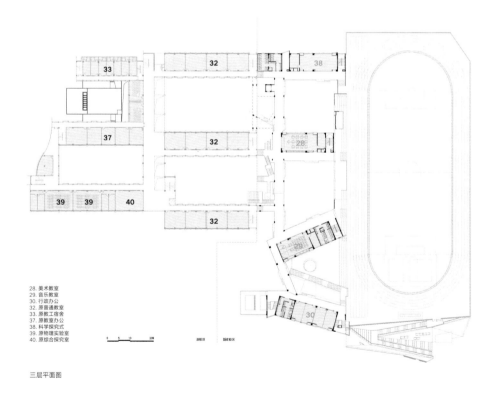

28. 美术教室
29. 音乐教室
30. 行政办公
32. 原普通教室
33. 原教工宿舍
37. 原教室办公
38. 科学探究式
39. 原物理实验室
40. 原综合探究室

三层平面图

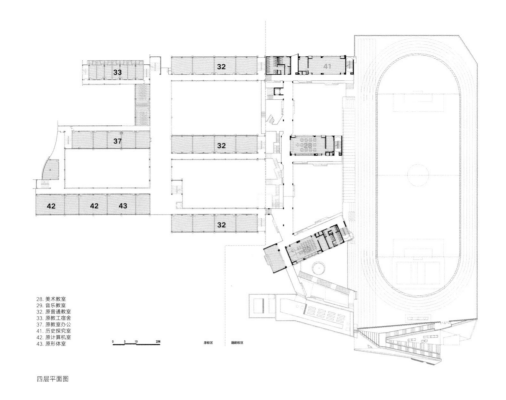

28. 美术教室
29. 音乐教室
32. 原普通教室
33. 原教工宿舍
37. 原教室办公
41. 历史探究室
42. 原计算机室
43. 原形体室

四层平面图

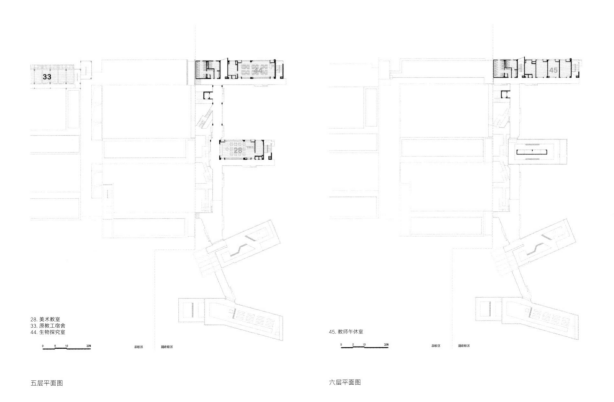

28. 美术教室
33. 原教工宿舍
44. 生物探究室

五层平面图

45. 教师午休室

六层平面图

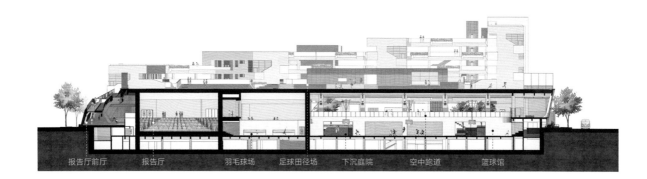

报告厅前厅　　报告厅　　羽毛球场　　足球田径场　　下沉庭院　　空中跑道　　篮球馆

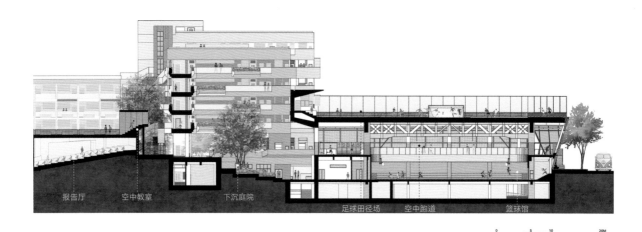

报告厅　　空中教室　　下沉庭院　　足球田径场　　空中跑道　　篮球馆

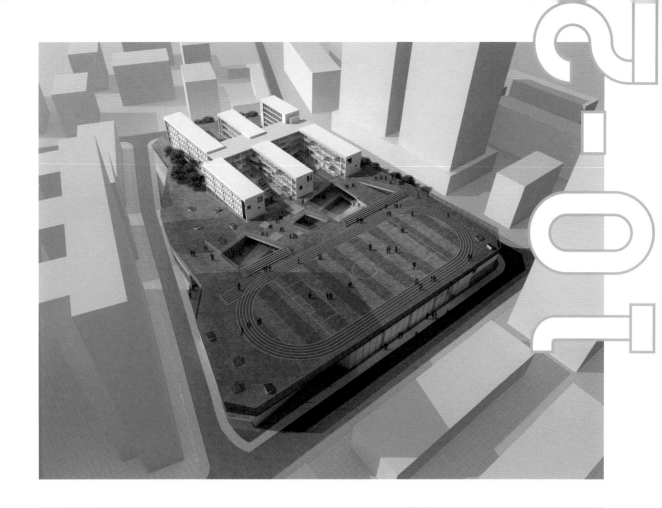

# 红岭中学
# 石厦校区

## Crossboundaries

入围
方案

**项目名称：**红岭中学石厦校区改扩建工程
**建筑设计：**Crossboundaries
**主持建筑师：**董灏、Binke Lenhardt
**设计团队：**崔雨柔、于兆雄、Silvia Campi、王旭东
**用地面积：**22 041 平方米
**原建筑面积：**14 674 平方米

**扩建后总建筑面积：**28 700 平方米
**设计时间：**2018 年 3 月

Crossboundaries的设计方案充分利用校址东侧的空地，建立起一片地毯式新建筑，环绕原教学楼，使原建筑与新建筑形成紧密的缝合关系。

一条贯穿南北的中央大道成为校园新的主入口及核心交通主轴，连接着原功能与新功能，同时也作为一条活跃的社交轴线，鼓励着师生间的互动与交流。连廊、架空层、内庭院天井等多种空间形式的运用，营造丰富的室内外空间关系。

在功能的安排上，设计让原有空间与新空间发挥各自优势：原教学楼建筑空间有着规则的轴网，小尺度方正的空间，以及充足的日照和间距，适合用作普通教室。而新建部分的空间尺度宽敞灵活，有着丰富活跃的空间连接，非常适合用作艺术、体育及大型共享空间如图书馆、创客空间等。

新建建筑的立面贴近用地红线，不同于传统的校园围墙，直接形成对外展示的校园形象视窗，展示多元的教育风采。让校园与社区零距离接触，促进互动与共享。

在高密度的城市环境下，改造后的新校园扮演着城市绿肺的角色。在满足教学需求的同时舒缓高密度建筑给周边社区带来的压力。

## 功能分析图

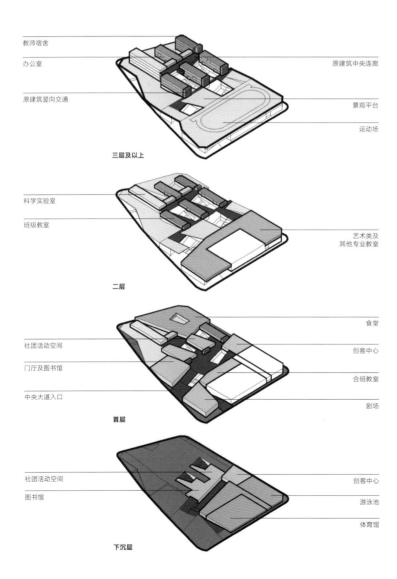

"8+1"建筑联展

地下一层平面图

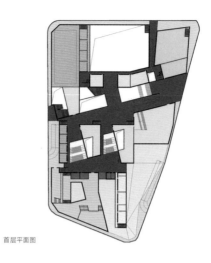

首层平面图

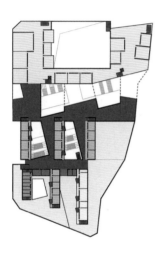

二层平面图

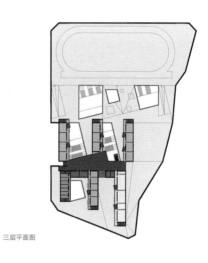

三层平面图

剖面图

"8+1"建筑联展

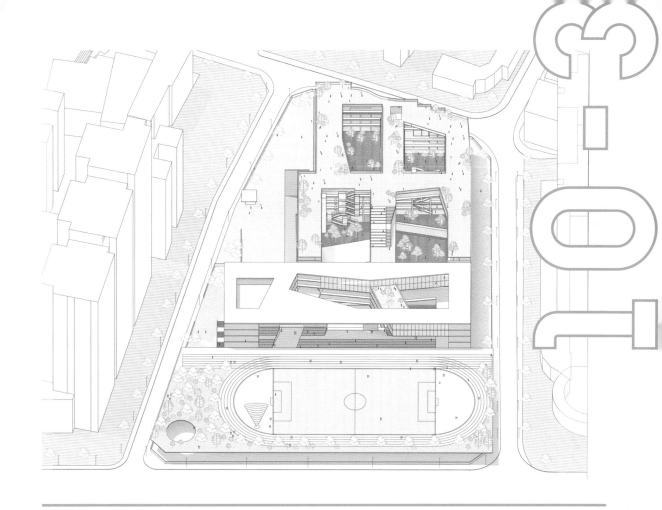

# 红岭中学
# 石厦校区

## 南沙原创
## 建筑设计工作室

**项目名称：** 红岭中学石厦校区改扩建工程
**建筑设计：** 南沙原创建筑设计工作室
**主持建筑师：** 刘珩
**设计团队：** 刘珩、黄杰斌、安浩奇、张继源、卢青松、洪荻

**建筑面积：** 校园总用地面积 22 041 平方米，其中改造部分面积 14 500 平方米，增加面积 10 187 平方米
**设计时间：** 2018 年 3 月

入围
方案

红岭中学石厦校区位于深圳市福田区，校园总用地面积 22 041 平方米，其中改造部分面积 14 500 平方米，增加面积 10 187 平方米。通过深入调研及座谈，我们了解到风雨操场被鉴定为危楼，需拆除重建；原有的校园建筑功能业已无法满足师生学习与生活的需求；同时学校未来的功能空间需求增加，办学规模将从 18 个班扩大到 36 个班，需要对整个校园环境进行梳理。

根据场地现状特点，结合学校需求，我们将空间、尺度和活动结合，在满足增量面积和学校规范的前提下，希望营造一所具有前瞻性、趣味性、南方性、社区性和城市性的，新旧无缝衔接的高密度示范中学。

除了对现状空间的改造，设计充分利用加建空间，让屋顶层至地下层形成完整流线。丰富的架空区域形成开敞通透的空间界面，结合屋顶平台、体育馆、操场等功能区，突出建筑整体通透性，形成"四维垂直校园、复合体验路径、多义公共空间和通透叠落院落"。

在整体建筑立面的改造上，我们尝试提升校园的活力氛围，营造轻快的校园环境，对原本走廊的单一色彩以及外部空间主机等问题进行改善，以简洁、时尚的标准合理搭配内部色彩，同时使用遮阳板隐藏空调外机带来的繁琐视觉。最终方案整合原有校园空间，植入完整的空间序列，在满足常规教学需求的同时，创造多样化的学习交流空间，激发学生们的无限活力。

**爆炸轴测图**

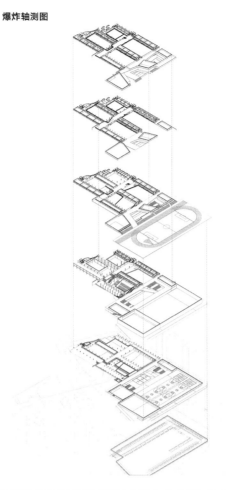

**效果图**

中庭

报告厅

体育馆

**剖面图**

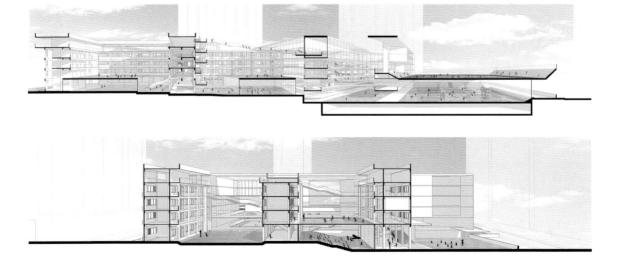

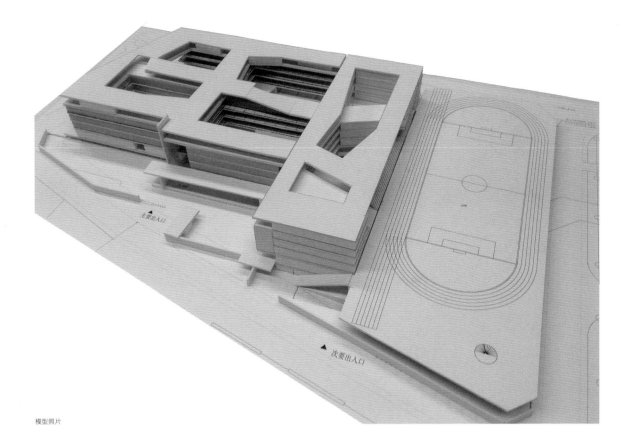

模型照片

**剖面图**

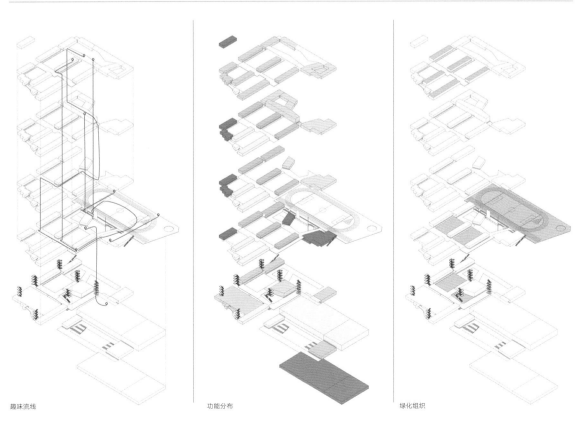

趣味流线           功能分布           绿化组织

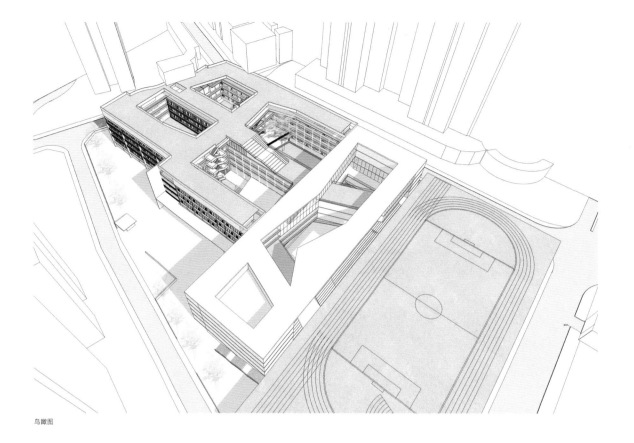

鸟瞰图

## 平面图

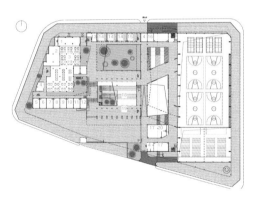

首层平面图

1 厨房
2 配餐区
3 饭堂
4 卫生间
5 消防控制室
6 设备用房
7 广播室
8 心理咨询
9 隔离室
10 消毒室
11 医务室
12 值班室
13 配电间
14 美术教室
15 书法教室
16 手工教室
17 舞蹈教室
18 可开放式演讲厅
19 展览空间
20 更衣室

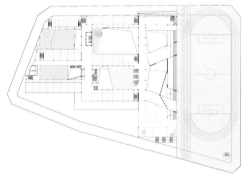

二层平面图

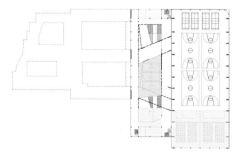

地下一层平面图

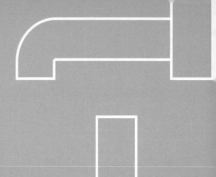

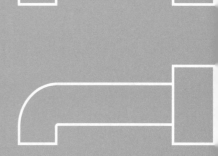

# 红岭中学园岭校区

## 汤桦建筑设计

**项目名称：**红岭中学园岭校区改扩建工程
**建筑设计：**深圳汤桦建筑设计事务所有限公司
**主持建筑师：**汤桦
**设计团队：**汤桦、邓林伟、郑昕、赵宇力、郑立鹏、戴琼、刘滢、闫沛祺、刘华伟、何凯雄
**代建方：**深圳市万科发展有限公司
**材料：**石材、木材、钢筋混凝土、混凝土、玻璃
**结构：**钢筋混凝土

**基地面积：**30 020 平方米
**建筑面积：**67 705 平方米
**设计时间：**2018 年 3 月

轴测图

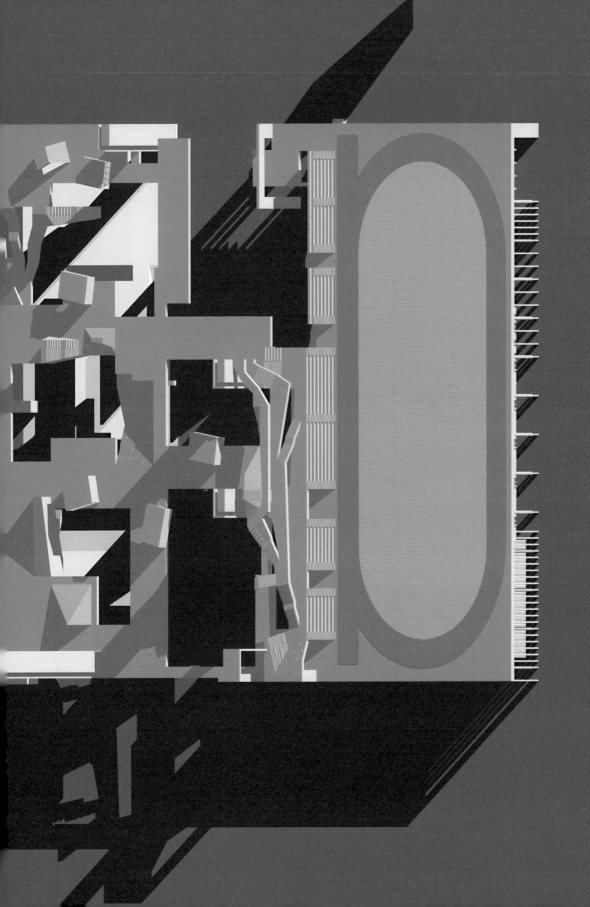

入口处下沉庭院

入口处大台阶

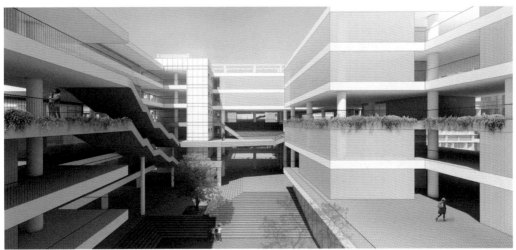

教学楼庭院

抬升的地面

架空活动层

风雨连廊

**即兴的聚集**

在快速城市化的进程中,教育的需求激增而土地资源稀缺。红岭中学(园岭校区)的任务书要求在 30 020 平方米的用地空间中,将原有的 19 000 平方米的建筑面积扩建至 50 000 平方米,以容纳 60 个班,3000 个学位(现有 30 个班)。

在我们的记忆里,宽阔的操场是学校的主体,而建筑只占据很小的一部分。因此,我们希望能够最大程度地保留供学生自由活动的场地,还原这样的体验。在场地限制下,地面没有足够的空间,抬升一块地面便成为可行方案,如果把抬起来的地面全部建成,将达到 19 000 平方米,相当于在

四层的空间里还原了 2/3 的原地面;同时,这块抬升地面还将新旧建筑连成一个统一的整体。

这里走廊宽阔通透,装有可俯瞰花园的壁龛,在学生有额外需求的时候可以改成教室。在这里,男孩们遇见女孩们,学生们可以讨论教授的作品。如果把上课时间分配到这些空间中而不是仅仅将它们作为从这个班级到那个班级的走道,那么它们就不仅仅是走道,还变成了集会的场所——可以自学的场所。从这个意义上讲,它们将变成"属于学生的教室"(路易斯·康)。

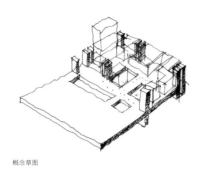

概念草图

1. 新建风雨操场下沉 4.65 米,与原地下室平接;原地下室转换为学生活动中心

2. 操场抬升 10.25 米(3.5 层);西南侧后退形成入口公共空间

3. 运动场向教学区延伸,打通整个第四层;成为漂浮的地面

4. 二期、三期扩建部分有机分布;围合成庭院空间

生成分析

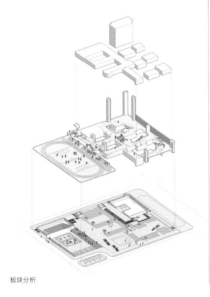

板块分析

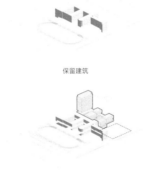

保留建筑

一期工程

二期工程

三期工程

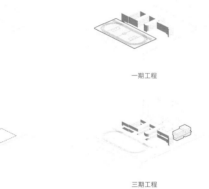

工程分期

正门效果图

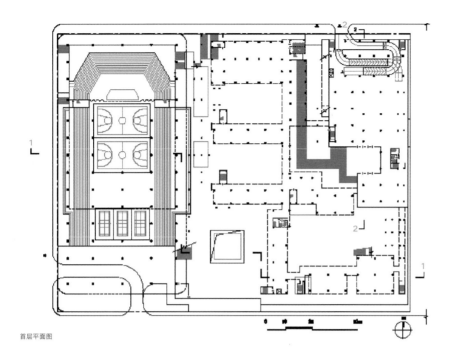

首层平面图

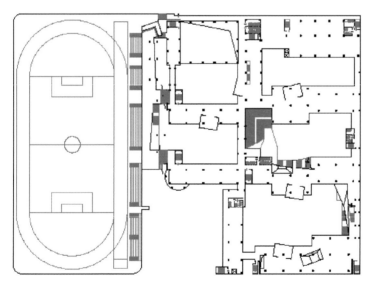

四层平面图

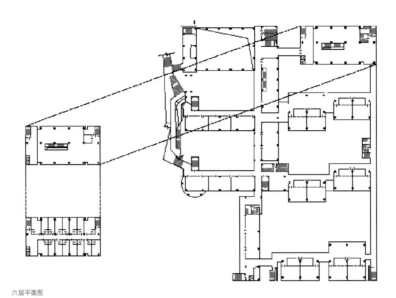

六层平面图

**剖面图**

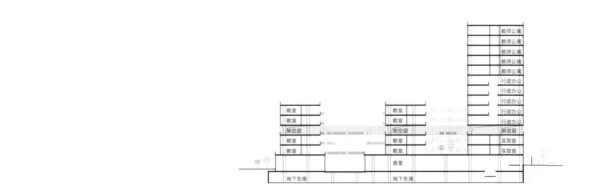

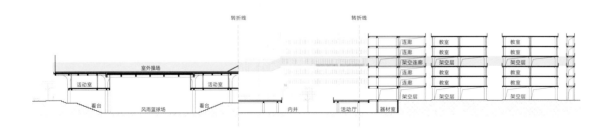

"8+1"建筑联展

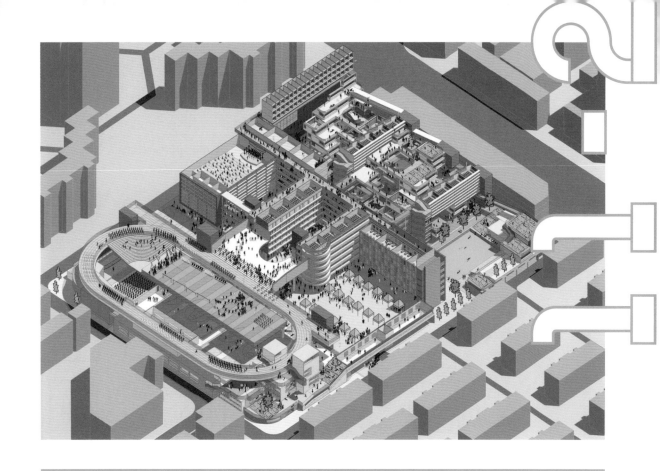

# 红岭中学
# 园岭校区

## 众建筑

**项目名称：** 红岭中学园岭校区改扩建工程
**建筑设计：** 众建筑
**主持建筑师：** 何哲、沈海恩（James Shen）、臧峰
**项目建筑师：** 孔鸣
**项目团队：** 冯紫晴、沙靖海、李正华、王鹏飞、迟梦迪、许嘉玲

**结构顾问：** 于风波
**通风采光计算：** 深圳市建筑科学研究院股份有限公司（IBR）
**建筑面积：** 45 500 平方米
**设计时间：** 2018 年 3 月

众建筑 2018 年受邀参加"福田新校园行动计划"中红岭中学园岭校区的设计竞赛，直面深圳学位紧缺所带来的社会难题：高密度学校建筑类型的空间建构与设计。

一方面，巨大的学位紧缺压力已成为深圳市面临的社会问题。另一方面，教育观念与体系不断创新，交叉学科、项目式学习、走班导师制、STEAM 教育等不仅都需要新的空间形式，更需要创新的空间来主动激发这些教育活动的发生。

我们的想法是用"混合功能""开放空间""集群形式"三个设计策略来构建一座微型城市。

孩子们在如城市般的环境中学习，通过参加各种活动，参与丰富多样的社交与互动，迸发创造力。

混合能够带来很多潜在的交流可能，为同学们的非正式学习提供更多的契机，激发教与学新的可能性。开放空间有助于了解他人在做什么，引发兴趣，产生交流，激发新想法，再去主动学习新知识。

我们希望通过一个强调交流、能够细化设计之间联系的形式，来对抗过于追求整体效果的建筑形式。

"微型城市"是众建筑构建自主驱动学习空间的尝试，我们希望通过整理这类空间的设计原则，总结出创新教育空间的设计方法，并使其在更多学校被采用。

**集群空间**

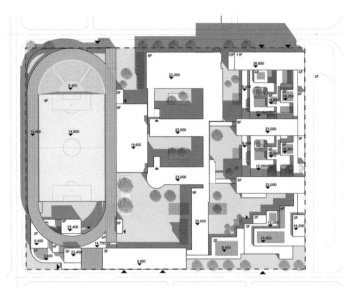

集群形式：建筑的设计强调集群空间的集群形式，每个集群的建筑都有统一的标识，同时提供多元化空间类型

多元化的集体形式

平台上的集群建筑

**开放空间**

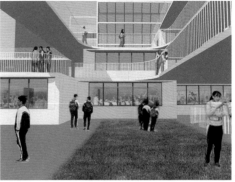

退台上的教育空间

**校园空间及出入口使用示意**

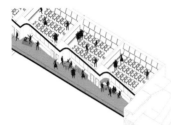

走廊上灵活的交流空间

专业教室连接课外活动空间，可进行丰富的实践教学

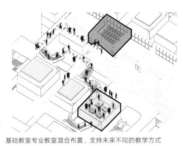

基础教室专业教室混合布置，支持未来不同的教学方式

教室与图书馆混合布置，可轻易从教室到达，鼓励学生自习行为和项目式学习

社区开放出入口1

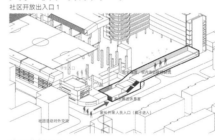

社区开放出入口2

**开放空间**

退台形成不同的组团

功能的叠加和并置

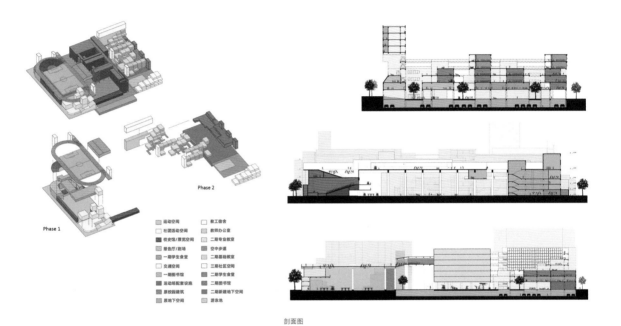

Phase 2

Phase 1

| | 运动空间 | | 教工宿舍 |
| | 社团活动空间 | | 教师办公室 |
| | 校史馆/展览空间 | | 二期专业教室 |
| | 报告厅/剧场 | | 空中步道 |
| | 一期学生食堂 | | 二期基础教室 |
| | 交通空间 | | 三期社区空间 |
| | 一期图书馆 | | 二期学生食堂 |
| | 运动场配套设施 | | 二期图书馆 |
| | 原校园建筑 | | 二期新建地下空间 |
| | 原地下空间 | | 游泳池 |

剖面图

混合产生社区共享

# 红岭中学
# 园岭校区

坊城设计

入围
方案

**项目名称：**红岭中学园岭校区改扩建工程
**建筑设计：**坊城设计
**主持建筑师：**陈泽涛、苏晋乐夫
**项目建筑师：**卢志伟
**设计团队：**闵睿、黄清平、黎韬、洪庆辉、黄立锦、廖晓裕、马如帅、余陈华、梁志毅、徐广为、房琪
**业主：**红岭教育集团

**建筑面积：**50 000 平方米
**容积率：**1.66
**设计时间：**2018 年 3 月

## 七丘之园

如何体现红岭中学的教学特色，为学生创造丰富多彩的校园空间？

红岭中学是深圳市建市以后新办的第一所中学，1981年建设，是与深圳经济特区共同成长的学校，也是整个红岭教育集团的发源地。我们翻阅历史资料，试图去寻找根植于红岭这块土地的属性，查询到在城市开荒建设之初，这块土地确实在一个小山岭之上，场地过去北高南低，在快速城市化的过程中将其简单粗暴地夷为平地之后，重新建起了高楼，这也恰恰是我们教育中普遍存在的问题——为了追求教育的效率而忽略孩子的天性与个性，自上而下、强压式的灌输教育，对学生们的创造力是极大的伤害，而创造力和解决问题的能力也正是未来社会最需要的一种能力，尊重与个性培养是未来教育的关键词。

我们提出七丘之园，试图通过场景再造结合场地现有标高的微妙关系重新处理，创造更加丰富多彩的校园活动空间，释放孩子的天性，打造丘陵建筑景观，赋予红岭独特的校园文化特色。

通过合理的分期开发建设，明确校园六大功能中心组团，围合七个丘陵主题花园院落——折丘、台丘、环丘、板丘、弧丘、缓丘、圆丘，不同形式的丘陵地貌结合不同的社群活动。让高差变换丰富的丘陵景观表达出对自然的尊重，对场地的尊重，对学生户外活动的尊重，成为红岭中学这所学校最独特的基因。

红岭中学改扩建项目通过尊重场地、挖掘红岭校园基因，使学校成为满足学生的好奇心和探索欲，进行沉浸式的学习，庇护学生身心健康发展的场所。

### 生成推演

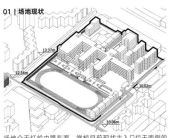

**01 | 场地现状**

场地介于红岭中路东面，学校目前现状主入口位于南侧的园岭九街。学区划分导致目前大量的学生下课后拥挤地往西侧疏散，校外空间非常拥挤；北侧与道路存在约3米的高差，现状以围墙分隔

**02 | 现状分布及未来规划**

目前学生分布于南向两条教学楼之间，共30班1500人的办学规模，学校目前有较多空间空置，为我们后面学校发展腾挪提供了空间。未来计划改扩建为66班3300人的初中校园。如何在校园改扩建的过程中不影响目前的教学运行秩序尤为重要

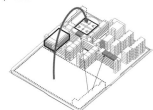

**03 | 一期拆除**

首期建设需要拆除东北角危楼以腾出足够的运动场地，同时拆除西侧的体育馆和音体美楼，将音乐、美术教室置于保留的部分空置教室内

**04 | 新建文体中心、生活中心**

新建文体中心包含四个篮球场，标准泳道游泳馆以及宿舍、食堂，并在二楼设置艺术教室

**05 | 双入口、双首层**

在新文体中心屋顶架设300米跑道，并在教学楼邻侧形成一条贯穿南北的风雨连廊，利用高差形成南北两个主要入口及双首层空间

**06 | 二期拆改**

二期工程拆除现有宿舍、图书馆、食堂以及实验楼，利用原有教学楼空置教室安置实验室；改建原室内体育馆作为学校创新中心，短期内兼作校园图书馆

**07 | 新建教学楼**

在新空出的场地内新建基础教学组团，新旧教学楼高效连接；同时形成四个组团、一个中心的基础教学格局

**08 | 三期拆除**

拆除教职工宿舍

**09 | 新文化中心**

建设校园文化中心，包含1200座报告厅、校史展览馆以及学校图书馆

**10 | 六大功能分区**

形成功能分区清晰明确的六大中心（文体中心、生活中心、基础教学中心、行政中心、创新中心、文化中心）

**10 | 七丘场景营造**

形成七处富有高差变化的景观，提供丰富的校园活动场地和标识性

**12 | 开放校园管理分区**

在学校设置两级管理线：一级管理线外的空间日常向社会开放；二级管理线外的文体中心、创新中心等在周末及寒暑假向公众开放使用

## 丰富的社团活动空间

红岭中学目前有 56 个社团，其中有多个社团活动在市级、区级比赛中获奖，在调研中老师也普遍反映社团空间不足，设施陈旧，七丘景观以及新增建的文体中心、创新中心、文化中心为丰富红岭中学的社团活动空间提供了充足的支持，学生可以根据自己的爱好兴趣发展方向，各类社团活动组织可在固定的场所空间发展社团活动，营造灿烂的校园文化

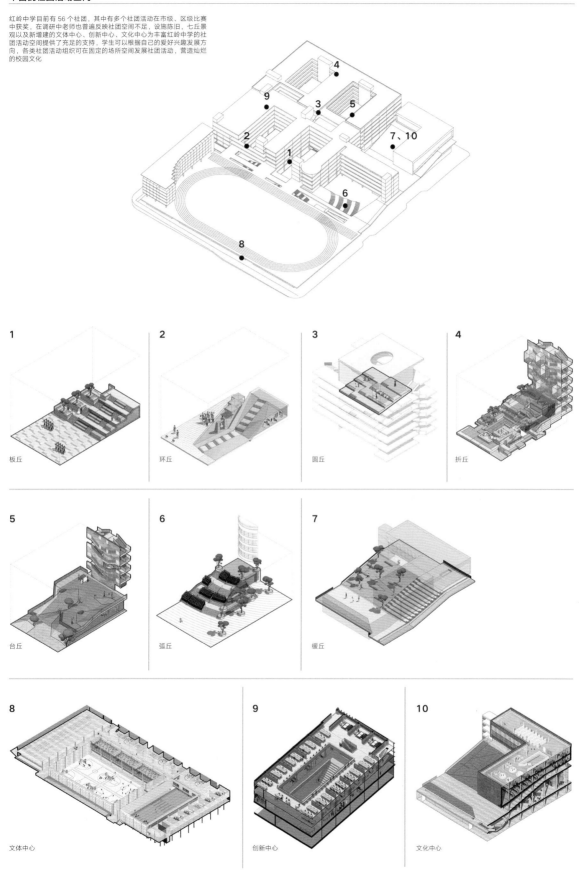

1 板丘

2 环丘

3 圆丘

4 折丘

5 台丘

6 弧丘

7 缓丘

8 文体中心

9 创新中心

10 文化中心

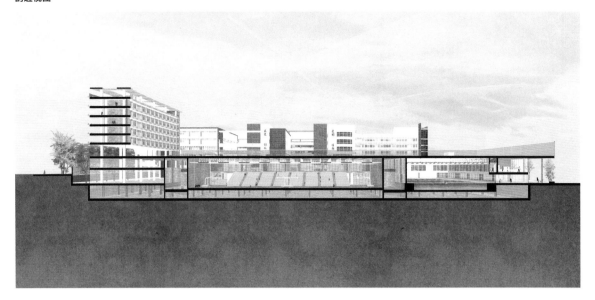

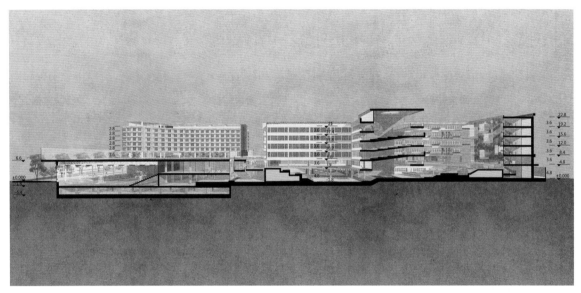

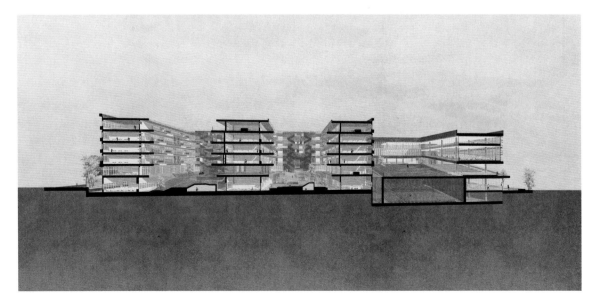

入选
方案

# 福田中学

## reMIXstudio | 临界工作室

**项目名称：**福田中学
**建筑设计：**reMIXstudio | 临界工作室
**主持建筑师：**陈忱、Federico Ruberto、Nicola Saladino
**设计团队：**吕守拓、张佳佳、王翊人、许诺凡、聂鹏、Marco Navarro、陈牧之、陈思、段锦童、刘杨洋、徐冰凌、陈宇轩、谭露
**施工图合作方：**华阳国际设计集团
**代建方：**深圳市万科发展有限公司
**状态：**施工图
**功能：**教育

**业主：**深圳市福田区教育局
**竞赛总策划：**深圳市规划和国土资源委员会福田管理局
**建筑面积：**120 774 平方米
**设计时间：**2018 年
**施工时间：**2020 年年底至 2023 年 8 月

中心公园视角效果图（第一轮方案）

体育场视角效果图（第一轮方案）

福田中学

## 多重互联

福田中学是深圳经济特区内规模最大的高级中学之一，新的校园设计将实现学位规模从 2600 人至 3000 人的扩充，校内建筑面积也将由 33 656 平方米增至 100 000 平方米。学校处于一个非常复杂而高密度的城市环境，考虑到周边东高西低的天际线，我们维持了田径场靠西布置的格局，将主要建筑体量沿基地东侧布置。操场逆时针扭转 15°，在场地西南侧形成放大的入口广场和宜人开放的共享城市界面。抬至一层高的操场及与教学楼裙房延伸相接的看台整合了校园中重要的室内外运动文化设施和开放空间。轻薄的建筑体型呈南北向线性布置，优化教室通风采光的同时在场地内外创造东西向视觉通廊，最大化地开放面向中心公园和福田 CBD 天际线的视野。建筑体型进一步分裂、抬升，连续的空中活动圈"THE LOOP"串联起一系列尺度高低各不相同的架空层，提供了视野极佳的第二地面，它连接校园中最为公共的功能，不仅提供一种全新的交通方式，高层宿舍楼也被中央架空层划分成上下两个多层部分，形成一个适合垂直校园体系的交通系统。

### 功能布局

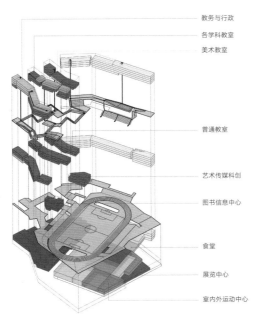

教务与行政
各学科教室
美术教室

普通教室

艺术传媒科创
图书信息中心

食堂

展览中心

室内外运动中心

### 多层地面

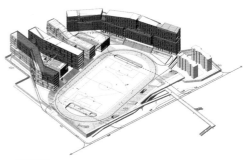

竖向交通

消防扑救面

消防安全场地

### 体型生成

**1**
**原操场位置**
教学区较为低矮，放置地段北侧，不遮挡医院日照。宿舍区建筑层数更多，向南放置

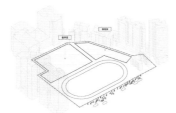

**4**
**教学楼呈南北向布置**
优化教室采光的同时创造东西向视觉通廊，不阻挡东侧邻楼与中心公园及 CBD 的视线连接

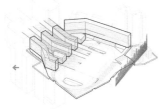

**2**
**操场旋转**
操场在规范允许范围内扭转 15°，形成放大的入口广场和公共共享界面

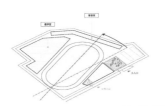

**5**
**教学楼坡屋面**
创造合适的天际线的同时，创造出视野极好的上人屋面

**3**
**操场架高，四周看台升起**
操场架空 4 米，其下放置室内运动功能，运动场成为校园景观的核心

**6**
**空中 400 米活动 LOOP**
架空层及外廊形成连续的空中活动圈提供视野极佳的第二地面

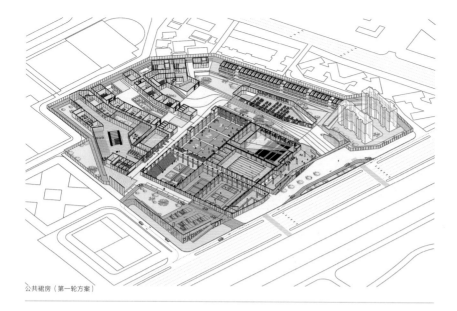

公共裙房（第一轮方案）

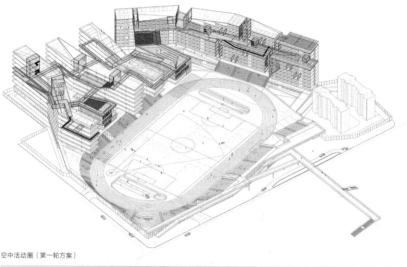

空中活动圈（第一轮方案）

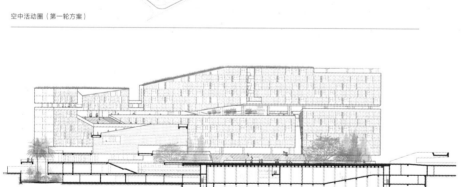

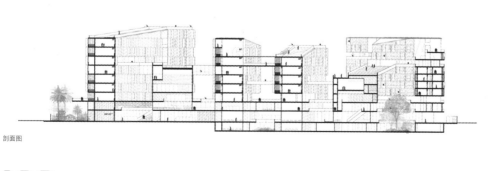

剖面图

效果图（深化方案）　　　　　"8+1"建筑联展

校园东侧屋面视角

操场望向教学楼视角

主入口校门视角

184　　　　"8+1"建筑联展

宿舍墙身节点大样

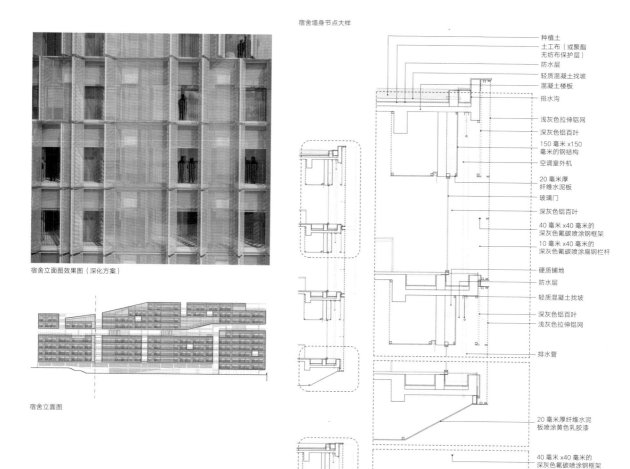

宿舍立面图效果图（深化方案）

宿舍立面图

种植土
土工布（或聚酯无纺布保护层）
防水层
轻质混凝土找坡
混凝土楼板
排水沟
浅灰色拉伸铝网
深灰色铝百叶
150 毫米 x150 毫米的钢结构
空调室外机
20 毫米厚纤维水泥板
玻璃门
深灰色铝百叶
40 毫米 x40 毫米的深灰色氟碳喷涂钢框架
10 毫米 x40 毫米的深灰色氟碳喷涂扁钢栏杆
硬质铺地
防水层
轻质混凝土找坡
深灰色铝百叶
浅灰色拉伸铝网
排水管
20 毫米厚纤维水泥板喷涂黄色乳胶漆
40 毫米 x40 毫米的深灰色氟碳喷涂钢框架
10 毫米 x40 毫米的深灰色氟碳喷涂扁钢栏杆
硬质架空铺地
浅灰色铝板压顶

**效果图（深化方案）**

平面图

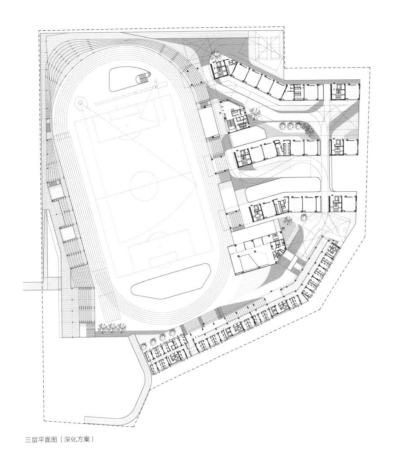

三层平面图（深化方案）

六层平面图（深化方案）

七层平面图（深化方案）

鸟瞰图（深化方案）

"8+1"建筑联展

# 福田中学

入围
方案

## 非常建筑

项目名称：福田中学
建筑设计：非常建筑
**主持建筑师：**张永和、鲁力佳
**设计团队：**王玥、张博文
**结构形式：**清水混凝土、金属波纹板、金属拉伸网
**业主：**深圳市福田区教育局
建筑面积：126 770 平方米
其中
**教学及附属用房：**43 190 平方米
**办公用房：**4150 平方米

**生活服务用房：**34 660 平方米
**架空及连廊：**26 900 平方米
**地下车库：**17 870 平方米
**设计时间：**2018 年 3 月

### 挑战

福田中学设计的核心问题在于如何解决现行的学校建筑规范和项目具体情况的矛盾。

现行的学校建筑规范是基于低容量、低密度的教育建设用地，以及无明显地域特征的气候条件和常规的校园管理制度来制定的。然而，福田中学用地狭长，设计任务书所要求的建筑容量大；深圳气候夏热冬暖、雨水充沛；我们也更希望提倡一种更加强调共享、交流、体验的校园管理模式。

### 设计策略

因此，我们提出了以下四点设计策略，以解决以上矛盾：

一、总体上，增加生活楼高度，为整个项目争取更丰富、高质量的空间；提供不同标高的半室外活动平台，方便垂直绿化；临城市主路的空间对社会开放，公共设施分时段共享；校园内的连桥延伸至公园，与城市公共空间融合；充分利用地下空间，提高土地容量。

二、教学楼部分，普通教室设置在五层以下，功能教室在垂直方向布置在其上部，层间以坡道连接。

三、空间形态上，通过建筑体块的旋转争取有利朝向，利用交叠出现的半室外空间进行种植，软性绿化遮挡立面，减少过多的太阳直射，在庭院中形成良好的微环境。

四、室外活动场地布置，将篮球、排球、网球场地等置于架空层和庭院中，避免过多的太阳直射，提供舒适的体育活动空间。

**景观绿化分析**

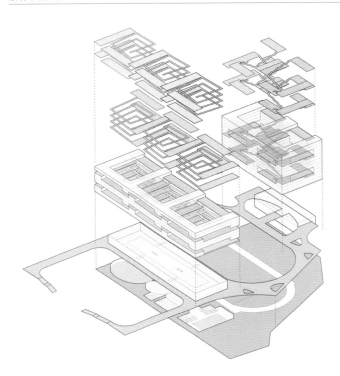

层间绿化活动场地
地面绿化活动场地

**功能分析**

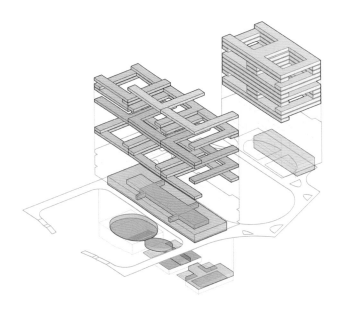

1. 教学及辅助用房
　　行政班级普通教室（4800m²）
　　各学科教室（1860m²）
　　各学科功能教室（3470m²）
　　艺术、传媒、科创学科（6110m²）
　　其他公共教学用房（7420m²）
　　多功能厅、报告厅（6350m²）
　　室内体育馆及游泳馆（5100m²）

2. 行政办公用房
　　（4150m²）

3. 生活服务用房
　　教职工和学生食堂（4800m²）
　　学生宿舍（25730m²）

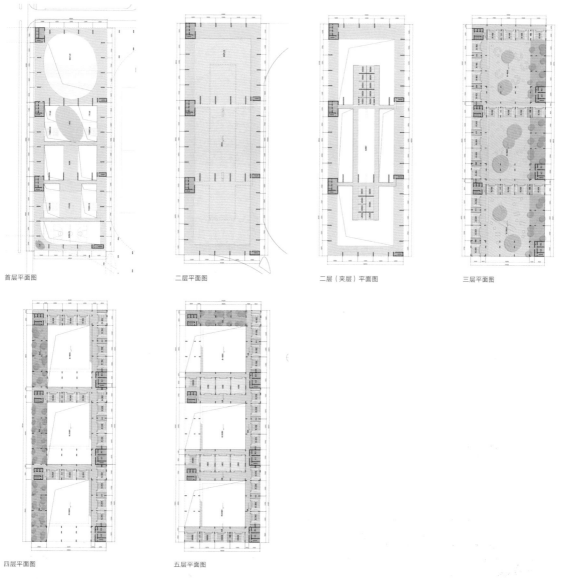

首层平面图　　　　　　　二层平面图　　　　　　　二层（夹层）平面图　　　　　三层平面图

四层平面图　　　　　　　五层平面图

**平面图（生活区）**

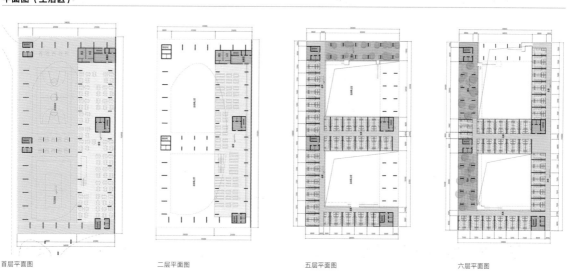

首层平面图　　　　　　　二层平面图　　　　　　　五层平面图　　　　　　　六层平面图

## 立面图

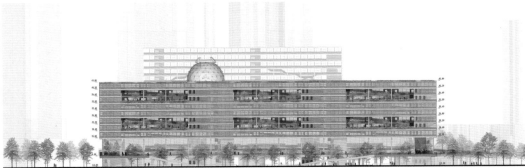

教学区 - 西立面图

生活区 - 西立面图

## 剖面图

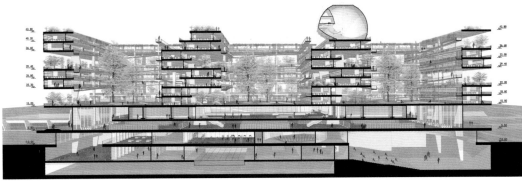

教学区

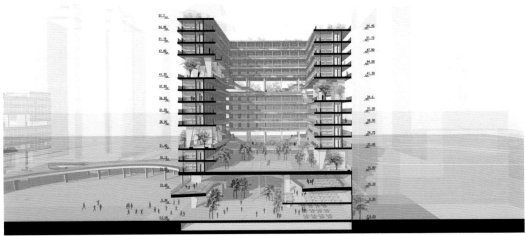

生活区

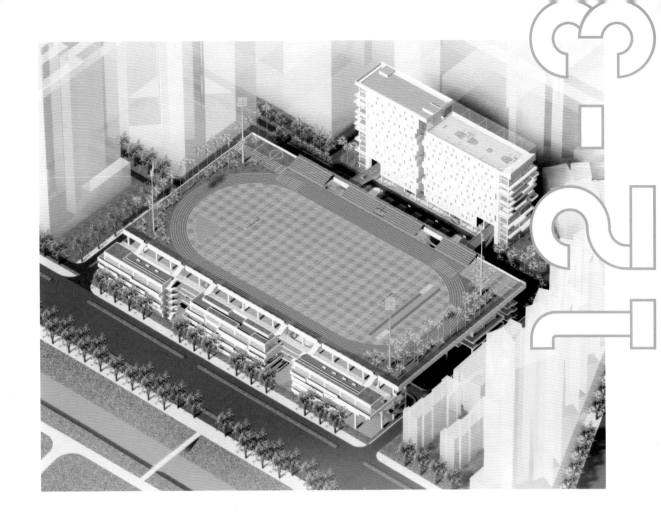

入围
方案

# 福田
# 中学

## 上海高目
## 建筑设计咨询有限公司

**项目名称：**福田中学
**建筑设计：**上海高目建筑设计咨询有限公司
**主持建筑师：**张佳晶
**设计团队：**徐文斌、黄巍、易博文、徐聪、李赫

**基地面积：**41 461 平方米
**建筑面积：**122 000 平方米
**设计时间：**2018 年 3 月

　　福田中学

"有趣"或许可以成为设计的起点，但对于福田中学这个项目则不可能，它的参数是前所未有的高，它的起点应该是数据分析和价值判断。

基地东侧是一所大型医院，有病房和门诊楼；基地南北都是超高层住宅，西侧则是大型绿地和 CBD 远景。4 万多平方米的基地要容纳 12 万平方米的面积，要配备 400 米标准跑道和足球场及三个篮球场、四个排球场和一个网球场，要整合一个 1000 人的剧场，60 个自然班及很多走班小教室，还要容纳 3000 名学生住校。

而且，还有一条规划中的地铁线穿过福田中学，这种外部市政条件是非常敏感的。除此之外，还要解决东侧医院和场地内 60 个班级的日照问题。我们的解决策略是：

1. 尽量让建筑朝西，并远离东侧医院；
2. 基地的中部和西侧不设计高层以避让地铁线；
3. 主教学楼沿福田路布置以解决日照问题。

可能出现的方案就那么几种，最大概率的方案是将操场提升一层左右高度。但这不同于小学的操场提升，小学操场与建筑的体量比相对较小，而高中操场这块大板与建筑的体量比值是惊人的。于是，同样提升操场，升再高一点，有趣的事情就发生了，操场下面变得有通风采光了。五组建筑撑起一个 400 米跑道的"无损"球场，并营造出南北两个有顶室外空间。同时利用西侧教学楼 6 米的错层，来创造出"巨构"的高窗，解决通风采光问题，同时创造神性的光芒。

而这个方案看似大胆冒进的做法全部基于外部条件分析，和未来实施的各种权衡及价值判断。形式和类型永远基于外部数据和算法——理性可以作为起点，但终点是什么，无所谓了。

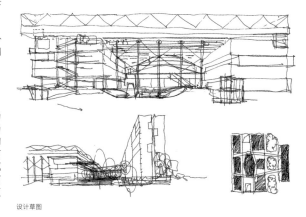

设计草图

## 功能分析

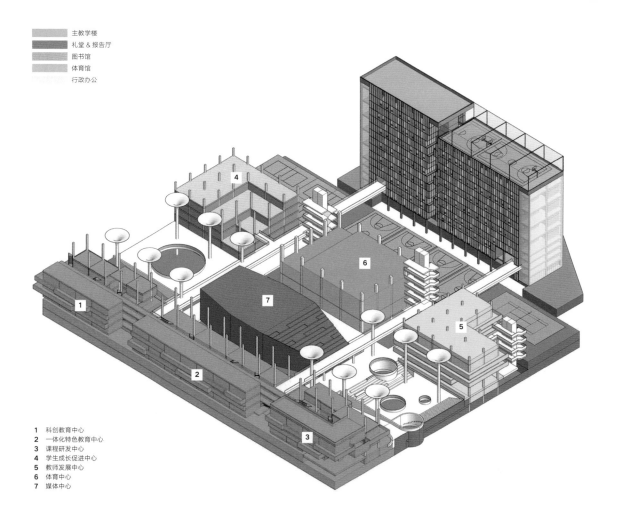

主教学楼
礼堂 & 报告厅
图书馆
体育馆
行政办公

1　科创教育中心
2　一体化特色教育中心
3　课程研发中心
4　学生成长促进中心
5　教师发展中心
6　体育中心
7　媒体中心

　"8+1"建筑联展

从操场远眺福田中心城

北院透视图

宿舍人视图 1

宿舍人视图 2

 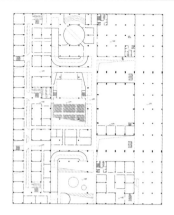

教学区平面图

宿舍区首层平面图

**剖面图**

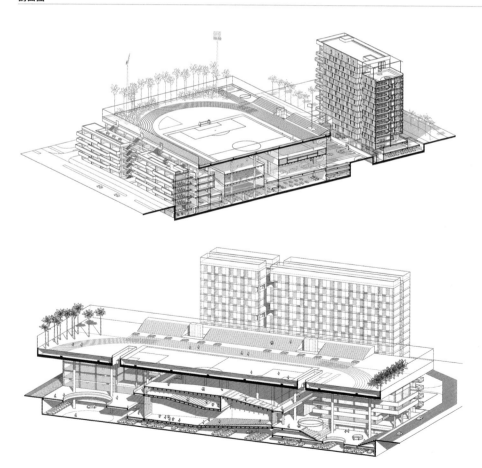

"8+1" 建筑联展

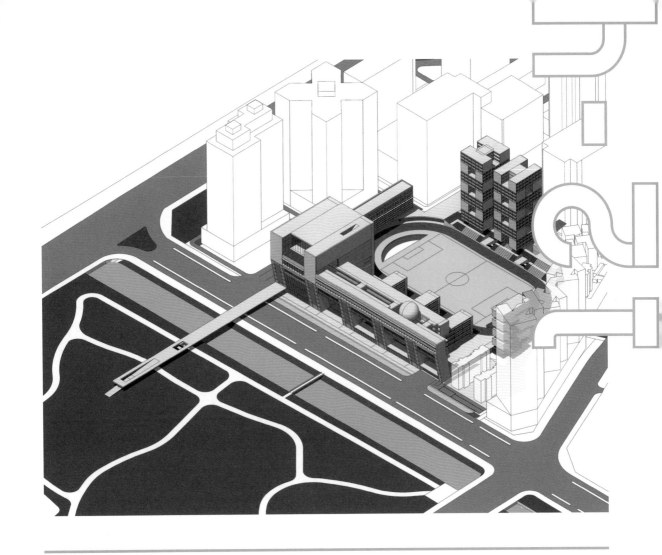

# 福田中学

## 朱涛建筑工作室

入围
方案

**项目名称**：福田中学
**建筑设计**：朱涛建筑工作室
**主持建筑师**：朱涛
**设计团队**：梁庆祥、罗然、苏立国、夏乐伟、蔡湘棣、
陆洁荣、乔勇

**基地面积**：41 461 平方米
**建筑面积**：118 350 平方米
**设计时间**：2018 年 3 月

**城市的景框、知识的矩阵、社区的活动中心、教改的航空母舰**

福田中学拥有重要的地理位置——地块狭小、背靠摩天楼群、面向河岸公园。为实现庞大的面积指标，我们采用"打造边界、中间留空"的策略，力图在外部城市和内部校园两个层次上，同时实现体量 - 空间的均衡配置。

**打造边界：**尽量将建筑密度分布在基地周边。在城市层面上，与基地外部两种超级尺度——超级尺度的实体（庞大、拥塞的高层建筑）和超级尺度的虚空（中心公园、福田河和城市干道如深南路）相称，让学校对外成为城市的空间地标。

**中心留空：**尽量让校园内部留空。在建筑层面通过丰富的形态组合和尺度过渡，使场地内部开敞、宜人。

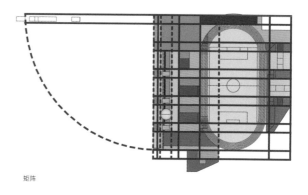

矩阵

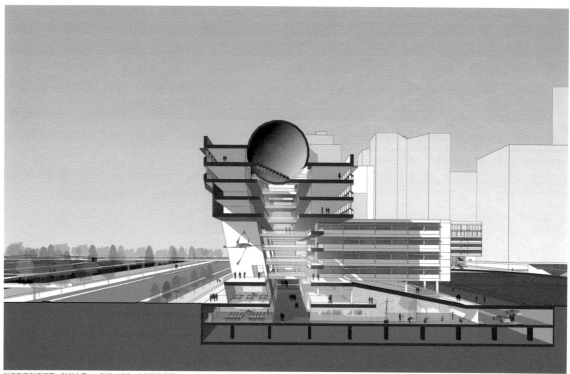

科目教室剖透视图。科创之窗——科技 - 城市 - 自然的共鸣器

标准教室与走课教室纵横交织，形成一条学院街，一个"公民空间"，对内赋予师生公民自豪感和尊严，对外表达对城市的礼赞。

剧场、图书馆、游泳馆、体育馆等在基地西北角垂直叠加，形成一栋巨型文体综合楼，也可适时对外开放，作为社区活动中心。

如此，设计形成一个内部空间与外部城市相渗透、持续互动的复合型校园；一个由塔、板楼、平台、中庭、街道、院落和田径场等多样空间和尺度组成的宜人校园。

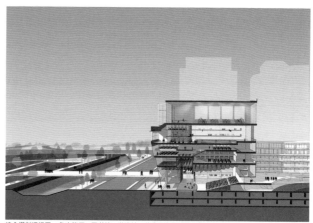

综合塔剖透视图。多功能厅、图书馆、游泳馆、体育馆在基地西北角垂直叠加起来，形成一栋综合塔，一座持续集合内部校园和外部城市的能量，产生聚变的反应

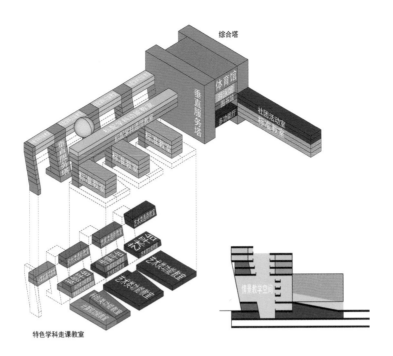

综合塔

体育馆

垂直服务塔

社团活动室 标准教室

标准教室

垂直服务塔

标准教室

特色学科走课教室

情景教学空间

## 效果图

一个敏感回应基地周边超级尺度的建筑和开放空间的地标

一个内部空间与外部城市相渗透、持续互动的复合型校园

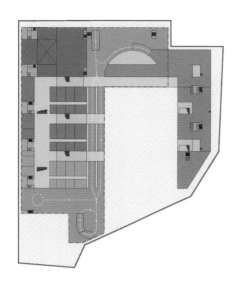

地下一层平面图

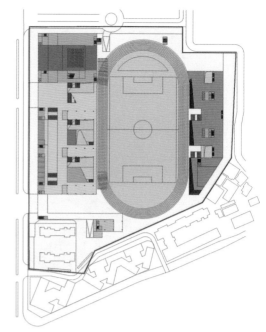

首层平面图

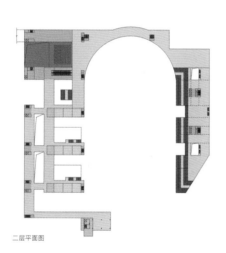

二层平面图

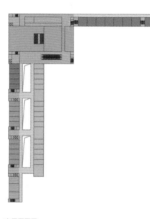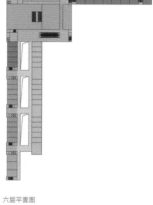

六层平面图

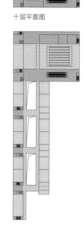

十层平面图

八层平面图

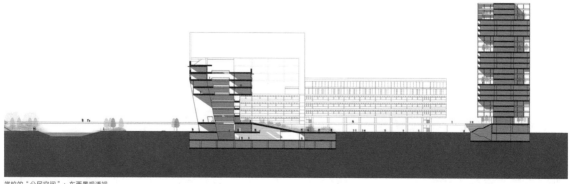

学校的"公民空间"：东西景观透视

入围
方案

# 福田
中学

## 维思平建筑设计

**项目名称：**福田中学
**建筑设计：**维思平建筑设计
**主持建筑师：**吴钢、陈凌、谭善隆
**设计团队：**隋鲁波、王任中、李登钰、张飘海、谭伦财、
刘倩等
**用地面积：**41 461.00 平方米

**建筑面积：**118 547.89 平方米
**设计时间：**2018 年 3 月

## 分层共享 立体复合

面对项目紧张的用地与较高的建设密度，我们试图以不同功能在不同层级空间属性上的共享来回应建设条件与周边环境。整个校园的功能组织上，我们试图实现一个面向"城市—社区—校园"、开放性由下至上依次降低的功能配置。最终确定"分层共享"与"立体复合"的设计策略。

操场底层的体育设施和特色专业教室面向城市共享，用两条主街组织的街巷式交通联系一系列功能体量，并在北、东两侧向城市打开，试图实现底层功能的城市开放，从而做到学校与城市对教学设施的分时使用，以此达到教学设施与教学资源的最大化利用，使学校成为城市的文化艺术传播中心。

在教学部分分层水平组织行政和学科教室，垂直方向组织各亮点学科，编织形的体量内穿插非正式的教学空间，创建一个分层、立体的知识共享教学空间。特色专业教室与图书阅览室形成的分层平台被南北贯通的"知识主街"两分，并在中间形成庭院，学生或社区居民可以在平台上交流并透过庭院观看到不同专业的教学与学习过程。

操场西向通过天桥城市绿地相连接，保证社区共享的通达性与空间连续性。向西出挑的看台，为城市街道提供连续的遮蔽空间。利用与教学平台形成的高差形成看台，并以此与教学平台相联系，从而形成一个面向社区与学生开放的共享平台。宿舍部分利用体量的进退，形成一个面向城市公园的屋顶花园。

最终设计将实现一个以共享平台为核心，不同标高、不同层级分层组织的立体复合共享系统。

## 生成

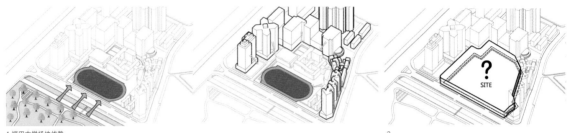

1 福田中学场地优势
操场与城市公园形成更广阔的公共绿色空间；学校入口空间开阔，形象大气，景观优良；教学楼不与城市干道相邻，噪声干扰小；建筑布局紧凑，使用效率高

2
学校操场是周边高层建筑的景观资源

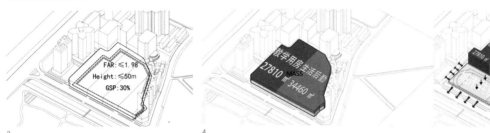

3
容积率1.98，稠密的环境，医院、高层住宅等日照敏感的邻居

4
教学27 810平方米，生活34 460平方米，文艺体育11 450平方米；文艺、体育设施与城市共享，布置于福田路一侧

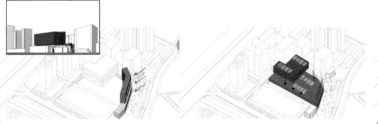

5
宿舍集中沿东南边界布置，充分利用日照资源；教学功能：对日照敏感的教室在上，其他整合为平台基座

6
教室空间分解为七段，东三西四，间距最大化，满足日照需求；把错排的教室串联，形成"之"字形连接，赋予创新办学形式创新的空间体验

7
临福田路打开界面，布置剧场、体育等功能；与城市共享，打造充满活力和创意的氛围

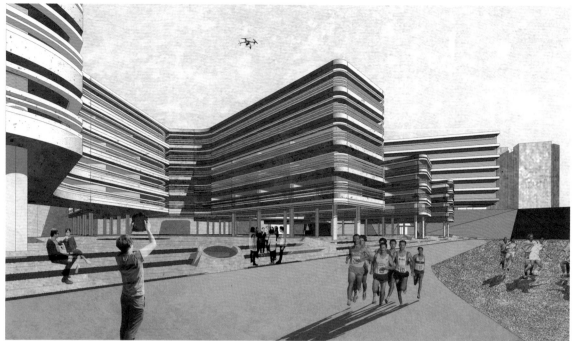

开放、启发：通过开放的建筑姿态启发孩子们的创造力

## 组织

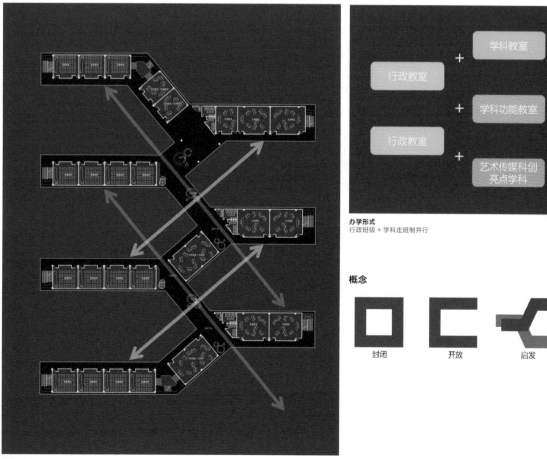

**办学形式**
行政班级 + 学科走班制并行

**学科教室**

**行政教室** +

**学科功能教室** +

**行政教室** +

**艺术传媒科创亮点学科**

## 概念

封闭　　开放　　启发

**平面形式**
水平组织行政和学科教室
穿插非正式教学空间，垂直组织亮点学科

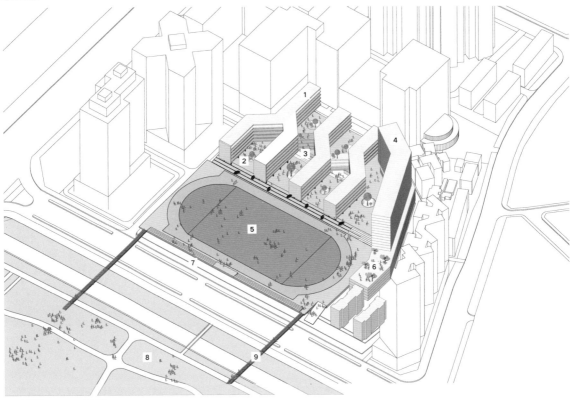

| | | | |
|---|---|---|---|
| 1 | 连接教室 | 6 | 宿舍花台 |
| 2 | 创意T台 | 7 | 艺术运动街区 |
| 3 | 校园客厅 | 8 | 公园连接 |
| 4 | 学生宿舍 | 9 | 运动公园 |
| 5 | 竞技场 | | |

# 福田中学

入围
方案

## Bade Stageberg Cox

**项目名称：**福田中学
**建筑设计：**Bade Stageberg Cox
**主持建筑师：**Timothy Bade、Jane Stageberg、Martin Cox
**设计团队：**Karl Landsteiner、Saumon Oboudiyat、Darshin Van Parijs、Hattie Sherman、Ryan Erb、

Zhe Huang、Yishuang Guo、Siqi Tang、Bangyuan Mao、Mengying Tang、Yang Lia
**建筑面积：**100 000 平方米
**设计时间：**2018 年 3 月

福田中学的新校园旨在支持富有创意的、先进的教育理念，创造引导学生探索的环境，为学生德智体全面发展而服务。基于项目需求和技术指标，同时兼顾当地情况和学校的教育理念，设计中提出"花苑廊桥"（garden bridge）的概念。这一概念源自中国传统的"曲桥"，试图通过在蜿蜒的路径中穿行，获得从不同的角度观赏的独特体验。"曲径通幽"体现在灵活丰富的交通流线和高低错落的空间变化中，学生可以在这样的校园环境中更好地成长与探索。设计中又将概念细化为：将自然引入校园；引入流动的空间；以人文艺术为桥梁，连接学习和生活；校园与社区共享，实现共同学习的目标。

新校园的基地位于用地紧张的城市地块边缘，毗邻深圳中心公园。设计将教室安置在临中心公园的一侧，致力于将校园外部的自然景观引入校园内部，以此提高学生对场所的认识。同时，操场的下沉处理使得其周边的大空间能够获得更好的自然光照。方案的另一个特质在于学习与生活的紧密联系，通过塑造大量的多义性空间，为学生的多样性活动提供交流场所。

**分析图**

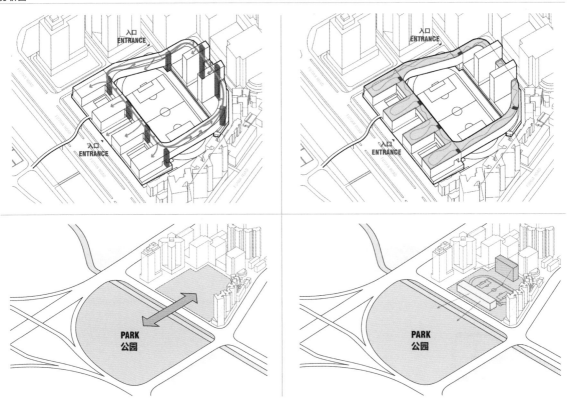

**效果图**

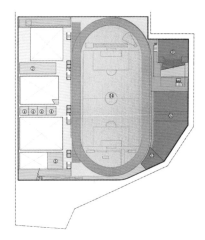

地下一层平面图

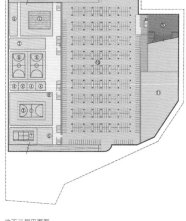

地下二层平面图

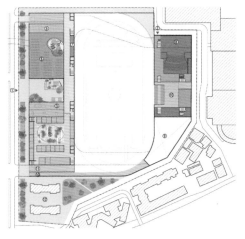

首层平面图

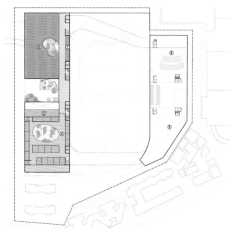

二层平面图

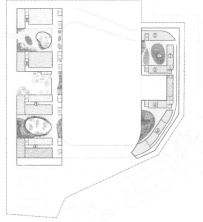

三层平面图

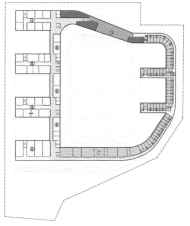

六层平面图

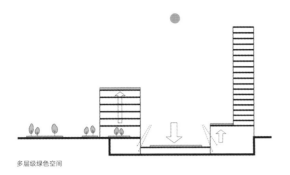

多层级绿色空间

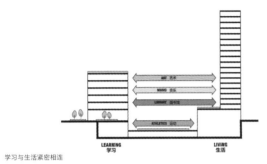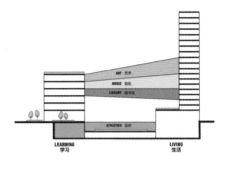

学习与生活紧密相连

**剖透视图**

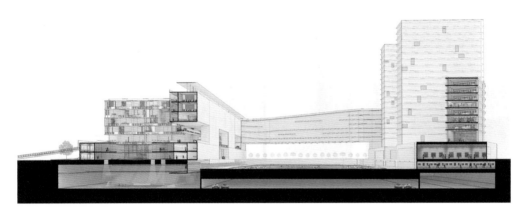

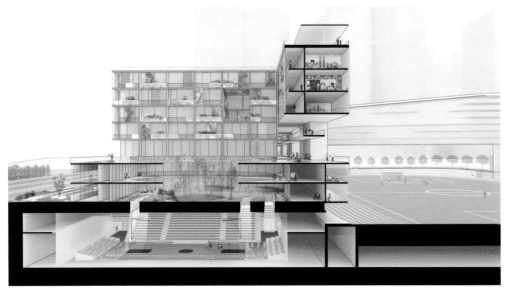

"8+1" 建筑联展

校舍　腾挪

# 梅丽小学
# 腾挪校舍

## 香港元远建筑
## 科技发展有限公司

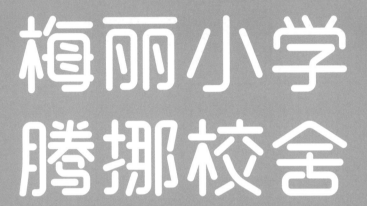

**项目名称**：梅丽小学腾挪校舍
**建筑设计**：香港元远建筑科技发展有限公司
**主持建筑师**：朱竞翔
**设计团队**：刘鑫程、韩国日、何英杰、蒋珩、邹蕙冰、冯诗蔚
**策划组织**：深圳市规划和自然资源局及福田管理局，香港中文大学建筑学院
**项目决策**：深圳市福田区区委、区政府及相关政府部门
**代建方**：深圳市天健（集团）股份有限公司
**构件预制**：河南嘉合集成模块房屋有限公司
**施工总包**：中国建筑一局（集团）有限公司
**施工图合作方**：深圳市建筑设计研究总院有限公司
**工艺深化**：香港元远建筑科技发展有限公司
**结构复核**：Arup 奥雅纳工程咨询（上海）有限公司
**工程监理**：深圳市大兴工程管理有限公司
**造价管理**：深圳市昌信工程管理咨询有限公司
**BIM 管理**：香港元远建筑科技发展有限公司
**腾挪策划**：周红玫
**腾挪组织**：周红玫、郑捷奋、于敏、曹丽晓、朱倩、黄司裕
**系统设计**：朱竞翔
**结构概念**：朱竞翔、张建军、罗见闻
**结构设计**：张建军、侯学凡、林海、田硕

**建筑设计**：刘鑫程、韩国日、何英杰
**建施设计**：廉大鹏、吴长华、王鹏林
**机电设计**：黄跃、李扬、吕均鹏、刘贺兵
**施工设计**：刘清峰、蔡春明、谢书伟、王旭
**构造设计**：韩国日、蔡春明、赵亚
**工艺设计**：韩国日、蒋珩、邹蕙冰、冯诗蔚
**场地设计**：何英杰、邹蕙冰、韩曼
**室内设计**：刘鑫程、蒋珩、韩国日、邹蕙冰
**标识设计**：蒋珩、邓亚东
**业主**：深圳市福田区梅丽小学
**基地面积**：7500 平方米
**建筑面积**：5600 平方米
**学校规模**：33 班小学
**学生数量**：1650 人
**结构形式**：轻型钢框 + 桁架剪力框格
**基础形式**：浅埋深钢筋混凝土条形基础
**材料**：小断面矩形钢管、预制复合木墙板、预制复合钢楼板、双层钢化玻璃幕墙
**设计时间**：2018 年 4 月
**竣工时间**：2018 年 11 月
**图纸、分析图版权**：香港元远建筑科技发展有限公司
**摄影**：张超

从前广场望向校园

校舍腾挪

　　　梅丽小学腾挪校舍

作为全国最大的移民城市，深圳学位缺口问题常年严峻。如何让城市发展不以牺牲生态环境、社会资源为代价，如何能更快更好地建设新校园以解决民生大问题，设计团队从先进的建筑产品切入，以寻找城市问题的创新解答。通过全国首创的校舍腾挪模式，采取就近安置策略，利用城市零星土地，快速地提供品质高、建设快且可多次重复拆装的过渡校舍，示范了节时节地、灵活响应、循环可用的创新模式。

福田区梅丽小学腾挪校舍借址于规划预留城市公共绿地，近 6000 平方米建筑提供了 33 班的教学空间，为深圳福田区提供超过 1500 个学位，解决了学校改扩建中安全腾挪空间紧缺这一棘手问题。

校舍的结构使用非常规小断面型钢，以密度换强度，分离构件分别抵抗垂直力和侧向力，复合机制设计的钢楼板在提供富余刚度的前提下，极大地减轻了建筑自重。创新的平台法施工源自当代木结构，带来极高的施工便利性，且对周边及环境的扰动极低。

腾挪校舍采用的新型轻量钢结构装配建筑系统，由标准模块单元组合而成。通过产品化的建设模式——一体化设计、BIM 信息统筹、工业化制作、高效的装配式施工，以及透明公开的建设管理，腾挪校舍全建设周期不足 5 个月，且竣工后一周即入驻开学，安全及环保条件让家长师生放心。建筑造价约为深圳新标准学校建设费用的 70%，且可循环利用。

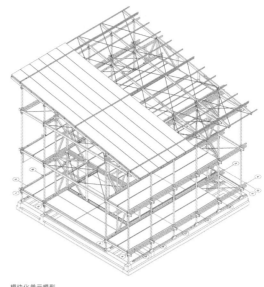

模块化单元模型

**区位图：教室类型分布与城市的关系**

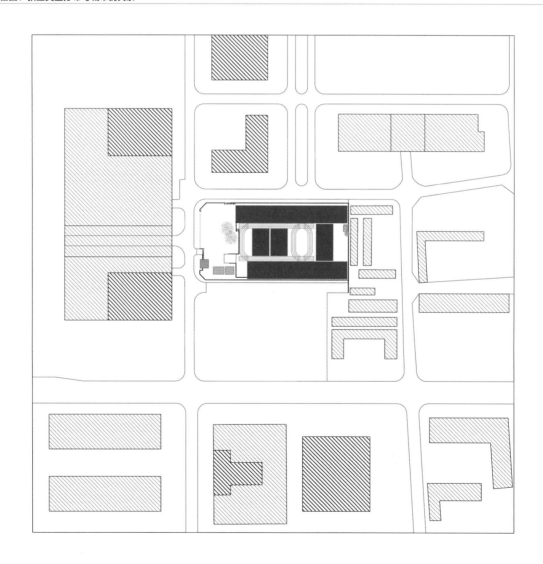

借驻于城市预留用地中的腾挪校舍

系统集成收纳设备及漫射照明

装饰—设备—结构整合的教室单元

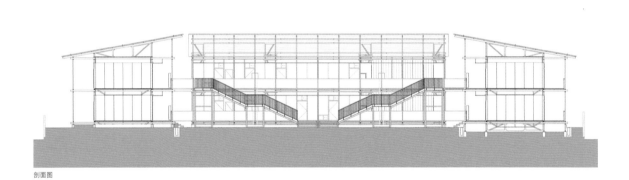

剖面图

西侧游乐广场

中央游乐运动内院

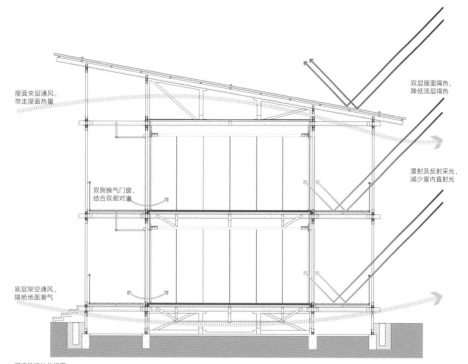

屋面夹层通风，
带走屋面热量

双层屋面隔热，
降低顶层得热

双侧换气门窗，
结合双廊对流

漫射及反射采光，
减少室内直射光

底层架空通风，
隔绝地面潮气

舒适性设计分析图

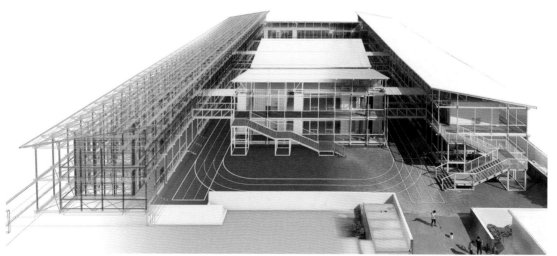

BIM 全流程设计

剪力框格

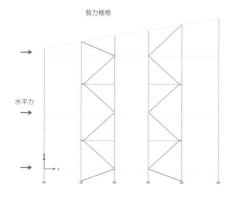

水平力

单元短向剖面图：杆件布置

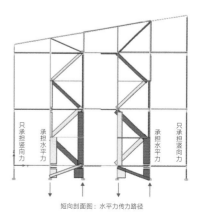

只承担竖向力

承担水平力

只承担竖向力

承担水平力

短向剖面图：水平力传力路径

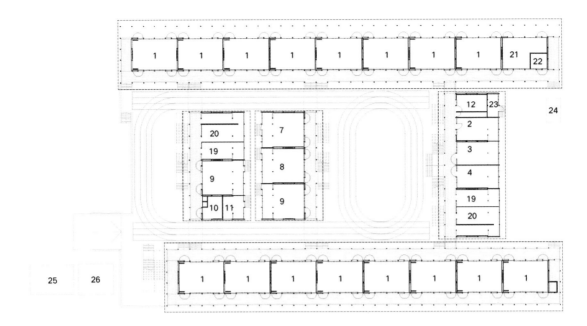

首层平面图

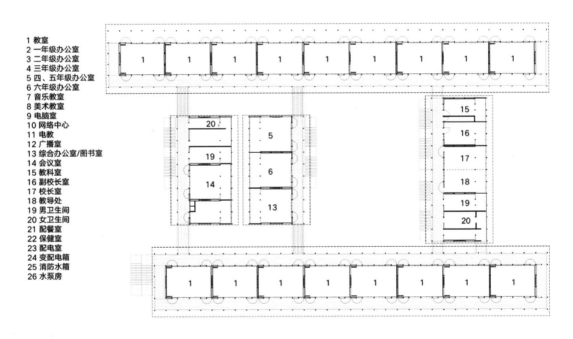

1 教室
2 一年级办公室
3 二年级办公室
4 三年级办公室
5 四、五年级办公室
6 六年级办公室
7 音乐教室
8 美术教室
9 电脑室
10 网络中心
11 电教
12 广播室
13 综合办公室/图书室
14 会议室
15 教科室
16 副校长室
17 校长室
18 教导处
19 男卫生间
20 女卫生间
21 配餐室
22 保健室
23 配电室
24 变配电箱
25 消防水箱
26 水泵房

二层平面图

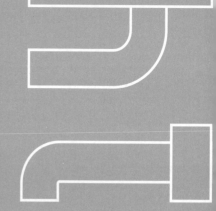

# 石厦小学腾挪校舍

## 常民建筑（谢英俊建筑师事务所）

**项目名称：** 石厦小学腾挪校舍
**建筑设计：** 常民建筑（谢英俊建筑师事务所）
**主持建筑师：** 谢英俊
**设计团队：** 张梦窈、刘智、彭向杰、李亚雄、陈彦廷、王朝霞、肖莹、倪瑶
**代建方：** 深圳市（天健）集团股份有限公司
**合作单位：** 深圳市建筑设计研究总院有限公司 | 城誉建筑设计研究院、王维仁
**水暖电等专业设计：** 深圳市建筑设计研究总院有限公司 | 城誉建筑设计研究院
**施工方：** 深圳市中建大康建筑工程有限公司
**业主：** 石厦小学
**基地面积：** 6579 平方米
**建筑面积：** 4546 平方米

**材料：** 铝板幕墙、岩棉、水泥纤维板、清水饰面板、彩钢屋面板、PC 中空板、冲孔铝板等
**结构：** 加强型冷弯薄壁轻钢体系
**设计时间：** 2018 年 3 月
**施工时间：** 2018 年 9 月
**摄影：** 有方、谢英俊建筑师事务所

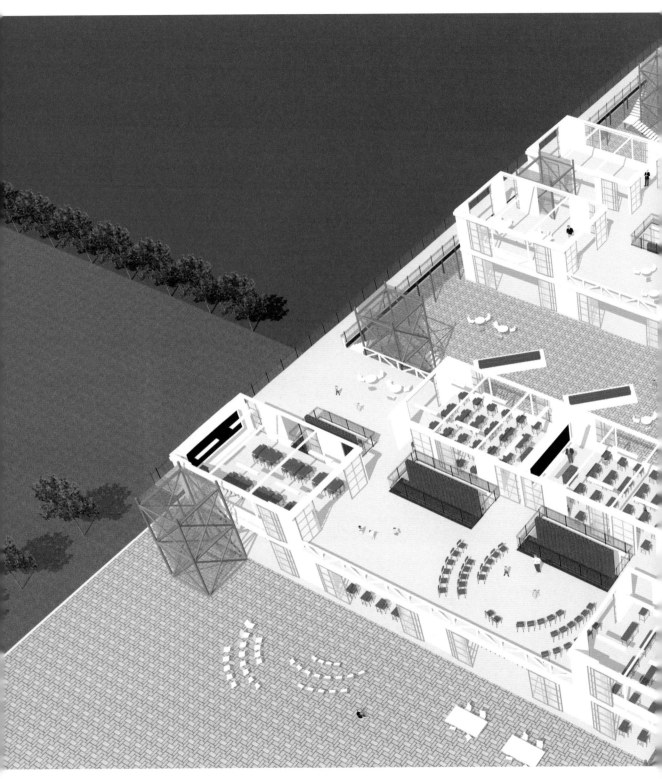

方案构想：大棚架下的教室与活动场所

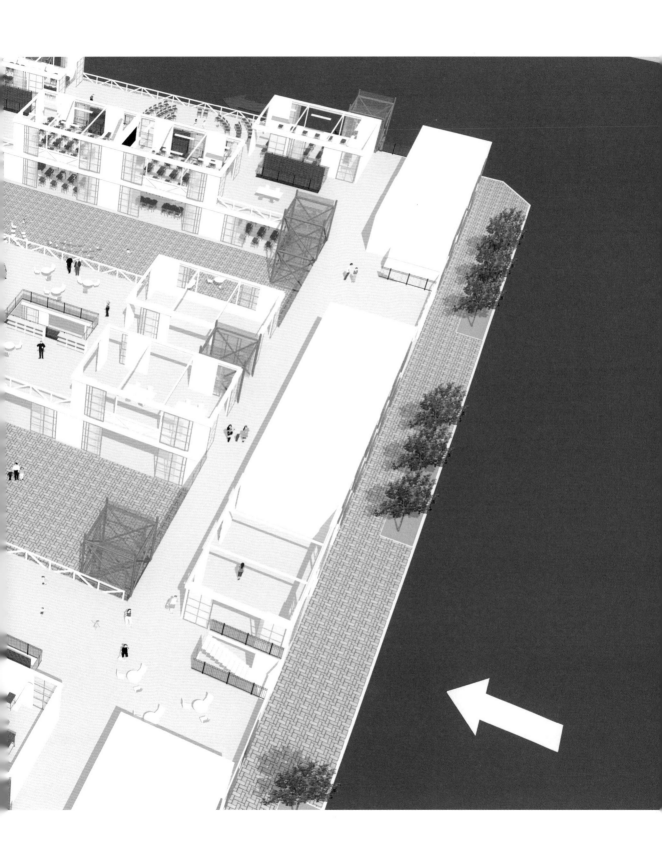

石厦小学腾挪校舍

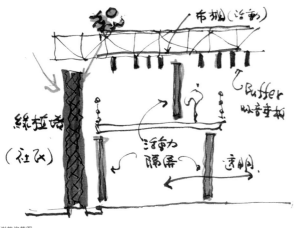

谢英俊草图

本案最初的方案构想为，改变传统的教室分隔和整齐排列的桌椅，倡导灵活的开放式教学空间。加强型轻钢结构体系为框架中心支撑体系，使得空间上更具有灵活可变的弹性，给予结构上的支持。以常民建筑的"开放建筑体系"来回应"开放式教学空间"。

因为场地局促有限，孩子们日常的活动场地缺乏，因此以一层设置穿廊，二层留有部分平台的设计手法创造尽可能多的活动场地。大屋架的设计回应了深圳多雨潮湿闷热的气候条件，使师生活动不受天气影响，同时可以达到遮阳、通风的目的。其南向采用彩钢板，下部设置钻泥板及吸音垂板，以及植栽墙、吸音地板等，达到吸音的效果。北向局部为中空板，控制适当的光线进入，确保屋架下空间阴凉且透光。在后期的方案深化阶段，由于各种外界条件的变化及限制，方案作出了一定的调整。

加强型冷弯薄壁轻钢系统为框架中心支撑结构体系。不仅在工厂加工方面实现量化的工业化生产，而且在组装过程中全部使用螺栓连接，无焊接，安全高效。此系统误差可控制在±2毫米以内，如此的精准度可以和墙、门窗、屋顶等系统等统统整合在一起。不超过3毫米的钢材壁厚方便自攻螺丝的固定，可以与板材很好地结合。在施工工序上，所有工序可以全面展开，平行作业，为紧张的施工工期争取了时间。施工结束后，将迎来学生的开学返校，构造上全部采用干式墙体清水施做，少量结构胶填缝。无论结构主体本身还是所有围护体，建筑真正达到了绿色、环保、生态。墙体采用铝板帷幕，工厂预制加工，现场安装，整体建筑达到86%的装配率。希望石厦腾挪小学可以被二次使用——它不仅仅是学校腾挪的场所，亦可成为社区图书馆，社区活动中心等场所，延续他的生命，毕竟其结构体的使用年限按照国家法规可达到50年。

教室单元木模型：加强型冷弯薄壁轻钢结构体系

方案构想：大棚架下的教室与活动场所

开学当日（摄影：有方）

教室内立面（摄影：谢英俊建筑师事务所）

中庭楼梯走廊（摄影：谢英俊建筑师事务所）

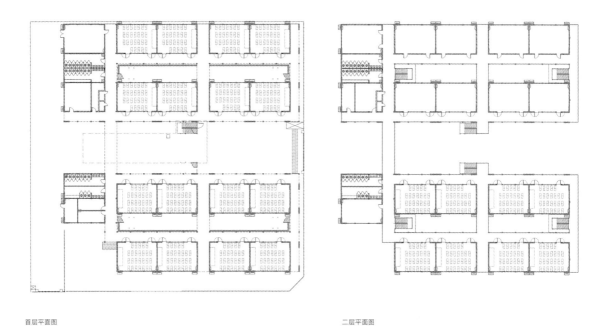

首层平面图                                                    二层平面图

**立面、剖立面图**

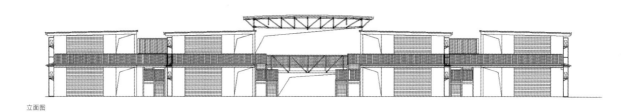

立面图

剖立面图

延伸版块

# 福田外国语学校小学部

## 深圳市建筑设计研究总院有限公司 | 孟建民设计团队 | 创研室

**项目名称：** 福田外国语学校小学部
**建筑设计：** 深圳市建筑设计研究总院有限公司 | 孟建民设计团队 | 创研室
**主持建筑师：** 孟建民
**设计团队：** 孟建民、彭鹰、饶斯萌、马力元、詹通
**施工图合作方：** 深圳市建筑设计研究总院有限公司 | 城誉建筑设计研究院
**施工方：** 山河建设集团有限公司
**业主：** 福田外国语学校
**基地面积：** 10 612.76 平方米
**建筑面积：** 30 727.21 平方米

**材料：** 真石漆、铝方通、陶砖、金属网帘
**结构：** 框架结构
**设计时间：** 2017 年 12 月
**竣工时间：** 2021 年 8 月

鸟瞰效果图

　延伸版块

福田外国语学校小学部位于深圳市福田区北环大道与香蜜湖交叉口东南侧，总用地面积 10 612.76 平方米，拟建 30 班规模的教学及教学辅助用房、行政办公及辅助用房、生活服务用房。

为减少加油站带来的安全隐患，方案将建筑主体置于距离加油站较远的用地东侧，结合内部庭院设置教学用房，同时，在二层设置复合化功能"大板"，在满足功能要求的同时，为校园提供丰富的公共服务空间，田径场则置于"大板"屋顶，"大板"适当隔离了上方的教学办公用房，又将下方的公共教学资源，例如报告厅、篮球场、餐厅等共享给社区。

在钢筋混凝土的大城市，孩子在高密度校园中学习，阴暗的教室、封闭的走廊、有限的室外活动场地使孩子置身于压抑的成长环境，因此创造一个阳光、开放、积极的校园，让孩子们健康成长是方案的设计宗旨。校园作为一个有机整体，理应更好地为孩子服务，为孩子们提供更多交往和互动空间，让孩子更好地享受校园，快乐成长。在平面设计上，方案通过自由平面与双向走廊的设置，营造出各式各样适合孩子尺度的小型场所，给予孩子一个有趣、灵动的校园。

## 概念生成

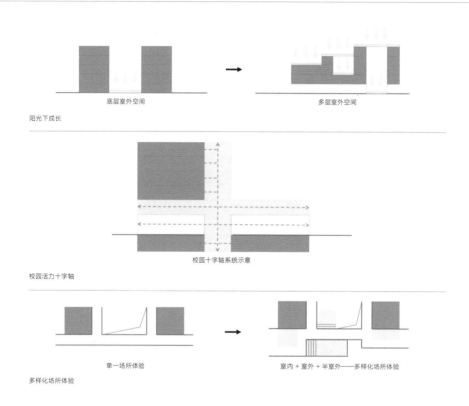

阳光下成长

底层室外空间　　　　多层室外空间

校园活力十字轴

校园十字轴系统示意

多样化场所体验

单一场所体验　　　　室内＋室外＋半室外——多样化场所体验

## 设计构思

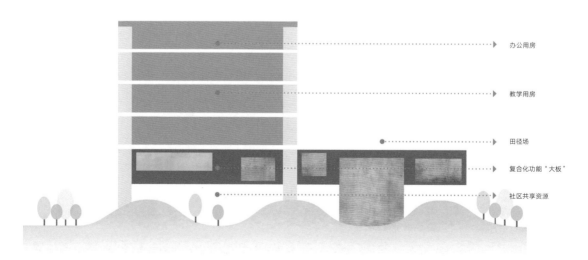

办公用房

教学用房

田径场

复合化功能"大板"

社区共享资源

南立面图

东立面图

游戏草丘（概念方案）

下沉球场（概念方案）

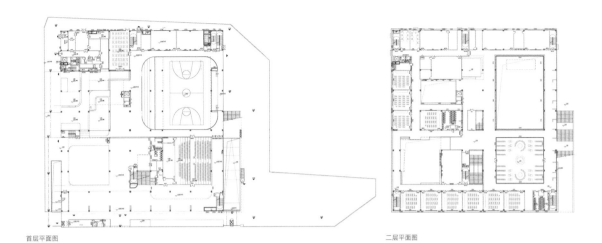

首层平面图

二层平面图

三层平面图

四层平面图

五层平面图

内庭院效果图

# 贝赛思双语学校

## 朱涛建筑工作室

**项目名称：**贝赛思双语学校
**建筑设计：**朱涛建筑工作室
**主持建筑师：**朱涛
**设计团队：**叶栋樑、苏立国、章竞文、梁庆祥、蔡湘棣、
陆洁荣、夏乐伟、卢楚柔、彭蓉
**施工图合作方：**北京中外建建筑设计有限公司深圳分
公司
**业主：**深圳爱晖国际教育有限公司

**基地面积：**26 131.8 平方米
**建筑面积：**37 854.96 平方米
**设计时间：**2018 年 8 月至 2021 年
**竣工时间：**2021 年 10 月
**摄影：**张超

鸟瞰效果图

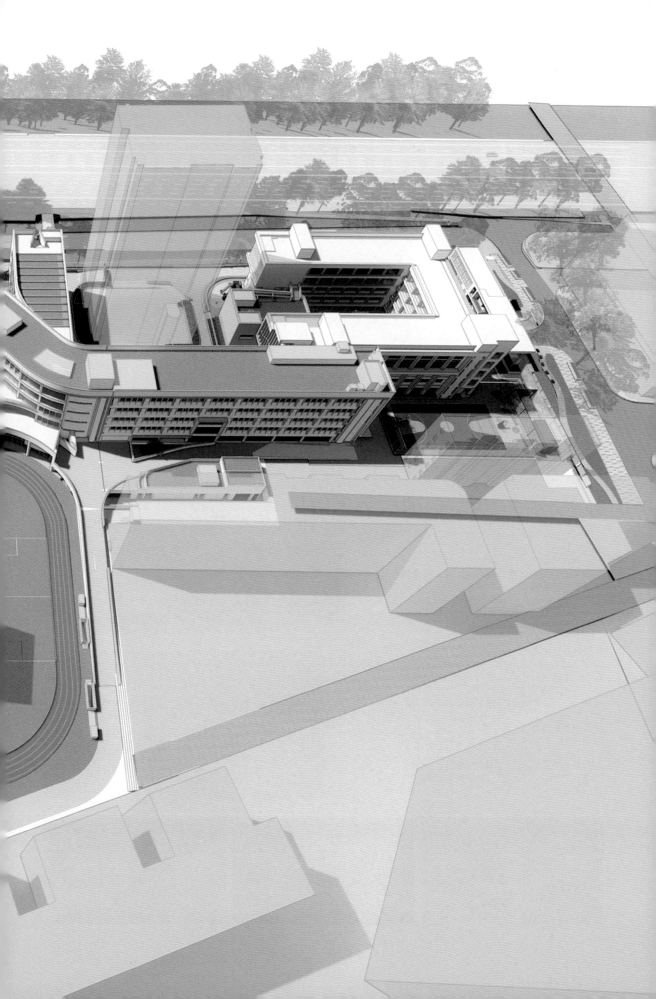

中央大厅意象：贝赛思-"雅典学院"

贝赛思双语学校校园由三部分组成：新教学楼加建、现有教学楼和宿舍楼改建。

贝赛思学校（BASIS Schools ）采用美国教学模式，教学采用全面"走课制"：从1至12年级（小学到高中），所有学生都没有固定教室，每天像游牧民族，游走到不同空间学习。

针对走课制，我们坚持一种空间观念：**校园中所有空间都是公共空间，唯一私有领域是学生的储物柜。** 这实际上在为贝赛思做"城市设计"——将各类走空间（街道）和聚空间（广场、公园）编织成一套公共空间体系，打造出一座微型教育城市。

**两种基本空间之一：走空间**
全面走课制使"走"成为校园内的主导活动之一。高效灵活的动线组织贯穿全校；宽走道和多功能配置为"游牧民族"——走班制学生，在不断的迁移中提供了多样的使用和活动可能。

**两种基本空间之二：聚空间**
除通常的上课聚集外，贝赛思特别关注课内外学生们的团队合作和交流——"聚"是校园的另一个主导活动。多样的聚集场所（教室、厅堂、院落、广场、剧场），鼓励思想碰撞和心灵沟通。

**建成照片**

中央大厅：典型"聚"空间

教室廊道：典型"走"空间

中央大厅

图书馆接待厅

体育馆

## 21 世纪的"雅典卫城"

两年以来，方案经历各种变化，但始终坚持一个核心元素：中央大厅作为全校公共空间的枢纽，囊括校园核心公共设施：大台阶、图书馆、剧场、体育馆、游泳池、餐厅、屋顶花园等，共同构成学校的公共生活。

我们期待贝赛思的学生每天进入大厅，从底层上楼，到达各层，类似希腊城邦的雅典公民，经过山脚下的剧场和竞技场，一路上山，最终到达山顶的雅典卫城——优秀的公民在美好的公共空间中成长。

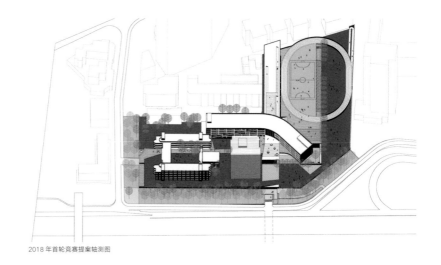

2018 年首轮竞赛提案轴测图

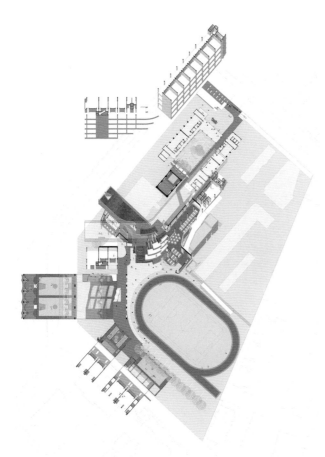

学校公共空间布局：21 世纪的雅典卫城，让优秀的公民在美好的公共空间中成长

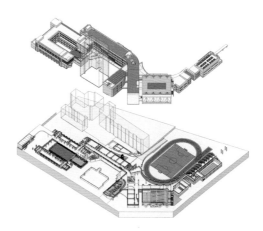

2020 年实施方案轴测图

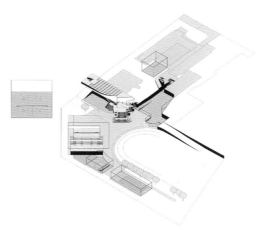

贝赛思新楼公共设施布局

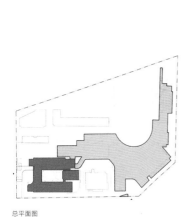

总平面图

1 中央大厅
2 餐厅
3 图书馆
4 小剧场
5 黑匣子剧场
6 游泳池
7 美术室
8 培训教室
9 普通教室
10 活动室
11 体育馆
12 实验室

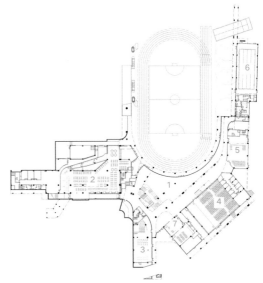

首层平面图

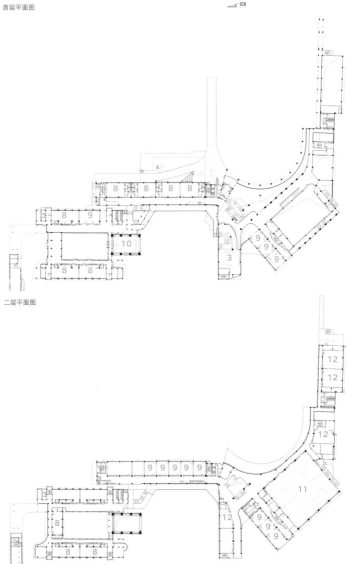

二层平面图

三层平面图

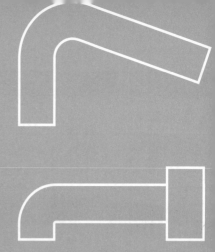

# 福强小学

## 众建筑

**项目名称：** 福强小学改扩建工程
**建筑设计：** 众建筑
**主持建筑师：** 何哲、沈海恩（James Shen）、臧峰
**项目建筑师：** 李正华
**设计团队：** 汤艳妮、许嘉玲、孔鸣、高鹏飞、张弦、朱钟晖、蔡钰翰、张弛、杨喻婷、王一博、谭坦、顾乃全、夏鑫、刘若尘、李秋宛
**代建方：** 深圳市建筑科学研究院股份有限公司
**施工图合作方：** 深圳市建筑科学研究院股份有限公司
**景观设计：** 众建筑

**用地面积：** 11 190 平方米
**建筑面积：** 28 538 平方米
**规模：** 36 个班（扩建后）
**设计时间：** 2018 年 6 月
**竣工时间：** 2021 年 12 月
**摄影：** 朱雨蒙

鸟瞰

福强小学

北侧城市立面

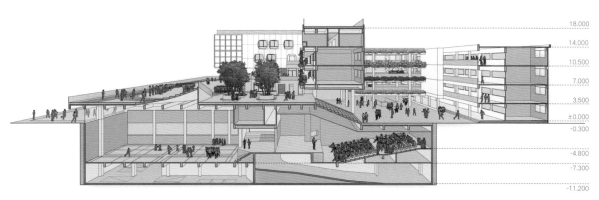

南北区透视图（朝西）

北侧庭院

北侧庭院

教学楼窗洞立面

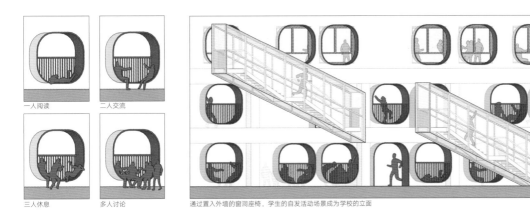

一人阅读　二人交流

三人休息　多人讨论

通过置入外墙的窗洞座椅，学生的自发活动场景成为学校的立面

走廊＆窗洞活动发生1

走廊＆窗洞活动发生2

## 学习层台——深圳福强小学

福强小学是深圳规划局发起的"福田新校园行动计划——8+1建筑联展"延伸版块中的一所，尝试探索促发创新教育的校园类型。

学习层台支持创新学习模式，使扩建后的深圳福强小学能满足深圳对创造性人才和创新驱动能力日益增长的需求，适应深圳经济的快速发展。

为了激发师生的探索热情和好奇心，学校围绕"混合空间"的理念进行设计。不同的课程与活动在空间层面上并置在一起，提供跨层的新联系，例如：标准教室、特色教室与运动场相邻，支持跨学科的互动；一层图书馆读书的学生可以看到地下一层报告厅的表演和羽毛球场的体育课。空间作为"第三老师"，在学生的教育过程中起到重要的作用。

多样的空间使得师生能够根据不同的年龄和兴趣，灵活地开展教学体验活动。大尺度的屋顶花园、中尺度的内院和小尺度的天台都是不同的户外学习空间，可以满足不同规模的学习需求。宽敞走廊与可坐大台阶也被用作非正式学习空间，容纳不同的课程与活动。建筑立面窗洞内置座位区域，

提供了一个安静私密的角落，当学生在此区域休息时，不同活动类型构建出向城市展示的生动校园形象。

设计提供与真实世界联系的机会，将学习与现实生活体验联系起来，协助学生学习。室内外空间相互连通，可作为一个完整的学习空间，使得学生的学习环境能够与室外保持联系；自然植物也融入校园，以水平或垂直的形式分布在整个校园，使学生能够充分接触自然，并从中学习。

强调动作、体验和表现力的创新学习在北侧架空的悬挑玻璃教室中发生，音乐表演、艺术创作和舞蹈等活动，在校园其他地方都可以很容易地看到、欣赏。同时这些架空的透明教室面向北侧的城市主要道路，向城市传达出学校的创造性特征。

扩建后的校园面积是原来的两倍，使更多的孩子能够接受高质量的教育。学习层台将旧的学校建筑、原有的STEAM大楼、新的教育建筑与设施融为一体。福强小学的原有校园作为优秀教育遗产被保留下来，且得到了升级，以满足创新一代的要求。

1. 原有校园教学楼与操场关系紧张

4. 新建教学楼适应原有学校布局形式，使日常教学通勤更加便捷高效

2. 拆除部分教学楼

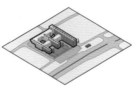
5. 沿校园原有轴线向北推出三个条形体量的特色教学楼，统一校园的新旧部分

3. 将操场腾挪至北侧，以适应校园扩建并带来更多灵活场地

6. 特殊教学楼布置层层露台，作为非正式学习空间的户外延伸，向城市展示丰富校园特征

设计推演

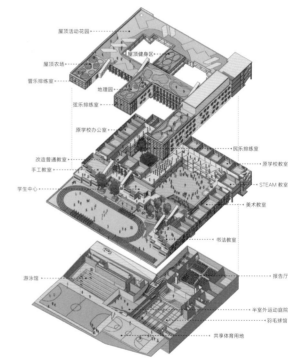

屋顶活动花园
屋顶健身区
屋顶农场
地理园
管乐排练室
弦乐排练室
原学校办公室
民乐排练室
改造普通教室
原学校教室
手工教室
STEAM教室
学生中心
美术教室
书法教室
游泳馆
报告厅
半室外运动庭院
羽毛球馆
共享体育用地

轴测爆炸图

屋顶景观鸟瞰

植物观察体验

# 深圳国际交流学院

## 李晓东工作室

**项目名称：**深圳国际交流学院新校区
**建筑设计：**李晓东工作室
**主持建筑师：**李晓东
**设计团队：**张思慧、王古恬、陈梓瑜、张晨阳、李乐
**施工图合作方：**深圳市同济人建筑设计有限公司
**业主：**深圳国际交流学院

**基地面积：**21 802.32 平方米
**建筑面积：**102 875.92 平方米
**摄影：**UK 工作室

外景

## 异形元素

平台层休息区

异形楼梯 - 连接教学楼走廊与环形跑道

攀爬墙

## 外景

## 剖面图

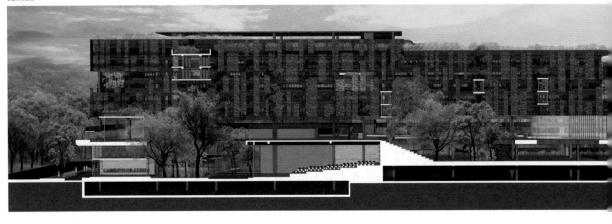

异形阳台 - 联系教学楼层间花园

休息亭

**平面图**

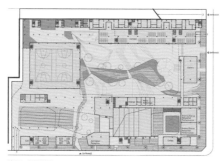

地下一层平面图

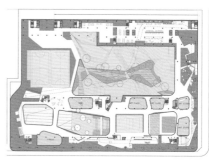

平台层平面图

## 总平面设计理念

我们的项目基地位于深圳市福田区，基地南侧与东侧紧临城市主干道路，南北、东西两向均有较大高差。主要设计问题是面对较为紧张的用地条件，如何在满足学校的教学、生活空间需求的同时创造更多的公共活动和交流空间，形成可以容纳和激发丰富校园生活的空间场所；如何在维持校园内部完整性的同时创造积极的城市空间；如何较好地将教学、居住、运动、观演等不同属性的建筑空间合理地组织在一起；如何应对深圳雨热同期的亚热带季风气候特征，通过建筑自遮阳以及通风设计有效降低建筑能耗。

校园内部分为南北两区，其中南区是教学区，包括主要的教学空间、礼堂、学生课外活动空间和学校的日常管理接待空间；北区为生活区，包括外教宿舍、学生宿舍、食堂、洗衣房等。教学区与生活区通过东西两条校园通廊联系起来，其间是整个校园的核心绿化区。由于基地面积比较紧张，南侧教学楼需要沿城市道路布置，由此我们设想将城市生活与校园生活在垂直维度上分离，即将主要教学空间放在上部，以保证教学环境较少受到城市的干扰，同时将底层空间打开，通过视线的联系使校园的氛围积极地渗透到城市当中，提高下部的空间活力。为了争取更多的公共活动场地，我们希望能为学校创造一个承载学生日常活动的"平台层"，并在"平台层"上增加一条贯通生活区与教学区的架空环形游廊。平台层与基地西侧最高点地坪同高，东侧与城市道路形成 10 米高差。在垂直维度上它相当于一个空间的转换层，平台上空的教学楼、宿舍、外教公寓是均质的单元空间。平台下利用坡地高差布置观演厅、体育馆、舞蹈和音乐排练，以及可以适当对外开放的健身房、画廊、咖啡，形成有机的院落布局。校园外围，一方面支撑"平台层"的柱廊以及外围景观绿化水系形成校园与城市的软屏障；另一方面，沿人行道两侧由公共平台层下方出挑形成大尺度出檐为市民提供散步纳凉的休闲空间。

## 单体

教学楼位于基地南侧，采用"工"字形布局，自然分成文理科两部分，中间通过室外人形天桥联系在一起。两部分教室的走道布局均采用双外廊形式，一方面双侧走道可以有效减少上下课时间的交通压力，另一方面可以利用外廊形成建筑自遮阳。教室两侧垂直绿化表皮设计形成生长在教学楼立面上的热空气过滤层，同时绿植也是教学空间与外部城市之间的天然间隔，使每一间教室都在植物的环绕下形成更安静、私密的教学氛围。为了创造更多的公共绿化空间以及提升教学楼的自然通风条件，在教室之间结合交通流线和学科分区间隔布置 8 个绿化"孔洞"，作为学生主要的课间活动空间。这些绿化孔洞通过教学楼立面凹槽内的跨层联系通廊，以及垂直交通核与平台层上的架空游廊、宿舍区的开敞平台、核心绿化区等室外活动空间一起串联成一个环绕在主要功能空间之中的活力回环。

### 学生宿舍

位于基地东北角，平台层以上部分共 13 层，建筑采用南北"工"字形布局，中间布置核心电梯筒与平台层及底层食堂形成便捷的交通联系。楼层之间穿插布置 2~4 层通高垂直公共绿化空间，并结合公共洗衣房布置，成为穿插在宿舍单元内的空间活跃点。同时也为学生宿舍提供更多的自然通风。

### 外教宿舍

基地位于校园西北角，相对较为独立。通过体育馆与校园主要教学空间形成自然分隔。其建造目的是为我校外教职工提供临时宿舍，内部为开敞式单身公寓。其中每 8 间宿舍围合成一个共享的公共活动平台，创造更多的垂直绿化与公共交流空间。同时与竖向核心筒结合布置形成有效的空气对流，带来更多的自然通风，减少建筑热能耗。

## 概念草图

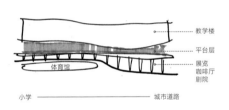
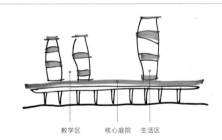

## 形态生成

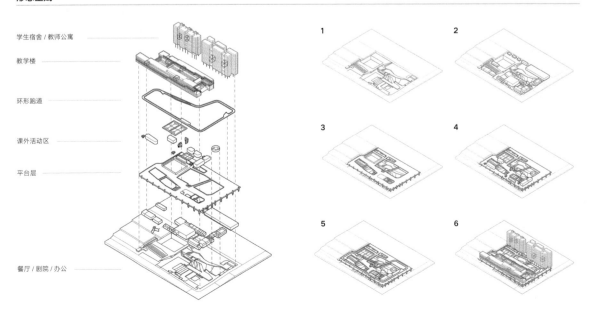

# 议题："规范迭代"

## 福田区新校园设计经验总结与未来展望研究报告
## 深圳"福田新校园行动计划——8+1建筑联展"的设计探索

研究委托单位：深圳市规划和自然资源局福田管理局
研究主持：朱涛（香港大学建筑系副教授，香港大学中国建筑与城市研究中心联合主任，朱涛建筑工作室主持）
研究团队：苏立国、章竞文、刘大豪
2020年9月28日

### 前言[1]

本研究旨在对"8+1"（表1）及前后涌现出来的相关学校设计做一次系统梳理，总结它们在各种苛刻条件下，尤其是在严格的学校设计规范限制中，做出的可贵探索。本研究以八个专题对所有案例进行分析：①田径场的设置；②教学楼的层数和间距；③ 教学空间与教育创新的互动；④高密度校园空间组织类型；⑤立体绿化与复合公共空间；⑥建筑的物理性能；⑦对场地场所精神的诠释和构筑；⑧学校 - 社区资源共享。针对每个专题，本研究详细探讨当建筑师们的多种空间探索与现行设计规范产生冲突时，建筑师们和深圳市规划和自然资源局福田管理局（以下简称"规自局"）是如何在不违背规范的情况下，发挥设计和管理智慧，灵活地、创造性地阐释规范，达到创新目的的。

本文考察的案例囊括"广义 8+1"中的 14 所学校、37 套设计方案，分为三部分：3 个"8+1 前奏"案例——源计划的红岭小学、WAU 的梅丽小学和王维仁的石厦小学；30 份"8+1"参赛方案以及中标、深化和实施方案；4 份"8+1 后续"——衍生出来的福田贝赛思双语学校竞赛参赛方案，包括笔者工作室的中标和深化方案，以及

Crossboundaries、南沙原创和筑博的 3 份参赛方案。[2]

关于教育建筑设计规范以及广义的城市规划和建筑设计规范和导则，本研究参照了以下文件：《中小学校设计规范》(GB50099-2011)（简称《中小学校规范》）、《中小学校体育设施技术规程》(JGJT280-2012)（简称《中小学校体育设施规程》）、《深圳市普通中小学校建设标准指引》（简称《深圳标准指引》）、《福田区普通中小学校建设标准提升指引》（简称《福田指引》）、《托儿所、幼儿园建筑设计规范》《深圳市城市规划标准与准则》《深圳市绿色建筑设计导则》。

1. 关于"福田新校园行动计划——8+1 建筑联展"的更详细介绍，请参见：周红玫. 福田新校园行动计划 [J]. 时代建筑, 2020(02):54-61.
2. 关于梅丽、石厦和新沙三所小学的临时腾挪校园案例，因已有多篇文章介绍，本文不再涉及。

## 表 1."广义 8+1"学校设计项目信息统计

| | 项目名称 | 设计师 / 设计机构 | 办学规模 | 用地面积 / ㎡ | 建筑面积 / ㎡ | 状态 | 备注 |
|---|---|---|---|---|---|---|---|
| **8+1 前奏案例** | 红岭小学 | 源计划建筑师事务所（简称：源计划） | 36 班 | 10 062 | 35 588 | 建成 | / |
| | 梅丽小学 | WAU 建筑事务所（简称：WAU) | 36 班 | 10 370 | 31 028 | 在建 | / |
| | 石厦小学 | 王维仁建筑设计研究室（简称：王维仁） | 36 班 | 9428 | 31 568 | 在建 | / |
| | 梅丽小学（腾挪方案） | 香港元远建筑科技发展有限公司 | / | / | / | 使用中 | / |
| | 石厦小学（腾挪方案） | 常民建筑（谢英俊建筑师事务所） | / | / | / | 使用中 | / |
| | 新沙小学（腾挪方案） | 万科代建 | / | / | / | 使用中 | / |

| | 项目名称 | 设计师／设计机构 | 办学规模 | 用地面积／m² | 建筑面积／m² | 状态 | 备注 |
|---|---|---|---|---|---|---|---|
| **8+1 建筑 联展** | 新沙小学 | 一十一建筑（简称：一十一） | 36 班 | 11 327.71 | 38 450 | / | 中标案 |
| | | 库博建筑设计事务所（立方设计）（简称：立方） | | | | | 竞赛案 |
| | | GL STUDIO／深圳大学建筑设计研究院有限公司（简称：深大） | | | | | 竞赛案 |
| | 新洲小学 | 东意建筑（简称：东意） | 36 班 | 10 568.57 | 38 564.6 | / | 中标案 |
| | | 大正建筑（简称：大正） | | | | | 竞赛案 |
| | | 局内设计（简称：局内） | | | | | 竞赛案 |
| | 景龙小学 | 非常建筑 | 36 班 | 9173.91 | 31 508.35 | / | 中标案 |
| | | 朱培栋 + GLA 建筑设计（简称：朱培栋 + GLA） | | | | | 竞赛案 |
| | | 本构建筑事务所（简称：本构） | | | | | 竞赛案 |
| | 福田机关二幼 | 施正建筑师设计有限公司（简称：施正） | 15 班 | 3938.7 | 5100 | / | 中标案 |
| | | 刘宇扬建筑事务所（简称：刘宇扬） | | | | | 竞赛案 |
| | | 直造建筑事务所（简称：直造） | | | | | 竞赛案 |
| | 人民小学 | 直向建筑（简称：直向） | 36 班 | 9498 | 20 400 | / | 中标案 |
| | | 朱涛建筑工作室 | | | | | 竞赛案 |
| | | 苏州九城都市建筑设计有限公司（简称：九城都市） | | | | | 竞赛案 |
| | 红岭中学（园岭校区） | 汤桦建筑设计（简称：汤桦） | 60 班 | 30 020 | 67 705 | / | 中标案 |
| | | 众建筑 | | | | | 竞赛案 |
| | | 坊城设计（简称：坊城） | | | | | 竞赛案 |
| | 红岭中学（石厦校区） | 土木石建筑设计事务所（简称：土木石） | 36 班 | 22 041 | 23 281 | / | 中标案 |
| | | Crossboundaries | | | | | 竞赛案 |
| | | 南沙原创建筑设计工作室（简称"南沙原创"） | | | | | 竞赛案 |
| | 红岭中学（高中部）运动场改扩建 | 源计划建筑师事务所（简称：源计划） | / | 6258.8（拆除面积） | 17 500（新增面积） | / | 中标案 |
| | | 空格建筑（简称：空格） | | | | | 竞赛案 |
| | | 德空建筑（简称：德空） | | | | | 竞赛案 |
| | 福田中学 | reMIXstudio｜临界工作室（简称：临界） | 60 班 | 42 461 | 102 208 | / | 中标案 |
| | | 维思平建筑设计（简称：维思平） | | | | | 竞赛案 |
| | | BSC (Bade Stageberg Cox) | | | | | 竞赛案 |
| | | 上海高目建筑设计咨询有限公司（简称：高目） | | | | | 中标案 |
| | | 朱涛建筑工作室 | | | | | 竞赛案 |
| | | 非常建筑 | | | | | 竞赛案 |
| **8+1 联展 后续** | 福田贝赛思双语学校 | 朱涛建筑工作室（简称：朱涛） | 非固定教室 | 26 116.72 | 45 095.21 | / | 中标案 |
| | | 南沙原创建筑设计工作室（简称"南沙原创"） | | | | | 竞赛案 |
| | | Crossboundaries | | | | | 竞赛案 |
| | | 筑博设计股份有限公司（简称：筑博） | | | | | 竞赛案 |

注："广义 8+1"学校设计项目信息统计（截至 2020 年 3 月），表中信息取自各设计单位提供的方案设计文本

## 一、田径场：在地 - 离地，标准化 - 多样化

### 在地还是离地？

"8+1"的核心目标是处理集约用地与高密度校园建筑的矛盾。通常在校园中占地规模最大的就是室外田径场，所以很自然地，8+1 涌现的第一个关键议题就是，能否让传统中落地的田径场升到空中，以节省出大片地面，做其他用途？

作为校园内最大一块空地，田径场通常承载着至少四重功能：①体育课和体育运动场地；②大型集会和公共交往场所；③紧急状况下（学校甚至社区的）室外避难场地；④大面积绿化区域（在指标上满足校园的绿化率和透水率）。

可能恰恰因为田径场落地的做法被因循已久，各界都视之为当然，所以各类学校设计规范中仅规定了田径场在总平面上与学校建筑之间的布局关系，并没有清晰规定田径场在剖面上的标高。概括起来，8+1 出现了四类田径场标高处理方式。

## 表 2. 四类田径场标高处理方式

**抬升到中间楼层**

将田径场抬至学校建筑中间某层（1-4层），作为裙房屋面。这样，田径场标高尚未远离地面，仍可保证相当的可达性。同时抬升的田径场屋盖下可设体育馆、游泳馆、图书馆、剧场等大空间设施或开敞空间。

这种做法最早出现在源计划的红岭小学方案中（图1）。红岭小学于2019年10月交付使用，是8+1中第一所建成学校（临时腾挪学校除外），极具示范意义。现场参观可以看到，该学校200米跑道田径场被抬升到3-4层，距离正负零地面11米的裙房屋面，其下部仍有良好的采光通风。不仅如此，源计划通过抬升田径场，得以将一系列公共功能（如剧场、图书馆、体育馆）在竖向组织起来，既取得了与教室间的紧密联系，也创造出垂直校园所带来的一种戏剧性的、峰回路转的空间体验。可以说，源计划的红岭小学，以抬升田径场为契机，配合高超的空间技巧，为深圳学校带来了一种全新类型——种在局促场地内，竖向突围，利用复合剖面建造高密度建筑的模式。

这种模式在随后的8+1参赛案中多次出现，包括汤桦的红岭中学（园岭校区）和临界的福田中学标案。如今它也开始成为深圳很多学校希望追随的模式。值得追问的是，这种剖面策略，是否适用于所有规模的田径场？比如临界的福田中学中标案，将400米跑道田径场抬到5米标高处，下部覆盖向地下下沉4米，近2万平方米的体育馆、游泳馆和剧场等众多设施，其采光、通风和学生们的安全疏散等，会不会成为巨大难题（图2）？

**下沉到地下**

BSC（Bade Stageberg Cox, NY）的福田中学参赛案提出一个反其道而行之的思路，为8+1的孤例：将400米跑道田径场下沉到负5米处（其下部再设一层停车库）（图5）。其优点是可帮助两边深埋地下的大空间通过高窗采光通风，但似乎又会带来一套全新问题，比如巨大的田径场表面——已经是硬质屋面，如何向城市市政管道排雨水？这恐怕又成了新的挑战。

**抬升到屋顶**

最极端的做法是将田径场抬升到教学楼的最高屋顶处（而不是裙房屋面），使之成为一个几乎覆盖整个校园的巨型屋盖。8+1中有两个方案提出这种策略：高目的福田中学参赛案，将400米跑道田径场抬到22米标高处的学校屋面（图3）；九城都市的人民小学参赛案，将200米跑道田径场同样提到22米标高处的学校屋面（图4）。

两方案无疑都最大化地解放了地面，它们也努力将建筑主体沿基地边缘布置，从而在解放出的地面与田径场大屋盖之间形成巨大的共享空间，其中穿插布置一些公共设施（体育馆、剧场、图书馆等）。这些手段果敢有力，极具想象力，令一些评委眼前一亮，同时也在评审中和建筑圈内引起争议。反对者担心这样的提案很难满足基本功能需求。比如，是否仍能保证良好的采光通风？当田径场悬在城市和校园的原初地面以上20多米的空中，其公共空间的意义是否也会大大减弱？此外，这种做法也会导致相当一部分室外避难场所功能的丧失（如躲避建筑火灾）；其生态性也会降低——即使可以通过覆土栽植争取绿化指标，但场地透水性能丧失了。

**留在地面**

非常建筑在8+1中提交了两个方案：景龙小学中标案和福田中学竞赛案，前者有200米跑道田径场，后者为400米跑道。非常建筑表达了明晰态度：两所学校都将操场留在地面。

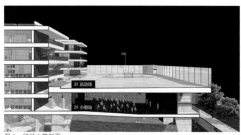

图1 红岭小学剖面

图3 高目的福田中学参赛案中的抬升田径场剖面示意

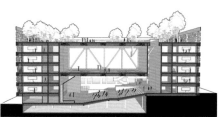

图4 九城都市的人民小学参赛案中的抬升田径场剖面示意

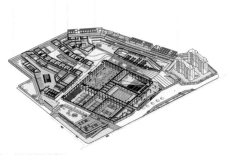

图2 福田中学抬升操场

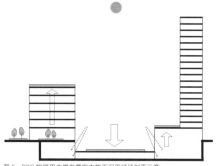

图5 BSC的福田中学参赛案中的下沉田径场剖面示意

**表 3. 田径场在地 - 离地处理案例一览表**

| 田径场大小 | 项目案例 | 长/(面宽)/m | 宽/(进深)/m | 标高/m | 抬升大板覆盖面积/m² | 基本功能 | | | |
|---|---|---|---|---|---|---|---|---|---|
| | | | | | | 作为体育运动场地 | 作为集会与公共场所 | 作为周边社区避难场所 | 生态作用（透水率、绿化率等） |
| 200m | 人民小学——九城都市 | 92 | 73 | 22 | 6600 | 满足 | 差 | 不能满足要求 | 差 |
| | 红岭小学——源计划 | 95.1 | 38.4 | 11.1 | 3650 | 满足 | 一般 | 较难满足要求 | 一般 |
| | 景龙小学——非常建筑 | / | / | 地面 | / | 满足 | 最好 | 易满足要求 | 最好 |
| 300m | 红岭中学（园岭校区）——汤桦 | 140 | 64 | 10.4 | 9000 | 满足 | 较好 | 较难满足要求 | 一般 |
| 400m | 福田中学——高目 | 190 | 105 | 22 | 19 300 | 满足 | 差 | 不能满足要求 | 差 |
| | 福田中学——临界 | 180 | 115 | 5 | 20 000 | 满足 | 良好 | 较易满足要求 | 一般 |
| | 福田中学——非常建筑 | / | / | 地面 | / | 满足 | 最好 | 易满足要求 | 最好 |
| | 福田中学——朱涛 | / | / | 地面 | / | 满足 | 最好 | 易满足要求 | 最好 |
| | 福田中学——BSC, NY | / | / | | -5 | 满足 | 较好 | 较难满足要求 | 较好，但带来排水问题 |

### 标准化还是多样化？

除了剖面布局外，田径场在平面上还有哪些创新可能呢？《中小学校体育设施规程》详细规定了田径场的朝向、形状和其中须设置的不同种类的体育运动场地，但其中一条规定留有一定灵活度："当场地受地形、地物限制，也可设计成其他形式跑道。半径与直道长度可因地制宜调整，余地可作他途。"[3]

在 8+1 中，正是用地局促和各种严苛限制，激发出一些新颖的田径场平面布局思路。例如，直向的人民小学中标后深化案，为尽可能保留地上的树木，把运动场地分解，将 200 米跑道提升至 3 层，中间本来按惯例做球场的地方挖空留给树木，将两组球场（篮球 - 足球场混用）分别置于建筑底层和屋顶（图 6）。WAU 的梅丽小学原址改扩建方案将跑道形状变形。众建筑的红岭中学（园岭校区）参赛案在田径场中还增设了圆形剧场和社区共享空间。

此外值得一提的是新洲小学竞赛：该校园现有田径场为东西向布置，并不符合规范。在三个参赛案中，局内设计和大正建筑都严格遵循规范，将新田径场转为南北向，而东意建筑的方案认为尊重原校园环境关系，比硬性遵循规范更重要，依然延续东西向的田径场。最终东意建筑中标——可见评委在对待规范的态度上，也存在着一定灵活度。

3.《中小学校体育设施技术规程 JGJ/T 280-2012》条文说明中第 5.4.10 条。

### 延伸议题

田径场升到空中，是否需设一个规模和高度限制，以维持节省用地与田径场可达性、公共性和生态性之间的平衡？

田径场的朝向，如在高密度都市环境中东西向炫光已经不成问题，是否可以不受规范中的南北向限制？

## 二、教学楼：层数 - 高度与间距之争

### 层数 - 高度之争

《中小学校规范》和《深圳标准指引》都明确规定小学的主要教学用房应设在四层及以下，中学教学用房在五层及以下。《中小学校规范》第 4.3.2 条给予解释，该规定是基于学生的生理特点和紧急疏散两方面考量：

> 经医学测定，当学生在课间操和体育课结束后，利用短暂的几分钟上楼并立刻进入下一节课的学习时，4 层（小学生）和 5 层（中学生）是疲劳感转折点。超过这个转折点，在下一节课开始后的 5min-15min 内，心脏和呼吸的变化会使注意力难以集中，影响教学效果，依此制定本条。中小学校属自救能力较差的人员的密集场所，建筑层数不宜过多，制定本条还旨在当发生突发意外事件时，利于学生安全疏散。[4]

此外，在建筑总高度控制上，《深圳指引》允许在主要教学用房之上"适当增加楼层"，以增设教学辅助用房、行政办公用房和宿舍等，但总建筑高度"宜控制在 50 米左右"。[5]

极高的建筑指标与局促用地之间本来就构成巨大矛盾，同时还要满足教学用房的层数和建筑总高限制（当然还要满足消防规范对建筑高度的规定）——所有这些都构成福田高密度校园设计的巨大挑战。8+1 针对这些限制，做出了很多有趣尝试。

一种做法是利用场地的坡地地形，在"空中"定义正负零标高，以突破层数上限，但仍在字面上不违反规范。例如直向的人民小学深化案，将场地内隆起山包的平均标高处设为学校正负零层，该层与西侧台地小区大致持平，但比东侧街道高出 8.4 米。此"正负零层"以下 8.4 米的空间可容纳两层楼，但其层高在图纸上皆以负数标注，被定义为"地下室"。而"正负零层"以上则总共有 6 层。这样即使该建筑实际上共有 8 层，但因标注为地上 6 层（教学用房 4 层 + 辅助用房 2 层）、地下 2 层，仍然满足小学的层数和总高规范（图 7）。

非常建筑的福田中学参赛案则试图通过灵活定义"层数"来与规范斡旋。该方案在高出正负零地面层的 15 米处设置一个大平台。其下如包括夹层在内，若按正常层高计算，足有 4 层空间。但其图纸将大平台层标注为 3 层，这样其上布置的三层标准教室的层数便是 3~5 层，而不是 4~6 层，因而在字面上似乎满足规范（图 8）。

本构建筑的景龙小学竞赛提案针对局促用地，将小学普通教室设置在四层以下，其上堆叠专业教室、功能空间、教师办公、教师宿舍等空间，成为一栋突破 24 米、总高 42 米的混合功能高层建筑（图 9）。

以上列举的三个方案通过不同方法，或者说不同的"诠释"，来化解方案与规范的潜在冲突。直向建筑的人民小学提案规定内部坡地地形的平均高度为正负零层，从而"解决"

了原本有 8 层楼、高度超过 24 米且主要教学用房超过 4 层问题——对于高差较大的坡地场地，当存在多个接地层时，规范中的层数限制是否可以适当放松？非常建筑的福田中学提案通过加大层高的方法来回避层数限制，使得 5 层的总高度达到 25 米。一般来说，中小学的层高是 3~4 米，5 层标高应该在 20 米以下。而当某层层高超越常规，规范中是否仍以层数限制高度？本构建筑的景龙小学提案在 4 层以上继续叠加其他功能，高度直接达 42 米，但仍满足总高度控制在 50 米以内的规范规定。

在学校高度和层数问题上，极端高密度城市香港的经验值得借鉴：香港的中小学学校设计规范中并没有对建筑总楼层的限制，只有对每一段建筑的整体高度不超过 24 米的消防高度规定。只要学校在 24 米的区段内满足消防疏散，其上可以继续叠加修建另一个 24 米以内的建筑区段。

**间距之争**

学校设计规范中有一整套对教学用房间距的规定，其目的除了要保证教室采光、通风性能外，还旨在减少环境噪声对教学的影响。例如，《中小学校规范》规定："学校主要教学用房设置窗户的外墙与高速路、地上轨道线或城市主干道的距离不应小于 80 米。"如果校园处在拥挤城市环境，无法硬性满足，规范仍允许一定的实际操作灵活度："当距离不足时，应采取有效的隔声措施。"事实上，8+1 中很多案例采用了后一种策略，以建筑隔声措施来解决建筑位置距外部噪声源过近的问题。

令建筑师们普遍头痛的，当属《中小学校规范》中一条关于校舍间的间距规定，常常与高密度紧凑校园设计构成巨大冲突："各类教室外墙与相对的教学用房或室外运动场地边缘的距离不应小于 25 米。"

东意建筑的新洲小学中标深化方案努力通过总体布局，回应上述两种对建筑间距的规范规定。如果按常规的南北向布置两列普通教室，无法满足与相对的教学用房或室外运动场地的外窗间距不小于 25 米的规范要求。东意建筑将一部分普通教室调整为东西向，靠近运动场一翼布置教师办公、社团活动等功能来满足 25 米的规范要求。沿街布置的普通教室则在外墙通过设置垂直绿化、隔音玻璃来降低街道噪声对教室的影响（图 10）。

一十一建筑的新沙小学中标深化方案的 S 形平面布置中，在靠近室外运动场的一段布置办公室、专业教室等空间，并通过外挑绿化平台、内退活动平台的形式来减弱噪声影响，普通教室尽量远离运动场和音乐教室，以满足规范（图 11）。

4.《中小学校设计规范 GB 50099-2011》条文说明中第 4.3.2 条。
5.《深圳市普通中小学校建设标准指引》第二十三条。

图 6　直向的人民小学中标案中的田径场功能分解示意　图 7　直向的人民小学深化案中的校园剖面示意

图 8　非常建筑的福田中学参赛案的剖透视

图 9　本构建筑的景龙小学参赛案的剖透视

图 10　东意建筑的新洲小学中标深化方案分层轴测分解图

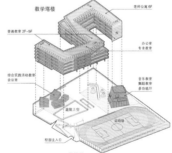
图 11　一十一建筑的新沙小学中标深化方案轴测分析图

**延伸议题**

关于教学楼层数，能否借鉴香港学校规范，在剖面上实行分段设计，保证每段教学楼中每四层小学课室或每五层中学教室能直接疏散，符合消防规范，而不必限制教学楼的总层数？

关于教室与其他教学用房或室外运动场地的距离，能否鼓励采用建筑隔声措施，而不再强行要求 25 米间距？

**三、以空间创新支持教育创新**

"新校园计划"七项设计原则中第 1、3、6 项（设计原则见本书"联展综述"册第 39 页）都在倡导以空间创新支持多样的教育方式和校园生活。在规自局主持的一系列工作坊中，很多专家都指出国内的中小学设计，因大多数由政府投资建造，形成了单调无趣的模式化设计，严重阻碍现代教育推广和学生们的健康成长。国内各种学校设计规范大多仅通过对班额（班级总人数）和生均使用面积的规定，来保证教学质

量"底线"。2018 年出台的《福田区普通中小学校建设标准提升指引》往前进了一步，一是将学校规模总建筑面积配备比"深圳指引"中规定的面积高出 10% 以上，二是倡导积极探索校园中的各种公共活动空间设计，包括如图书阅览、体育运动、科学艺术活动、食堂、架空空间、屋顶空间。《指引》还特别提出可将屋顶空间可拓展为种植体验、绿化休闲、体育运动等空间，以及充分利用地下空间，建设为体育场馆、

功能室等非教学、居住空间等。

参与 8+1 的建筑师们，显然没有停留在仅仅满足规范上，而是努力通过各种空间想象，推广他们自己理解的现代教育理念。他们的努力可归纳为以下几方面：

## 室外空间

一十一为新沙小学的室外场地设计了一整套主题活动区域，以叙事性场景打造校园空间性格，打破教育和游玩的界限（图12）。土木石的红岭中学（石厦校区）中标案在入口处"市民广场"的山丘表面上种植爬藤，从而为城市贡献一个"随季节交替变化的立面空间"，其理念是让"校园空间与孩子一同生长"（图13）。

## 课室与走廊

源计划的红岭小学，不光成为 8+1 的建筑设计先锋，也是推动深圳教育改革的试点学校。红岭教育集团受福田教育局委托运作该校，将标准课室单元从 75 平方米提升到 95 平方米。源计划在各层的 E 字形平面上，将 12 间课室分为 3 列，每两间教室组合成一对鼓形平面的教学单元。各单元之间可以通过灵活隔断满足分班与合班的需要。同时，红岭小学还成为深圳第一家不设老师独立办公室的学校——老师平时就在教室里的卡座办公，与学生保持密切联系（图14、图15）。

非常建筑的景龙小学中标案，在传统秋田式教室的基础上，将教室对外一侧界面曲折化，增加教师办公、阅读、小组讨论、展示和存储空间等，并预留小班制划分小教室的可能性。非常建筑还在方案中放大走廊尺度，作为班集体多样活动的公共空间（图16、图17）。

临界建筑在福田中学中，将教室模块设计成灵活互变的三种状态：平日教学、投影教学、分组教学。平日上课时两侧百叶可以打开以获得足够光照，同时打开的窗板又成为遮阳百叶，可以防止眩光和阳光过度照射；投影教学或娱乐放映时将两面窗板关上，实现 90% 转暗，以保证更好的投影效果；分组上课有不同的教学需求时将灵活隔断拉上，两侧的教学活动各自不受影响，立面百叶也可分别开关。临界建筑还在教室面向走廊一侧设计了五种活动空间模块：教师休息、图书角、储物、小组讨论、展览。各模块可灵活组合，既满足内部多样需求，也让教室外走廊空间变化多端，富于生机（图18、图19）。

WAU 在梅丽小学中将室外走廊设计成横向"书街"和纵向"书巷"，串联起各课室组团。通常被用来简单分隔课室与走廊的墙体，变成联系课室内外的各类活跃界面——书架、读书角、舞台或玩耍空间等（图20、图21）。

东意建筑的新洲小学，将教室一侧的廊道进行拓宽，作

为班级公共活动空间，为儿童提供游戏、学习、交流的场所。教室对外一侧的墙面向外突出，形成壁龛和座椅。这种做法增加了儿童玩耍休憩的空间、自主学习空间、班级展示空间等；壁龛内小窗的设计也给儿童提供了窥探和观望的可能性。高密度校园使得课室单元向上空发展。宽走廊和教室组合成教学单元，延展了教学空间，使教学具有更多非正式和灵活使用的可能，适应未来更开放多元的教育模式。每班走廊延展出的壁龛是各自的课间嬉戏区、研讨区和展示区。而宽连廊、架空层和露台更是学童游戏和交流的空间（图22）。

## 走课空间

朱涛工作室提交的两个参赛案中，将走课制作为教育改革的根本动力，尝试在空间形态上加以配合。人民小学参赛案推出一种三段式剖面原型：建筑群的基座为"社会"——容纳走课教室、场景学习空间，以及各种体育、集会和社交场所；塔身为"家"——容纳标准课室，培育小学生德育和精神归属感的基地；塔顶为"阁楼"——容纳科学实验、美术等特殊教室（图23）。针对更大规模的福田中学，则尝试将走课教室与特色教学课室共同组成一个几乎达到城市尺度的公共街道，与行列式的标准课室交织起来。

而朱涛工作室的福田贝赛思国际双语学校中标案承袭了美国贝赛思本部的教育体系，可谓走课制的极端：从 1 年级到 12 年级，学生们完全没有固定教室，持续跟随班主任或自主走课。这种教学体系用空间术语翻译过来就是：校园中的所有空间都是公共空间（唯一私有空间是学生的储物柜），只是让"市民"流动和聚集的尺度不同而已。因此，该方案把整个校园当作城市公共空间组群设计，努力以恰当的空间形态支持走课制，也将培养世界公民的公共空间思想植入校园（图24）。

正因为走课制成为主导教学方式，方案将贝赛思的走廊净宽加宽到 4.2 米，并利用窗窗台鼓励多样的日常使用和活动功能。正对教室前、后门部分，进出人流频密，设置以站立为主的活动功能，例如倾谈、向外观景、短暂阅读等。窗台下空间作展示、流动书籍等小型陈列，吸引学生使用该处空间；正对储物柜，属于人流聚集但流动缓慢处，设置临时挂包处供学生或访客（如家长）短暂使用；每个单元中结合矮书柜的座椅，用于短暂停留、等候等（图25、图26）。

在对现代教育空间的探讨中，宽走廊成为一个重要议题。很多方案摆脱传统学校的狭长单调的走廊形式。将教室外部走廊横向拓宽到 3~4 米，并置入休憩、阅读、展览、储物等功能；一些方案还将走廊纵向拉长到 9~16 米，创造出一部分空间成为空中活动的公共平台，容纳小型图书馆、展览厅和游戏场等功能。

图12 一十一的新沙小学中标案中的主题活动区域示意图

图13 土木石的红岭中学（石厦校区）中标案入口处"市民广场"透视图

图14 源计划的红岭小学标准层轴测图

图15 源计划的红岭小学教学单元中两课室之间灵活分合轴测示意图

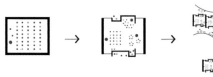

图16 非常建筑的景龙小学中标案关于教室平面及与外走廊界面的灵活布置的平面示意图

图17 非常建筑的景龙小学中标案关于教室平面及与外走廊界面的灵活布置的轴测图

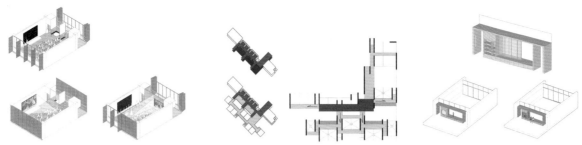

图 18　临界建筑的福田中学中标案对教室的三种使用状态的轴测示意图　　图 20、图 21　WAU 的梅丽小学的"书街""书巷"轴测示意图

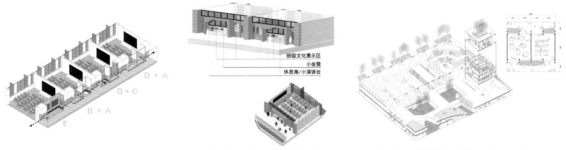

图 19　对教室面向外走廊界面的五种空间模块及其灵活组　　图 22　东意建筑的新洲小学外走廊公共活动空间轴侧示意图　　图 23　朱涛的人民小学参赛案中提出的三段式剖面轴测示意图
合轴测示意图

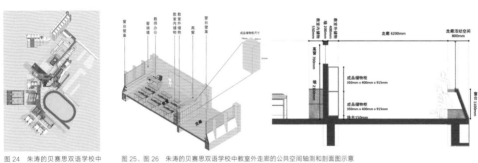

图 24　朱涛的贝赛思双语学校中　　图 25、图 26　朱涛的贝赛思双语学校中教室外走廊的公共空间轴测和剖面图示意
的公共空间组群轴测示意图

## 表 4.8+1 中宽走廊案例一览

| 学校 / 设计单位 | 走廊宽度 | 附加功能 | 空间形式 | 图示 |
|---|---|---|---|---|
| 景龙小学 / 非常建筑 | 教室外走廊：2~4m<br>纵向联系走廊：8~16m | 休憩 / 储物 / 展览 / 自习 | 曲线外缘 + 教室曲折边界 | |
| 梅丽小学 /WAU | 教室外走廊：3.6m<br>局部放大走廊：6.6~10.2m | 书街 | 局部放大成为口袋型活动平台 | |
| 贝赛思双语学校 / 朱涛建筑 | 走课制走廊：4.2m | 储物 / 休憩 | 以走课交通为主加宽走廊 | |
| 福田中学 / 临界建筑 | 2.8m | 休憩 / 阅览 / 储物 / 讨论 / 展览 | 宽窄变化，承载模块化功能 | |
| 红岭小学 / 源计划 | 南侧标准走廊 3~4m<br>北侧异形宽走廊 4~9m | 展览 / 活动 | 双外廊，北侧走廊宽度变化至<br>活动平台尺寸 | |
| 新洲小学 / 东意建筑 | 3~4m | 休憩 / 讨论 / 小演讲台 | 内凹式空间 | |

**延伸议题**
在教室设计上，能否鼓励结合教育创新，积极探索单个教室室内的空间布置、多个教室之间相互组合的灵活性？
在教室外走廊设计上，能否鼓励宽走廊设计，并丰富走廊两边的活动界面？

## 四、高密度校园空间组织类型

校园空间按照功能可分为三类：教学及辅助用房（普通教室、专用教室、公共教学用房）、办公用房、生活服务用房。按照大小又可分为另外三类：标准跨度单元空间、大跨度高层高空间、户外运动空间（田径场）。

综合前面三部分的论述——田径场的布局、主要教学用房的竖向限制、教学空间布局，广义 8+1 在探讨高密度校园空间组织上，浮现出以下五类基本空间组织类型（图 27）：

**类型一：** 田径场大板覆盖大体量大柱跨空间，教学单元板式排布

**类型二：** 田径场位于原初地面上，大体量大柱跨空间位于小柱跨教学单元下

**类型三：** 田径场大板覆盖所有教学空间

**类型四：** 除大体量空间外，所有教学空间、辅助、生活空间垂直叠加为高层建筑

**类型五：** 不管田径场和其他建筑布局如何，将所有大空间文体设施垂直叠加成为一栋独立功能体

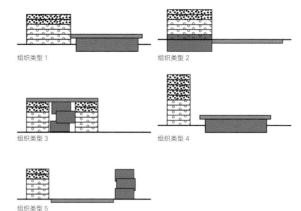

组织类型 1　　组织类型 2　　组织类型 3　　组织类型 4　　组织类型 5

图 27　五类基本空间组织类型

### 延伸议题

如何鼓励建筑设计，在用地紧张和高密度条件下，积极探索田径场和教学楼的布局的三维复合模式，以及教学空间布局的多样化，从而探索出多样的校园空间组织类型？

## 五、立体绿化与复合公共空间

前面提到，源计划的红岭小学开创了 8+1 高密度校园的先河，这不光指该学校创造性地将多样的室内功能垂直化布置，也同样指其将室外公共空间立体化、复合化。源计划在该学校建筑已经占据基地 61% 的条件下，以高超的技巧将各种绿化空间与各个标高上的交通、交流、边坡、屋顶空间结合起来，形成形态多样、三维蔓延在整个校园中的绿化和公共空间体系（图 28）。这些特征成为普遍现象，在随后的 8+1 校园中反复出现（图 29、图 30）。

在另一方面，高密度新校园不可避免会产生庞大的建筑体量，而精心设计的立体绿化和复合公共空间，往往能有效缓和庞大建筑体量容易给用户和城市空间造成的胁迫感。比如，比较汤桦事务所的红岭中学（园岭校区）中标案和深化案，可明显看出后者通过立体绿化和复合公共空间，对建筑巨大体量和尺度的柔化作用（图 31）。

各类学校设计规范中对生均用地面积有规定，对架空层生均面积有所建议，但对生均室外公共空间面积没有设明确指标。如《深圳市城市规划标准与准则》（2014 年）

规定：小学生均用地面积为 8~12 平方米 / 生；九年制学校生均用地面积为 9.5~15 平方米 / 生；初中生均用地面积为 10 ~ 16 平方米 / 生；高中生均用地面积为 18~21 平方米 / 生。

但是，在土地集约化、高密度校园中，这些生均用地指标往往是很难实现的，也过于囿于公共活动仅限于地面的传统观念。事实上，8+1 中绝大部分校园的生均用地面积都无法达到规范要求，如景龙小学生均用地面积仅 5.7 平方米，远不到小学生均用地 8~12 平方米的规范要求。但是该方案通过首层架空、二层大平台、标准层宽走廊式的公共活动平台等多种方式，使得生均室外公共活动空间面积达到了 9 平方米。8+1 开启了一种崭新思路：高密度校园不一定导致生均拥有公共空间的减少。如果设计中善用立体绿化与复合公共空间，反可能营造出比传统校园更多、也更多样化的室外绿化和公共空间。

图 28　源计划的红岭小学建成实景

图 29　一十一的新沙小学总体轴测图

图 30　东意的新洲小学总体轴测图

图 31　汤桦的红岭中学（园岭校区）中标案（左）和深化案（右）比较图

## 六、建筑物理性能：后天限制 vs. 先天动力

"新校园计划"七项设计原则中第二项倡导 8+1 校园"塑造可持续发展的绿色生境"。国家和深圳关于中小学和幼儿园的规范导则对日照、换气和噪声控制有明确规定。建筑师针对这些规定的态度，大致可分消极和积极两种：前者视之为"后天限制设计条件"，即先把设计考量重点放在其他方面，然后再回头调整设计，以满足规范；后者则视之为"先天生成设计条件"，从设计一开始就将建筑的物理性能看作设计发展的基础和动力。

机关第二幼儿园是个有趣案例。该项目场地的西、南两边各紧邻一栋 30 层办公楼和 28 层住宅楼，导致场地内西南角地块每日长时间被高楼阴影覆盖。如在该处设设幼儿园课室，便不能满足《托儿所、幼儿园建筑设计规范》中"冬至日底层满窗日照不应小于 3 小时"的要求。[6] 在三个参赛方案中，直造和刘宇扬的提案对此作出明确回应：将西南角空出，或仅布置辅助房间。而且，更进一步，两方案将对课室采光的重视融入它们的形式语言中：直造扭转了总体布局平面、刘宇扬设置了不等边六边形的课室单元，试图在均衡的总体空间布局和多数课室南向采光之间取得平衡（图 32、图 33）。

相形之下，施正的中标案从一个四合院概念出发，将设计重点放在营造不同场地界面的空间性格上。它将辅助房间布置在场地的东、北两边，面向内部居住社区形成低矮体量；它将课室布置在场地的西、南两边——这导致部分课室东西晒，或采光不佳。日照最差的西南街角的确空出来了，但此处考量仍不在日照，而是为"开放四个街角予社区公共空间"——这样课室体量对外部高密度城市形成较高的立面。东北辅助房间和西南课室之间围合出一个完整、宜人的庭院——评委显然被此构思打动。施正的方案中标后，不得不历经数次修改，以满足日照规范（图 34—图 36）。

在重视建筑物理性能方面，东意的新洲小学中标案是一个杰出案例。该方案将校园建筑的采光、降噪、通风、换气等物理性能的考量，作为设计决策主导因素。东意团队从参赛案到各阶段的设计深化，从校园总体布局到建筑细部构件设计和绿化配置，持续运用计算机环境模拟技术，在理性分析和量化评估的基础上，界定和演化他们的设计语言。该项目建成后，如继续追踪调研建筑的实际物理性能，整理出一整套从设计到现实的经验数据，有望成为 8+1 中绿色校园设计的典范（图 37、图 38）。

6.《托儿所、幼儿园建筑设计规范》3.2.8

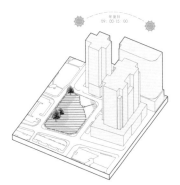

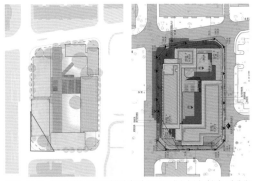

图 32、图 33　直造的机关第二幼儿园参赛案中对场地日照条件的分析和体量模型（红色三角为作者所加，示意缺乏直射日照区域）

图 35、图 36　施政机关第二幼儿园中标案（左）和深化调整案（右）（红色三角为作者所加，示意缺乏直射日照区域）

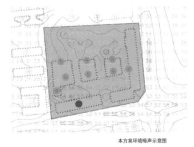
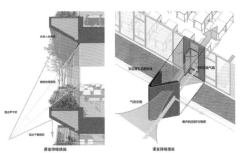

图 34　刘宇扬的机关第二幼儿园参赛案中的模型照片拼贴（红色三角为作者所加，示意缺乏直射日照区域）

图 37　东意的新洲小学中标案对场地现状和未来新学校建成后的环境噪声比较分析

图 38　东意的新洲小学深化案中对建筑构件形态、绿化配置与降噪性能的分析

## 七、场地：诠释和构筑场所精神

"新校园计划"七项设计原则中的第四项"呈现社区记忆，拓展地方历史"，鼓励建筑师创作出有丰厚历史文化内涵的校园。众多参与 8+1 竞赛的建筑师积极响应。他们对各学校场地的独特性的细腻读解和创造性诠释，发展出多样的校园空间策略。

有的方案基于对城市语境的读解和转译。例如，梅丽小学和新沙小学的场地都紧邻城中村，WAU 和立方都作出敏锐呼应，试图将城中村的空间形态转译到自己的校园空间语言中。WAU 的梅丽小学借鉴了城中村的肌理和尺度，将课室和辅助房间分解成一栋栋独立塔楼，类似城中村宅基地塔楼。然后如前所述，将室外走廊设计成"书巷""书街"网络，将各塔楼连接起来，形成一所城中村边上的"城中村"小学（图39）。与 WAU 的碎解体量策略相比，立方的新沙小学参赛案则采取了一种"完整-碎解"体量对比的手法：面向城市干道，集中布置 L 形的完整体量，与外部城区大尺度建筑呼应；面向内部社区，以碎解的小尺度塔楼，呼应社区内部的城中村——一所在大都会和城中村之间协调、斡旋的小学（图40）。

在人民小学竞赛中，对场地状况的不同读解和决策，导致了建筑师极端不同的空间策略，也引发 8+1 竞赛评审戏剧性的争议。如前所述，人民小学的场地为一隆起台地，上表面与西边小区大致相平，比东面街道高出 8.4 米。台地在 2000 年前后由周围住宅小区建设时堆渣而成，曾一度是被施工队工棚占据。2008 年前后工棚拆除后，城管部门为掩盖裸露土壤，在场地上种了 200 多棵树苗，十年间在无人看管中长成一片小树林。建筑师、评委和规局到了现场，都大吃一惊：这样一块场地如要建设 36 班学校（2 万平方米建筑加一个 200 米跑道田径场），将会占满场地，彻底铲除小树林，而此时更换用地也不可能。

朱涛工作室和直向提出两个不同策略。朱涛案建议将树木择优移植到约 800 米外的一块长期闲置的市政绿化用地中，为社区营造一个小树林，在腾出的场地中建造完整学校。在建筑语言上，学校塔楼的结构形式以树枝状支撑楼板

和垂直的采光通风井，多少"纪念"那片腾挪走的树林（图41）。而直向参赛案提出尽量原地保留树木，方法非常大胆：建筑体量在基地东、北两边布置，跑道下部架空，环绕基地，其中间球场挖掉，以保留中部树木。直向原地保树的立场坚定，也坦然接受导致的后果：足球场缺失、建筑面积比任务书要求的少 5000 平方米（图42）。竞赛评委们很赞赏直向案，但教育局不情愿失去面积指标，两方展开了激烈争论。最终直向方案中标。到了深化阶段，直向又被教育局要求加回那 5000 平方米，导致建筑又在基地南边增加一翼（图43—图45）。最终究竟能在场地内保留多少棵树？难以确定。但是直向始终坚持原初策略，以极大的韧性克服困难，满足各种条件，无疑最终将会成就一所在 8+1 中极具特色的学校。

8+1 竞赛中，很多方案不光处理新建筑与场地的关系，还要处理新旧校区的衔接。红岭中学（园岭校区）改扩建是一个典型案例。该校区需保留一片规模完备的多层教学楼，再加建大规模的新校舍和体育文化设施。坊城设计的参赛案提出在底层设一个连续大基座，内部囊括学校主要公用设施和大空间，上表面是田径场和连续的屋顶绿化，将新旧建筑连为一体（图46）。汤桦建筑的中标案思路类似，但尺度更大：将新旧教学楼的四层统一架空，形成"空中街道"，通过看台高差连接至空中田径场表面，以期形成一个浮动在半空中的公共空间网络（图47）。

土木石建筑在红岭中学（石厦校区）的中标方案，也采用了大基座（体育馆屋盖）的连接方式，但基座上部四栋新建筑的尺度相比上述两个方案要小很多，手法也显得更细腻生动。它们首先延续了旧校园的空间格局，但在新旧教学楼之间空出一个狭长庭院，成为学生自由学习的共享空间。每栋新楼各自又有独特衷情，或与城市道路平行，或扭转将校园入口引向操场方向，或退缩给操场让出主席台，或自我独立形成高大体量。它们共同组成一个新校园，也为旧校园注入了新的活力（图48）。

图 39　WAU 的梅丽小学总平面拼贴图

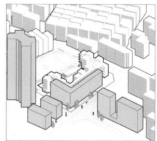

图 40　立方的新沙小学参赛案建筑体量分析图

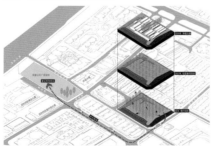

图 41　朱涛的人民小学提出的移植现场树木策略

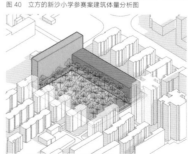

图 42　直向的人民小学中标案轴测图

图 43　直向的人民小学深化案总平面图和轴测图

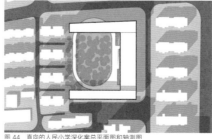

图 44　直向的人民小学深化案总平面图和轴测图

图 45　直向的人民小学深化案中架空跑道和中央保留树木的场景透视

图 46  坊城设计的红岭中学（园岭校区）参赛案的大基座剖面示意图

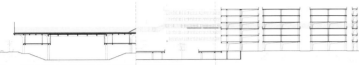

图 47  汤桦的红岭中学（园岭校区）中标案的大基座剖面示意图

图 48  土木石的红岭中学（石厦校区）中标方案的新旧建筑组合轴测示意图

**延伸议题**

如何鼓励建筑师尊重地方历史和社区记忆，珍惜场地独特性，创作出有丰厚文化内涵、弘扬场所精神的特色校园空间？

能否在学校立项的可行性研究阶段，就邀请建筑师参与，协助系统评估场地条件，精准确定项目规模，为校园设计奠定良好基础？

## 八、学校 – 社区共享：理想与现实

"新校园计划" 7 项设计原则中第 5 项倡导："促进校园自治、开放与共享"。福田规自局热切期望 8+1 学校能与周边社区共享某些公共设施和场地。深圳经济高速发展近四十年后，学校用地变得异常紧张，学校外部社区的公共服务也严重滞后——社区公共绿地普遍不足，公共设施如体育场馆、游泳馆、剧场、图书馆等严重匮乏。既然深圳政府开始积极推动新一轮的学校升级，为其配备齐全的文体设施和场地，那么在规自局看来，如果新学校能与社区共享这些资源，学校升级同时也意味着社区服务的提升。

在福田规自局的一系列鼓励措施中，最成功的当属"红线零退距"政策：如果学校建筑在地面层为外部社区贡献骑楼式的廊道为公共使用，规自局允许该学校建筑在楼上压红线建设，即零退红线。显然，此举旨在鼓励学校将其原本消极的用地红线（多在其上建围墙栏杆），转化为学校 – 社区之间的空间共享积极界面。例如，一十一的新沙小学中标案中二层为教学用房，零退红线，地面层则退为带柱廊的临街骑楼。后来深化案中骑楼形式改为上部悬挑，不在地面层落柱，但地面层廊道仍让给公共使用（图 49、图 50）。汤桦的红岭中学（园岭校区）从第一轮参赛案到第二轮中标案，也有类似修改（图 51、图 52）。此外，土木石的红岭中学（石厦校区）中标案中的田径场标高 5.1 米，紧贴红线，下部向红线内退 2.5 米，形成倾斜的建筑立面，留出地面公共人行空间，也是出于同一思路（图 53）。

另有个特殊案例牵涉学校与社区的"绿地共享"，这一次是学校向社区借用资源。王维仁的石厦小学在概念设计阶段，在红线内的局促用地内，仅能放下一条 60 米直跑道，无法布置标准田径场。而学校基地东边恰恰紧邻一个社区绿化用地。经福田规自局协调，允许学校设一个 150 米跑道田径场，占用一部分东边社区绿地（图 54、图 55）。作为回报，学校承诺将来会与社区共享该田径场。在空间管理上，如何能让田径场对外开放，同时又能保证校园教学区内部不受外人侵扰？建筑师为此做出多种划分和边界管理提案，以使学校和社区能分时使用田径场。目前石厦小学正在施工。竣工后，学校与社区共享田径场的理想究竟能否成为现实？

石厦小学已经将问题聚焦：要使学校有可能与社区共享部分场地和设施，一个必要条件是让学校可以设一道空间边界，以清晰分隔对外共享区域和对内封闭区域，以保证学校在开放前者时，仍能维持后者的内在秩序，尤其是治安，建筑师们在 8+1 方案中，采用了三类空间划分方式：① 水平区域划分。如临界的福田中学中标案和汤桦的红岭中学（园岭校区）中标案；② 垂直划分，如非常建筑的景龙小学中标案和福田中学参赛案；③ 水平和垂直划分结合，如源计划的红岭小学、东意的新洲小学中标案、六和的景龙小学参赛案。

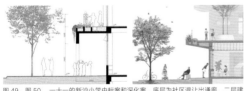

图 49、图 50  一十一的新沙小学中标案和深化案，底层为社区退让出通廊，二层建筑零退红线

图 51、图 52  汤桦的红岭中学（园岭校区）第一轮参赛案和第二轮中标案，底层为社区退让出通廊，二层建筑零退红线

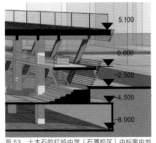

图 53  土木石的红岭中学（石厦校区）中标案中地面层为社区退让出通廊，上部田径场屋盖零退红线

图 54、图 55  王维仁的石厦小学在概念设计阶段（左），在红线内仅能放下一条 60 米直跑道；在深化阶段（右），占用东边一部分社区用地，可放下一个 150 米跑道田径场

这里特别值得一提的是众建筑的红岭中学（园岭校区）参赛案。与其他所有将与社区共享的设施集中布置的策略不同，众建筑在学校临街的很多界面都设有开放给社区的空间，希望能在不同时间段让学校和社区交替使用——显然，这要求学校采取多样的空间划界方式和极其细腻的管理手段（图56）。

到现在为止，8+1中所有关于学校与社区共享大规模空间资源的设想都还只是设想。前面提到源计划的红岭小学已经投入使用，在多方面广受好评。红岭小学在面对街道转角的出入口处，主动为城市让出一个945平方米的开放广场，供人流集散，使用状况良好（图57）。但原初方案还有更大胆的想法：下午4:30放学后，学校负一层的体育和艺术中心可对社区全面开放，仍可不影响上部学校运作（图58）。这种规自局期待的、建筑师预设的学校-社区共享资源，能否在红岭学校率先实现？拭目以待。

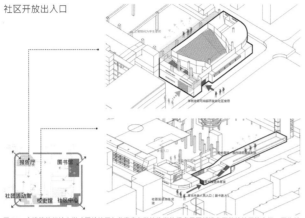

社区开放出入口

报告厅　图书馆

社团活动室　校史馆　社区中心

图56　众建筑的红岭中学（园岭校区）参赛案在学校临街的很多界面都设有开放给社区的空间，图为社区开放出入口示意

集散广场=2640㎡
945㎡开放广场（集散区）
对外服务窗口（零嘴、安保）
大型岛式喷绿大树
扇形表演台阶

图57　源计划的红岭小学将校园围墙局部退后，让出一个小广场给社区，以容纳家长接送人流，平时成为街头公园

4:30后社区开放策略

关闭楼梯　关闭楼梯

对外服务窗口

通过独立对外流线设计，每日4:30放学后负一层的体育中心和艺术中心可对社区开放，易于管理。

图58　源计划的红岭小学设想校园内文体设施于430后向社区开放的示意图

## 延伸议题

如何在政策层面，进一步推广零退或少退红线式的奖励，鼓励校园边界成为积极界面（如骑楼），与社区共享？

能否制定政策，比如允许学校对文体设施有一定的经营权，或鼓励学校文体设施对接社区服务体系，以更系统的方式促进学校与社区的空间资源共享？

## 总结

8+1的创举在于福田规自局以新型管理手段，在极短时间内推出一批学校项目设计竞赛，吸引众多建筑师参与，创作出一批充满想象力和实验精神的提案，为深圳的高密度校园发展打开了局面。在这批提案中，不管是已经或正在实施的中标案，还是停留在图纸上的参赛案，它们的积极探索都非常有助于系统梳理高密度校园的核心议题、必要措施，以及未来学校建筑的走向。

就建筑设计而言，本文列举的议题，如能随着8+1的陆续实施和其他高密度学校的建设，进行持续研究和评估，相信能帮助形成一整套系统的高密度学校设计方法。就学校和幼儿园的设计规范而言，前文反复提及设计探索与灵活阐释规范之间的互动，8+1的经验或许有助于促进深圳乃至全国，配合当下新的城市条件和校园诉求，参照日本、中国香港等高密度校园的经验，修编部分设计规范和导则。

8+1不光对高密度校园设计有启发，也激发人们思考如何在学校建设流程中的多个环节推行创新。如前所述，在学校立项的可行性研究阶段，如能通过城市设计更精准地确定项目规模，无疑会大大提高建筑设计和审批管理的效率；如能将学校和所在社区的文体设施纳入统筹考虑，可真正促成学校与社区的空间资源共享。总之，要系统实现深圳巨量的学校升级，8+1所带来的启发不仅是高品质的空间设计，也指向一整套校园空间生产流程和制度的创新设计。

参考文献
[1] 李文海.论坛回顾 | 源计划·红岭实验小学 [EB/OL]. [2020-05-20].
https://www.szdesigncenter.com/mftWjOCoL5iliyys23.
[2] 深圳市城市设计促进中心."酷茶回顾"：高密度校园中的人性场所营造 [EB/OL]. [2020-05-20].
https://www.szdesigncenter.com/YDFGliyuRHojVb6VVH.
[3] 牟子元、张必信.面向21世纪的日本中小学校建筑 [J].建筑学报,1996(08):46-50.
[4] 香港中文大学建筑系,香港教育署,香港建筑师学会.21世纪香港学校创新设计指引 [R].2001(10).
[5] 周红玫.校舍腾挪：深圳福田新校园建设中的机制创新 [J].建筑学报,2019(05):10-15.
[6] 周红玫.福田新校园行动计划 [J].时代建筑,2020(02):54-61.
[7] 邹隆峻.广东地区城市集约化小学室外空间品质研究 [D].广州：华南理工大学,2017.
[8] 朱晓琳.规范解读：中小学校设计规范修编——访《中小学校建筑设计规范》主编黄汇 [J].建筑技艺,2014(01):118-120.